高职高专计算机类专业系列教材

网络爬虫项目实战

何福男　艾旭升　主　编

电子工业出版社
Publishing House of Electronics Industry
北京·BEIJING

内 容 简 介

本书从爬虫项目开发环境搭建开始，详细讲解从数据采集到内容可视化的全过程。本书从 7 个网站爬虫项目出发，根据项目需求选取不同的数据采集和处理技术，并有针对性地讲解几种 Python 网络爬虫。

本书共 8 章，前 3 章是入门篇，第 4、5、6 章是进阶篇，第 7、8 章是高级篇。涵盖的内容有 Scrapy 爬虫、Requests 爬虫、Selenium 模拟浏览器、XPath 语言、CSS 选择器、CSV 存储、MySQL 存储、JSON 读取、Parsel 解析、Flask 框架、ECharts 可视化等。

本书参考企业项目开发的工作流程，图文并茂地讲解每个操作步骤，并提供运行结果让读者检验自己的代码，中间也穿插介绍相关知识点和疑难问题。本书适用于高职高专院校大数据技术专业开展项目化教学和毕业设计指导，也可作为网络爬虫爱好者的启蒙资料。

未经许可，不得以任何方式复制或抄袭本书之部分或全部内容。
版权所有，侵权必究。

图书在版编目（CIP）数据

网络爬虫项目实战/何福男，艾旭升主编. —北京：电子工业出版社，2023.7
ISBN 978-7-121-45254-3

Ⅰ.①网… Ⅱ.①何… ②艾… Ⅲ.①软件工具－程序设计 Ⅳ.①TP311.561

中国国家版本馆 CIP 数据核字（2023）第 051648 号

责任编辑：贺志洪
印　　刷：涿州市京南印刷厂
装　　订：涿州市京南印刷厂
出版发行：电子工业出版社
　　　　　北京市海淀区万寿路 173 信箱　　邮编：100036
开　　本：787×1092　1/16　　印张：14.25　　字数：364.8 千字
版　　次：2023 年 7 月第 1 版
印　　次：2023 年 7 月第 1 次印刷
定　　价：46.00 元

凡所购买电子工业出版社图书有缺损问题，请向购买书店调换。若书店售缺，请与本社发行部联系，联系及邮购电话：（010）88254888，88258888。
质量投诉请发邮件至 zlts@phei.com.cn，盗版侵权举报请发邮件至 dbqq@phei.com.cn。
本书咨询联系方式：（010）88254609，hzh@phei.com.cn。

前　　言

当前，数据已成为重要的生产要素。"十三五"时期，我国大数据产业快速发展。据测算，产业规模年均复合增长率超过 30%，2020 年超过 1 万亿元，发展取得显著成效，逐渐成为支撑我国经济社会发展的优势产业。到 2025 年，大数据产业规模将突破 3 万亿元，年均复合增长率保持在 25%左右，创新力强、附加值高、自主可控的现代化大数据产业体系基本形成。随着大数据技术的不断发展和落地应用，数据价值正在不断得到体现和提升，所以未来大数据很有可能会构建出一个非常庞大的价值空间，而这个价值空间的重要价值载体就是数据。从这个角度来看，未来数据的价值会越来越高，数据也将成为一种重要的资源。在大数据时代，数据采集是一项重要的工作，如果单纯靠人力进行信息采集，不仅低效烦琐，而且搜集的成本也会很高。网络爬虫从浩瀚的互联网知识海洋中自动采集感兴趣的信息，是数据分析和应用的基础，已经成为获取海量数据的关键技术。

为适应产业发展，"十四五"大数据产业发展规划鼓励职业院校与大数据企业深化校企合作，建设实训基地，推进专业升级调整，对接产业需求，培养高素质技术技能人才。迄今为止，全国高职院校大数据技术专业累计备案数量达到 3084 次，为大数据应用型、技能型、实战型人才培养奠定了基础。2018 年，软件学院开设了大数据技术专业，网络爬虫技术成为专业核心课程。经过编者多年来的课堂讲学和交流培训，吸取其他高职高专院校授课教师的实践经验，发现任课教师在授课过程中，开发或找到适合高职高专学生特点的教材成为难点。由于存在着高校教师项目经验不足和企业工程师高职教材开发能力欠缺的矛盾，再加上依赖网站模拟困难，目前市面上的网络爬虫教材普遍存在着项目案例单调、网站资源匮乏、项目不完整等问题。

本书以党的二十大精神为指引，充分发挥教材的铸魂育人功能，深入贯彻落实党的二十大精神，由职业院校教师和企业高级工程师倾力合作打造，为深入实施科教兴国战略，强化现代化建设人才支撑贡献力量。

本书主编艾旭升博士曾经在思科研发中心工作 10 余年，有丰富的企业项目开发经验，联合北京华育科技有限公司共同开发教材。在编写过程中，艾旭升博士和其他编者一起，大量查看网络爬虫相关知识技术，翻阅已经出版发行的网络爬虫教材，开发覆盖常用爬虫技术的 7 个爬虫项目，进而设计项目、知识、技术有机融合的教材内容，达到技术技能提高、项目流程熟悉、创新素质提升的目标。本书定位于高职高专院校或培训学校相关专业的配套教材，也可以作为大数据技术专业毕业设计的参考用书，或者网络爬虫初学者的入门用书。内容设计遵循项目式教材开发要求，主要特色有：

1. 项目案例丰富。7 个爬虫项目基于 6 种网站，涵盖 Scrapy 爬虫、Requests 爬虫、Selenium 爬虫、XPath 路径、CSS 选择器等技术，并且各章节独立，解决定制化学习难题。

2. 爬取网站独立。本书提供了配套的爬取网站，部署到本地计算机后爬虫代码可直接访问，不会出现网站更新代码运行失败的情况，教师也可以按需更新网站，避免代码失效问题。

3. 知识技能浸入。随着项目的推进，本书穿插介绍用到的知识和技能，详细阐述常用案例和方法，并在课后习题环节设计相关习题强化理解和熟练度，解决项目和知识技能融合的问题。

4. 结构层次递进。全书分为三篇，从入门篇到进阶篇再到高级篇，每篇包含不同类型的项目，渐进式地推进项目的学习难度和广度，避免读者产生陌生感和畏惧感。

5. 图文并茂设计。在项目实施过程中，具体步骤都有文字介绍和相关截图，代码截图中提供详尽的注释帮助读者理解，结果截图便于读者验证自己的实现，解决文字描述模糊的缺陷。

6. 项目过程完整。项目涵盖数据采集、数据清洗、数据存储、数据分析、数据可视化全过程，读者身临其境地感受每个步骤在项目中的作用和地位，消除学校课堂学习与企业工作环境之间的差异。

本书共 8 章，第 1 章介绍 Chrome、Anaconda、ChromeDriver、PyCharm、MySQL、Navicat 等依赖软件的安装和配置。第 2 章以爬取购物网站为例介绍 Scrapy 爬虫框架的创建过程，描述数据处理过程，完成数据分析和可视化。第 3 章设计 Requests 爬虫爬取招聘网站，讲解数据清洗和分析代码，指导读者设计 ECharts 可视化数据。第 4 章以爬取二手车网站为例，介绍 Scrapy 数据采集和 MySQL 数据存储的工作过程，并用 Flask+ECharts 可视化数据。第 5 章描述 Requests 爬取旅游网站的工作流程及导入 MySQL 数据库的实施步骤，并用 Flask+ECharts 可视化分析结果。第 6 章以爬取房产网站为例，介绍 Requests 结合 Parsel 采集数据的方法，并用 Flask+ECharts 可视化网站数据。第 7 章介绍 Selenium 模拟浏览器爬取购物网站的工作过程，演示开发 Selenium 爬虫的工作步骤，指导读者完成可视化图表。第 8 章介绍 Selenium 执行 JavaScript 爬取社交网站，深入学习定义 CSS 路径的工作步骤，指导分析结果的可视化设计。

本书在写作过程中得到了北京华育科技有限公司的大力支持和帮助。张佳磊负责第 1、3 章的编写，并协助完成学习导览和公共图标的设计工作；李良负责第 4、5 章的编写；陈园园负责第 6 章的编写；艾旭升负责第 2、7、8 章的编写及全书的统稿工作；王昆宇负责模拟网站开发；何福男负责整体设计并主审了本书。

由于时间仓促，加上我们的水平有限，书中难免有错误和不妥之处，敬请读者批评、指正。

参考代码

练习答案

练习资源

编者

2023 年 2 月

目　　录

第一篇　网络爬虫入门篇

第 1 章　开发环境准备 ··· 3
技能要求 ·· 3
学习导览 ·· 3
1.1　安装 Chrome ·· 4
1.2　安装 Anaconda ··· 4
1.3　安装第三方库 ·· 10
1.4　安装 ChromeDriver ·· 12
1.5　安装 PyCharm ··· 14
1.6　安装 Java ··· 21
1.7　安装 Tomcat ··· 22
1.8　安装 MySQL ··· 24
1.9　安装 Navicat ··· 33

第 2 章　购物 Scrapy 项目实战 ································· 37
技能要求 ··· 37
学习导览 ··· 37
2.1　项目介绍 ·· 38
2.2　任务分解 ·· 39
2.3　项目实施 ·· 39
课后习题 ··· 57
能力拓展　组合图可视化手机关注度 ····························· 60

第 3 章　招聘 Requests 项目实战 ······························ 63
技能要求 ··· 63

学习导览 ·· 63
3.1 项目介绍 ·· 64
3.2 任务分解 ·· 65
3.3 项目实施 ·· 65
课后习题 ·· 80
能力拓展　组合图可视化招聘态势 ·· 82
本篇小结 ·· 87

第二篇　网络爬虫进阶篇

第 4 章　汽车 Scrapy+MTC 实战 ·· 91
技能要求 ·· 91
学习导览 ·· 91
4.1 项目介绍 ·· 92
4.2 任务分解 ·· 93
4.3 项目实施 ·· 93
课后习题 ·· 112
能力拓展　组合图可视化城市二手车趋势 ·· 114

第 5 章　旅游 Requests+MTC 实战 ·· 117
技能要求 ·· 117
学习导览 ·· 117
5.1 项目介绍 ·· 118
5.2 任务分解 ·· 119
5.3 项目实施 ·· 119
课后习题 ·· 137
能力拓展　组合图可视化旅游目的地分析结果 ·· 138

第 6 章　房产 Requests+Parsel+MTC 项目实战 ··· 142
技能要求 ·· 142
学习导览 ·· 142
6.1 项目介绍 ·· 143
6.2 任务分解 ·· 143
6.3 项目实施 ·· 144

课后习题 ·· 164

能力拓展　组合图可视化房源分析统计结果 ·· 167

本篇小结 ·· 171

第三篇　网络爬虫高级篇

第 7 章　购物 Selenium 爬虫实战 ·· 175

技能要求 ·· 175

学习导览 ·· 175

7.1　项目介绍 ·· 176

7.2　任务分解 ·· 177

7.3　项目实施 ·· 177

课后习题 ·· 191

能力拓展　组合图可视化城市彩妆销售趋势 ·· 194

第 8 章　社交 Selenium 项目实战 ·· 198

技能要求 ·· 198

学习导览 ·· 198

8.1　项目介绍 ·· 199

8.2　任务分解 ·· 200

8.3　项目实施 ·· 200

课后习题 ·· 216

能力拓展　组合图可视化计算机视觉与模式识别论文分析 ·································· 218

本篇小结 ·· 220

第一篇 网络爬虫入门篇

第 1 章 开发环境准备

网络爬虫项目开发环境需要诸多程序协同工作。先用 Tomcat 搭建好要爬取的网站,再用谷歌浏览器打开相应的网页,用 Python 语言编写相应的代码爬取数据,通过 PyCharm 编译代码,将爬取到的数据存储到本地文件或数据库中,再进行相应的数据清洗和可视化。所以这一章的环境准备工作非常重要,是后面所有操作的基础。

 技能要求

(1)掌握各个软件的下载途径。
(2)掌握各个软件的安装方法。

 学习导览

本任务学习导览如图 1-1 所示。

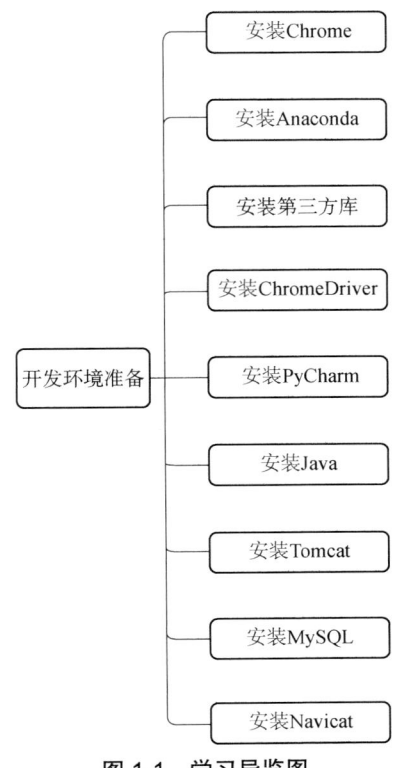

图 1-1 学习导览图

1.1 安装 Chrome

  Chrome 是一款由 Google 公司开发的网页浏览器，该浏览器基于其他开源软件撰写，包括 WebKit，目标是提升稳定性、速度和安全性，并创造出简单且有效率的使用者界面。

  用 Chrome 打开目标网页，按下 F12 键就可以打开 Chrome 的开发者工具，Chrome 开发者工具是一套内置于 Google Chrome 中的 Web 开发和调试工具，可用来对网站进行迭代、调试和分析。

  Chrome 的安装非常简单，建议从官方网站下载程序并安装。

1.2 安装 Anaconda

微课：安装 Anaconda

  Anaconda 是一个基于 Python 的数据处理和科学计算平台，它已经内置了许多非常有用的第三方库，装上 Anaconda，相当于把 Python 和一些如 NumPy、SciPy、Pandas、Matplotlib 等常用的库自动安装好了，使得安装起来比常规 Python 安装要容易。PyCharm 是一款功能强大的 Python IDE，使用它能极大地方便用户进行 Python 语言的开发，比如调试、语法高亮、Project 管理、代码跳转、智能提示、自动完成、单元测试、版本控制。因此，利用 Anaconda 和 PyCharm 可以极大地帮助用户编写和运行代码，提高效率。

  下面以 Anaconda3-5.3.1 为例，介绍 Anaconda 的安装步骤：

1. 打开清华大学开源软件镜像站，进入 Anaconda 下载地址，如图 1-2 所示。

图 1-2　Anaconda 下载

  2. 下载 Windows 版本的 Anaconda 安装包，选择 Anaconda 3-5.3.1 版本，双击安装文件，如图 1-3 所示。

第1章 开发环境准备

图 1-3　Anaconda 安装文件

3. 单击 "Next" 按钮，进入下一步，如图 1-4 所示。

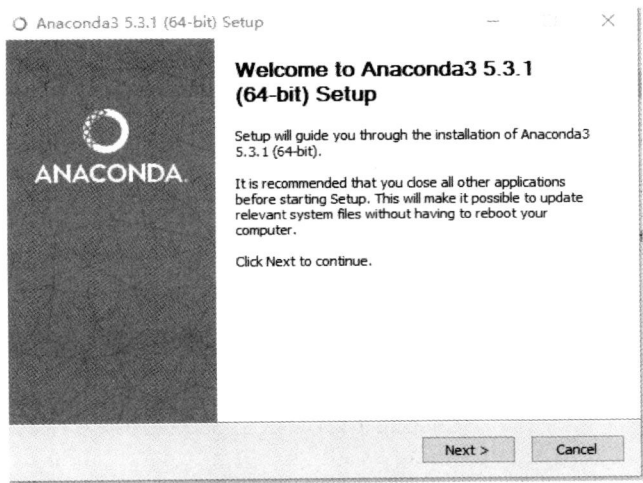

图 1-4　Anaconda 安装界面 1

4. 单击 "Next" 按钮，进入下一步，如图 1-5 所示。

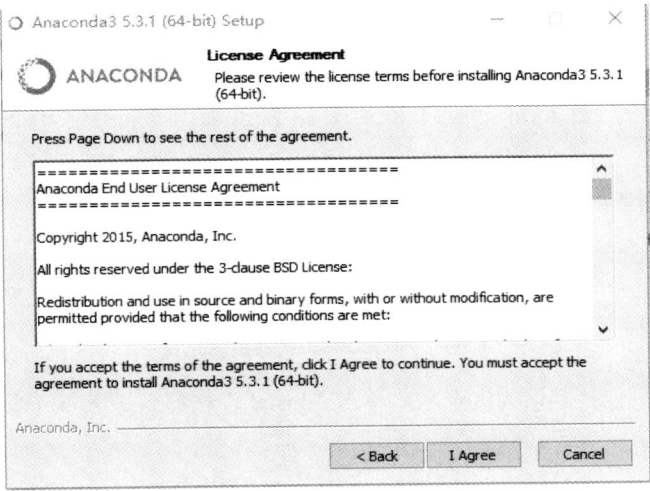

图 1-5　Anaconda 安装界面 2

5. 单击"I Agree"按钮，进入下一步，如图1-6所示。

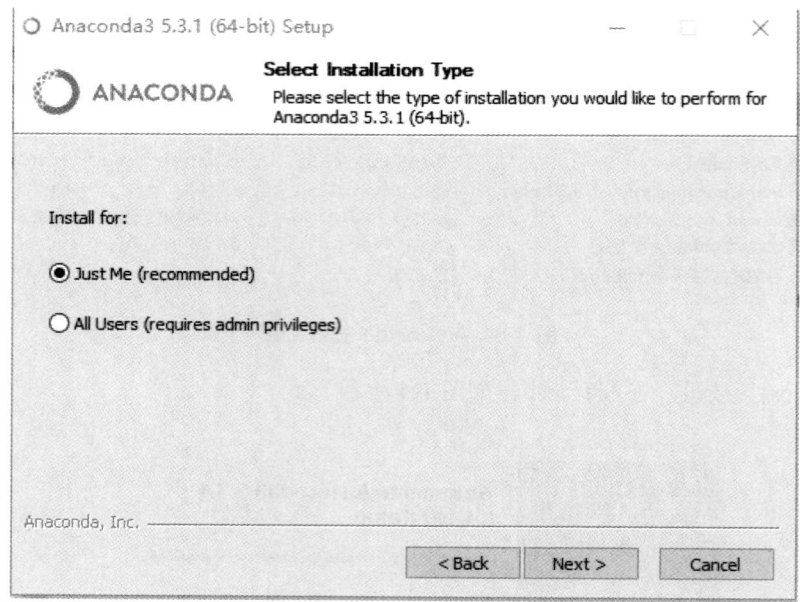

图1-6 Anaconda选择安装类型

6. 选择"Just Me"选项后单击"Next"按钮，进入下一步，选择安装路径，也可以使用默认的安装路径，这个安装路径在后期PyCharm环境设置导入Python.exe时会用到，如图1-7所示。

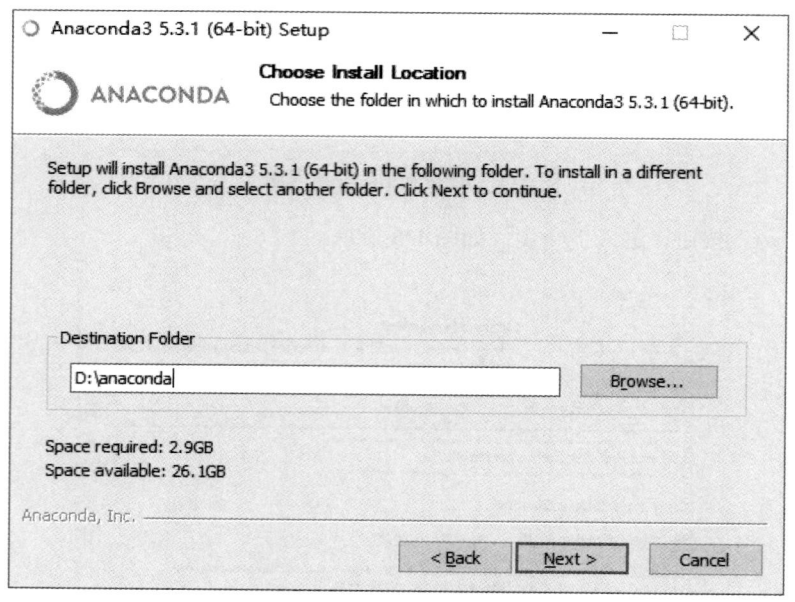

图1-7 Anaconda安装目录选择

7. 选择安装设置，保持默认勾选选项，单击"Install"按钮，进入下一步，如图1-8所示。

第1章 开发环境准备

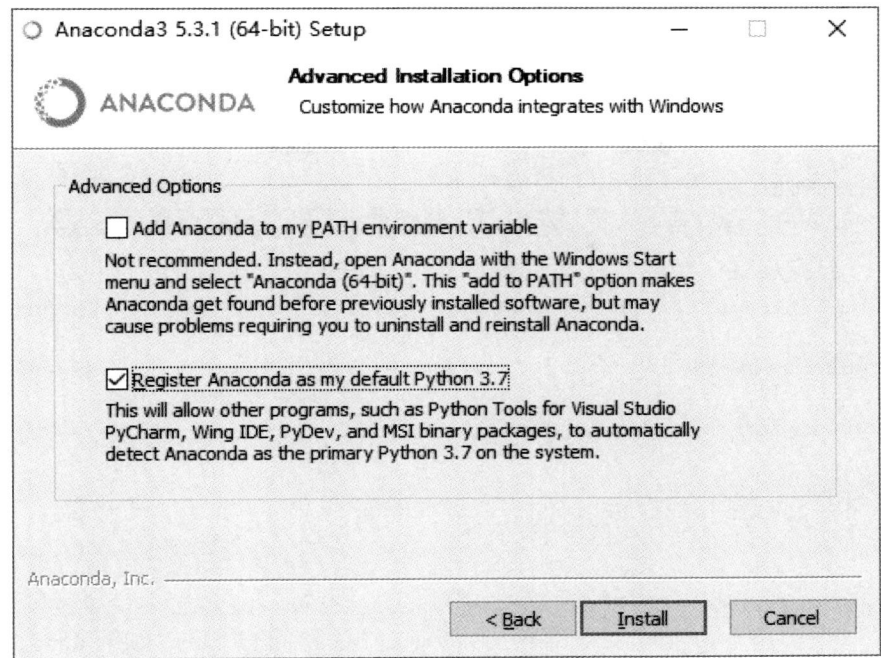

图 1-8 Anaconda 安装选项

8. Anaconda 程序开始安装，安装过程如图 1-9 所示。

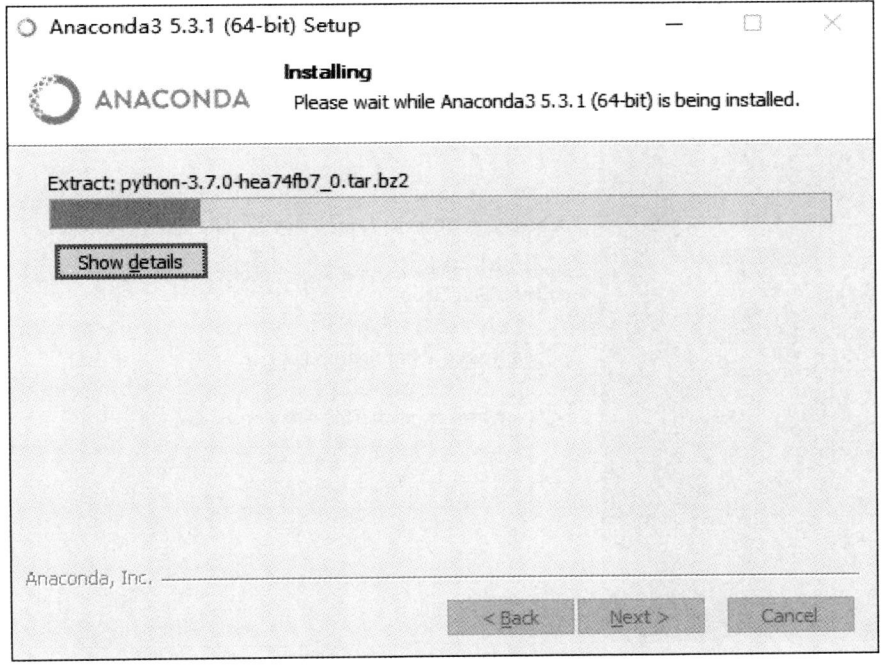

图 1-9 Anaconda 安装过程

9. 安装完成，单击"Next"按钮，如图 1-10 所示。

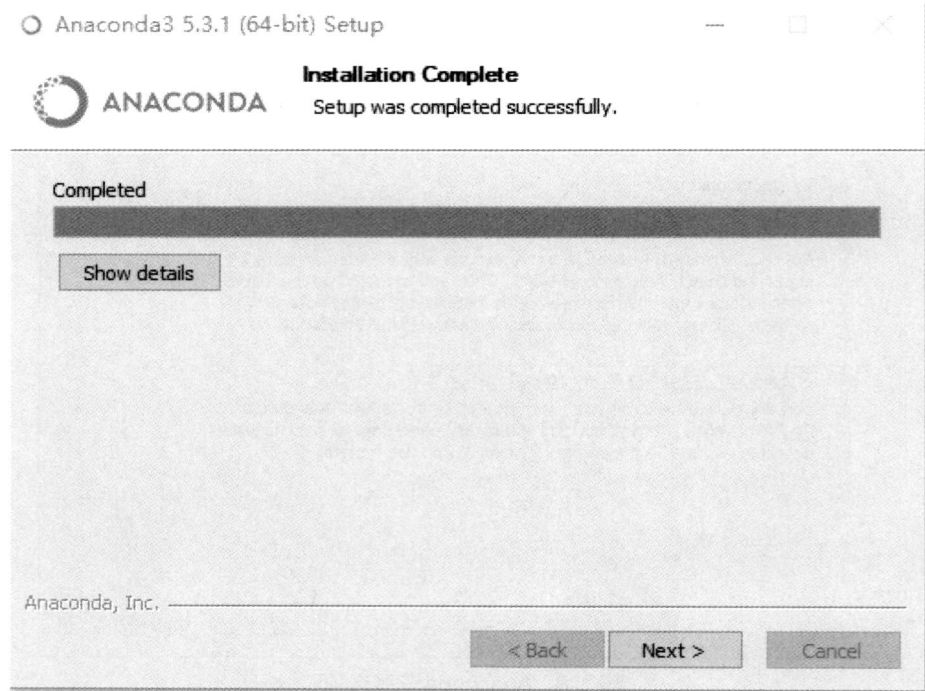

图 1-10　Anaconda 安装过程界面

10. 单击"Finish"按钮，完成安装，如图 1-11 所示。

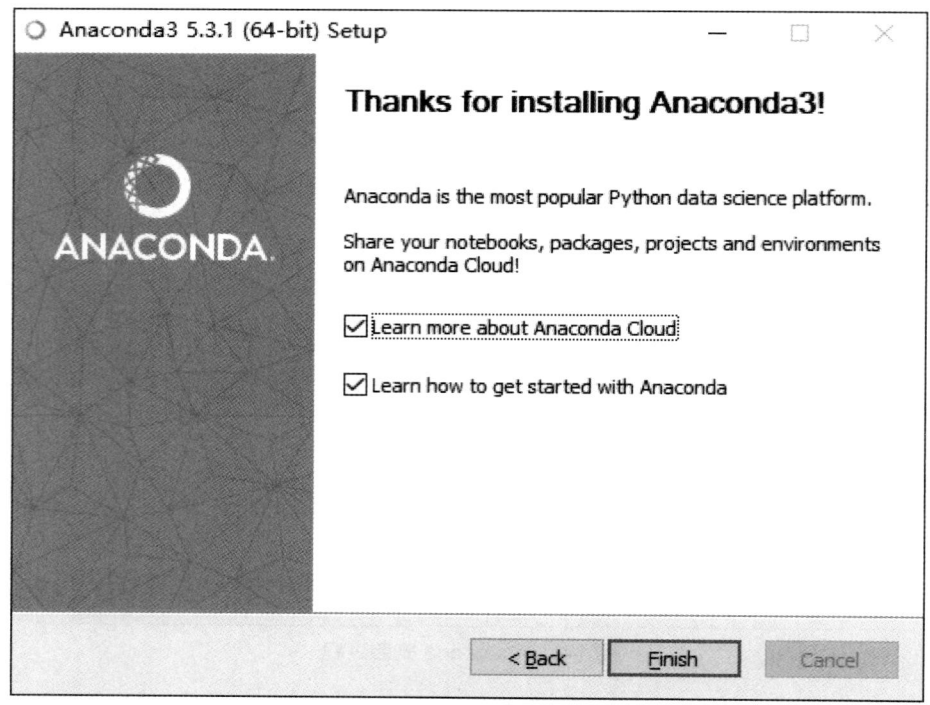

图 1-11　Anaconda 安装完成

11. 右键单击"我的电脑"图标，在弹出的快捷菜单中选择"属性"命令，在打开的页面中选择"高级系统设置"选项。在打开的对话框中单击"环境变量"按钮,如图1-12所示。

图1-12 Anaconda 环境变量设置

12. 在打开的对话框中选择"系统变量"里的"PATH"选项,单击"编辑"按钮,如图1-13所示。

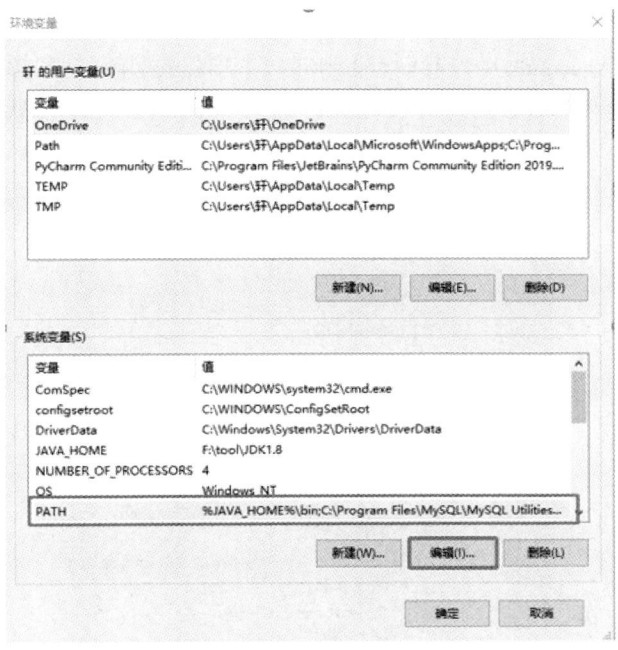

图1-13 PATH 选项设置

13. 在打开的对话框中单击"新建"按钮，分别添加 Anaconda 安装目录、Anaconda 安装目录\Scripts、Anaconda 安装目录\Library\bin 到 PATH 变量，如图 1-14 所示。

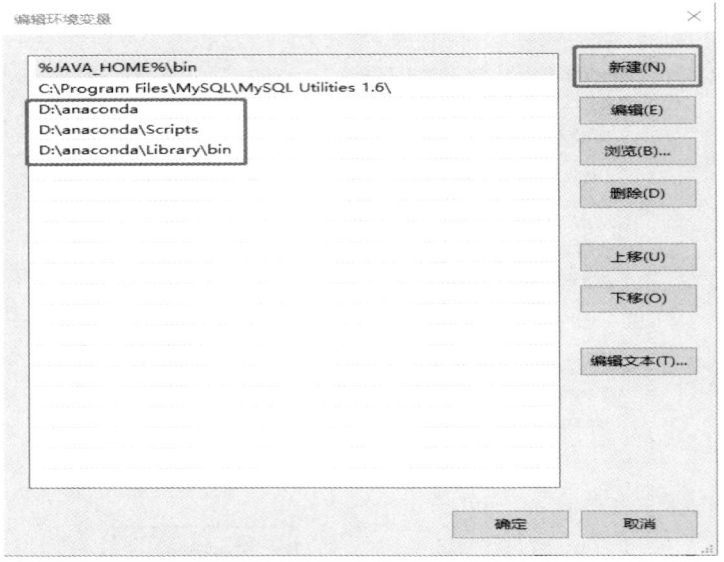

图 1-14 将目录添加到 PATH 变量

1.3 安装第三方库

微课：安装第三方库

Anaconda 集成了很多科学计算中所需要的包，如 NumPy、SciPy 等，但是因为实际需求，我们需要导入列表中没有的第三方包，如 Selenium、Jieba 等，在 Anaconda 中，我们可以参考以下步骤安装所需要的第三方包。

1. 依次选择 "Anaconda3" → "Anaconda Prompt（anaconda）" 选项，如图 1-15 所示。

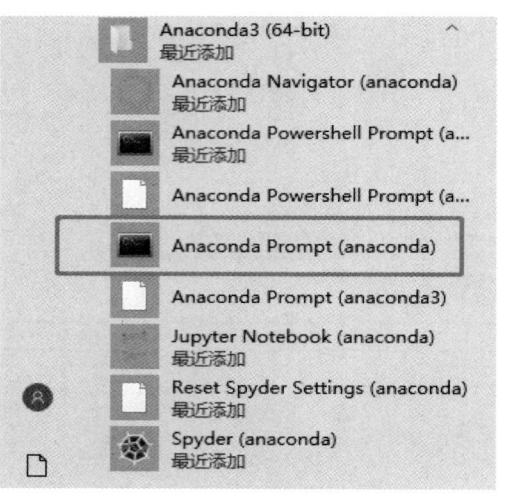

图 1-15 Anaconda 安装步骤 1

2. 首先升级 pip 到最新版本，输入如下命令：

```
> python -m pip install --upgrade pip
```

如出现如图 1-16 所示界面则表示安装成功。

```
(base) C:\Users\lenovo> python -m pip install --upgrade pip
Requirement already satisfied: pip in d:\users\lenovo\anaconda3\lib\site-packages (22.0.4)
Collecting pip
  Downloading pip-22.2.1-py3-none-any.whl (2.0 MB)
     ---------------------------------------- 2.0/2.0 MB 41.6 kB/s eta 0:00:00
Installing collected packages: pip
  Attempting uninstall: pip
    Found existing installation: pip 22.0.4
    Uninstalling pip-22.0.4:
      Successfully uninstalled pip-22.0.4
Successfully installed pip-22.2.1
```

图 1-16　Anaconda 安装步骤 2

3. 安装爬虫项目依赖的 Scrapy 1.8.0、PyOpenSSL 18.0.0、Cryptography 2.3.1、Flask_script 2.0.6、Flask_sqlalchemy 2.4.1、PyMySQL 0.9.3、Jieba 0.42.1、Selenium 3.141.0、Itemadapter 0.7 等第三方库，输入如下命令：

```
> pip  install  scrapy==1.8.0
> pip  install  pyOpenSSL==18.0.0
> pip  install  cryptography==2.3.1
> pip  install  flask_script==2.0.6
> pip  install  flask_sqlalchemy==2.4.1
> pip  install  PyMySQL==0.9.3
> pip  install  jieba==0.42.1
> pip  install  selenium==3.141.0
> pip  install  itemadapter==0.7
```

然后执行命令 pip install list：

```
> pip  install  list
```

运行结果如图 1-17 所示。

```
datashape                                0.5.4
decorator                                4.3.0
defusedxml                               0.5.0
distributed                              1.23.1
dlib                                     19.17.99
dnspython                                1.16.0
docutils                                 0.14
dominate                                 2.5.2
entrypoints                              0.2.3
et-xmlfile                               1.0.1
fake-useragent                           0.1.11
Faker                                    4.1.2
fastcache                                1.0.2
filelock                                 3.0.8
Flask                                    1.0.2
Flask-Bootstrap                          3.3.7.1
Flask-Cors                               3.0.6
Flask-Script                             2.0.6
Flask-SQLAlchemy                         2.4.1
flatbuffers                              2.0
gast                                     0.5.3
gevent                                   1.3.6
glob2                                    0.6
google-auth                              2.6.6
google-auth-oauthlib                     0.4.6
google-pasta                             0.2.0
greenlet                                 0.4.15
grpcio                                   1.45.0
h5py                                     3.6.0
heapdict                                 1.0.0
```

图 1-17　Anaconda 安装步骤 3

移动 Anaconda Prompt 窗口右边的滚动栏，确认上面安装的第三方库存在。

1.4 安装 ChromeDriver

微课：安装 Chrome-Driver

ChromeDriver 是 Chrome 驱动程序，是 Python 爬虫使用 Selenium 库模拟打开谷歌浏览器所依赖的文件，能模拟用户使用谷歌浏览器。

1. 打开谷歌浏览器，依次单击"自定义与控制 Google Chrome"→"帮助"→"关于 Google Chrome"命令，即可查看 Chrome 浏览器的版本号，如图 1-18 所示。

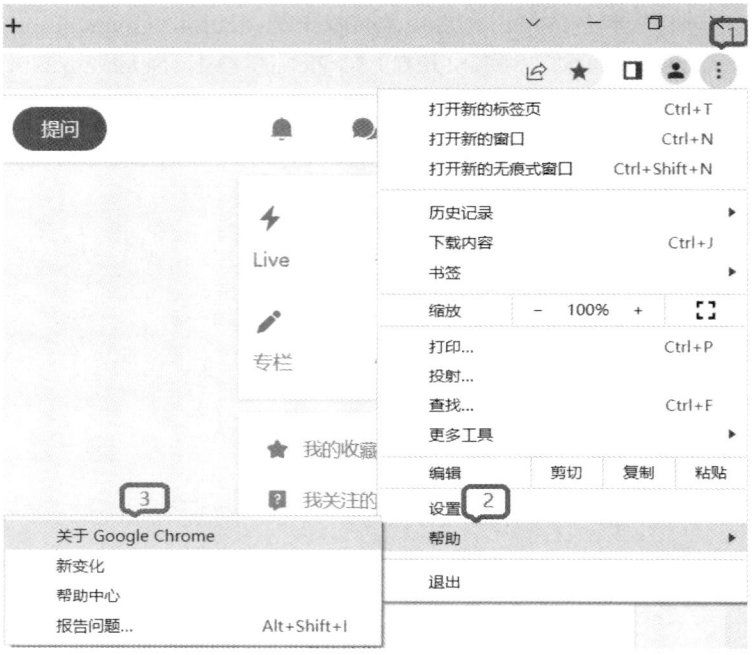

图 1-18　找到"关于 Google Chrome"命令

打开"关于 Chrome"窗口后，如图 1-19 所示，可以看到 Chrome 浏览器版本，比如"103.0.5060.114"。

图 1-19　"关于 Chrome"窗口

第 1 章 开发环境准备

2. 访问 ChromeDriver 下载网站，根据上面看到的 Chrome 浏览器版本，找到最接近 Chrome 浏览器版本的低版本 ChromeDriver。比如浏览器版本是 103.0.5060.114，最接近的低版本是 103.0.5060.53，那么下载 103.0.5060.53/目录下面的 chromedriver_win32.zip，如图 1-20 所示。

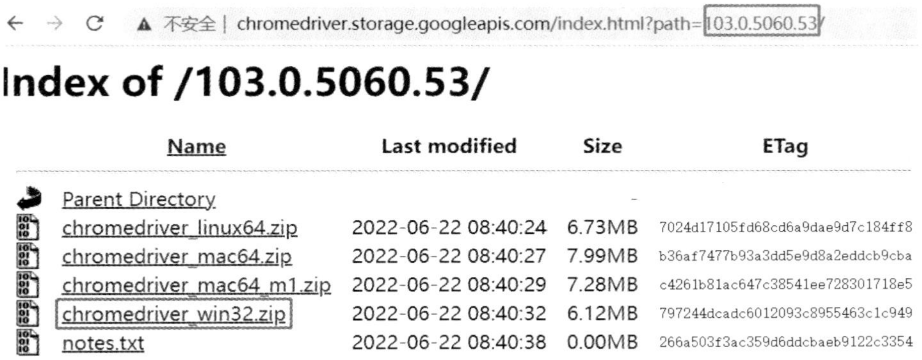

图 1-20 下载 ChromeDriver

3. 从 chromedriver_win32.zip 中解压出 chromedriver.exe，如图 1-21 所示。

图 1-21 解压 chromedriver.exe

4. 复制 chromedriver.exe 到 Anaconda 安装目录，和 python.exe 在同一目录下，如图 1-22 所示。

图 1-22 复制 chromedriver.exe

13

微课：安装PyCharm

1.5 安装 PyCharm

PyCharm 是一种 Python IDE（Integrated Development Environment，集成开发环境），带有一整套可以帮助用户在使用 Python 语言开发时提高其效率的工具，是一款使用广泛、功能齐全的 Python 编辑器。其配置较为简单，功能强大，使用起来省时省心，对初学者友好。下面以 PyCharm Community Edition 2019.3.3 为例，介绍如何下载并安装 PyCharm。

1. 打开 PyCharm 官网进入 PyCharm 下载页面，如图 1-23 所示。

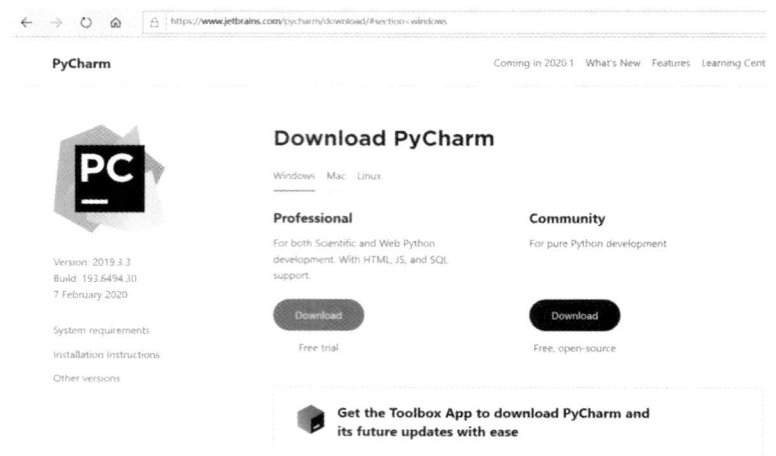

图 1-23 PyCharm 安装步骤 1

2. 选择版本，Professional 表示专业版，Community 是社区版，推荐安装社区版，单击"Community"下面的"Download"按钮进行下载，进入下一步，如图 1-24 所示。

图 1-24 PyCharm 安装步骤 2

3. 单击"Browse"按钮，选择安装路径，也可以使用默认的安装路径，进入下一步，如图 1-25 所示。这个安装路径在后期 PyCharm 环境设置导入 python.exe 时会用到。

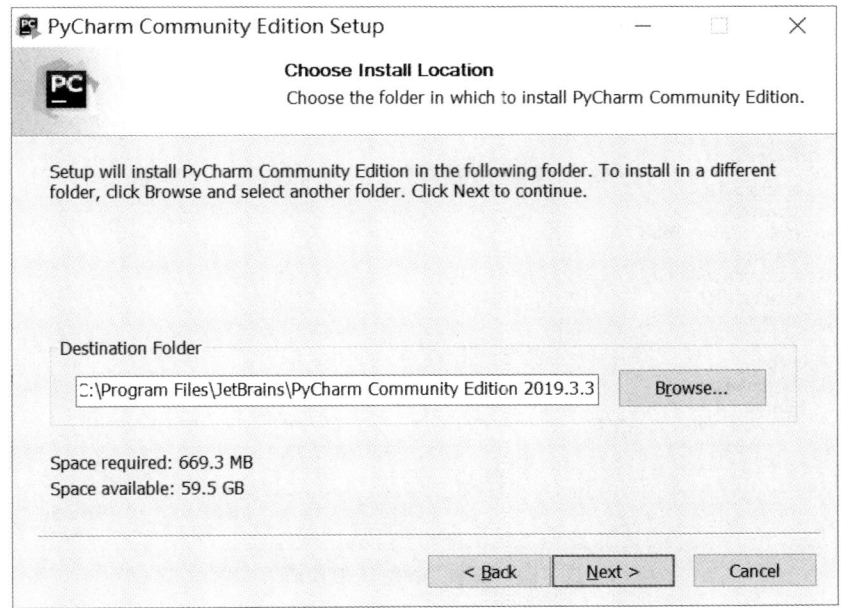

图 1-25　PyCharm 安装步骤 3

4. 勾选所有选项，如图 1-26 所示，单击"Next"按钮，进入下一步。

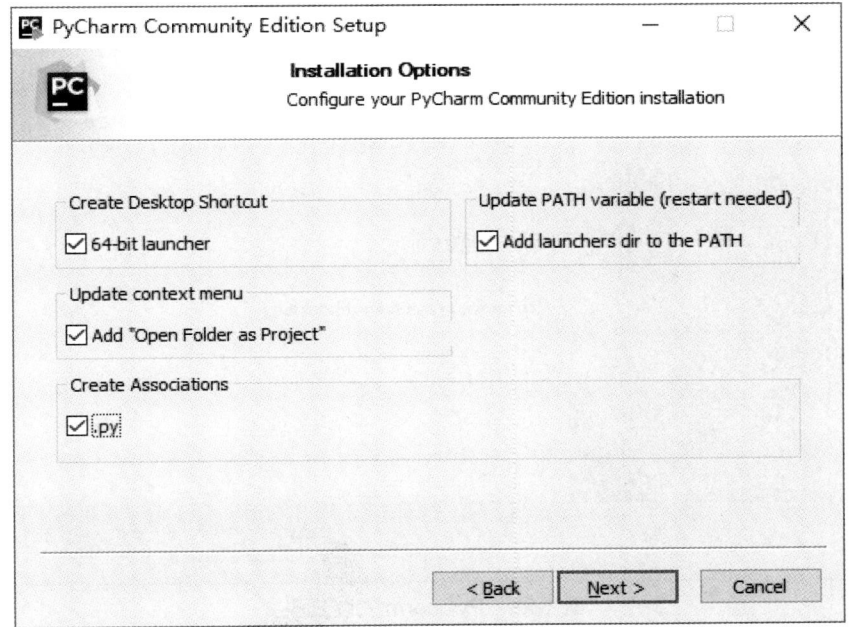

图 1-26　PyCharm 安装步骤 4

5. 单击"Install"按钮，进行安装，进入下一步，如图 1-27 所示。

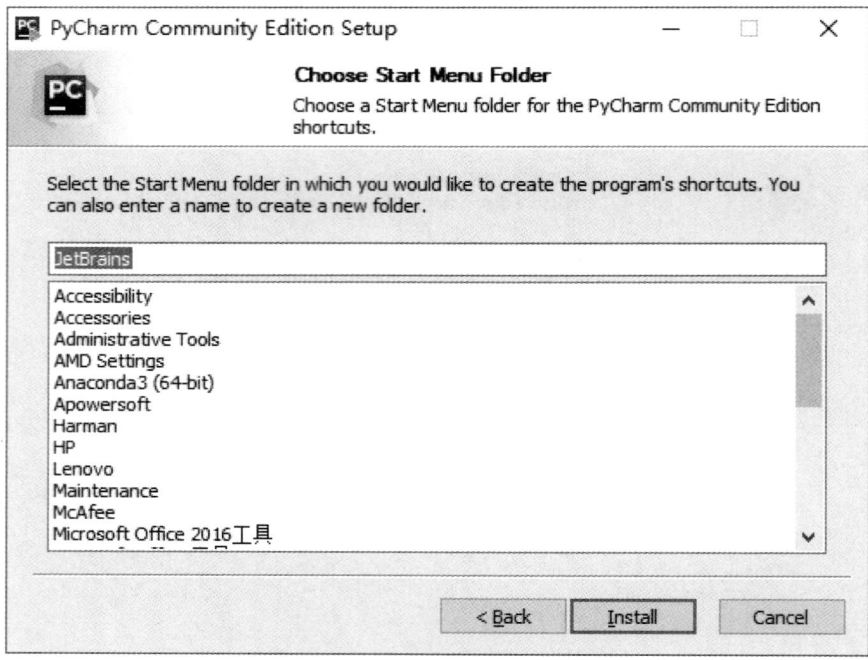

图 1-27　PyCharm 安装步骤 5

6. 单击"Finish"按钮，完成安装，如图 1-28 所示。

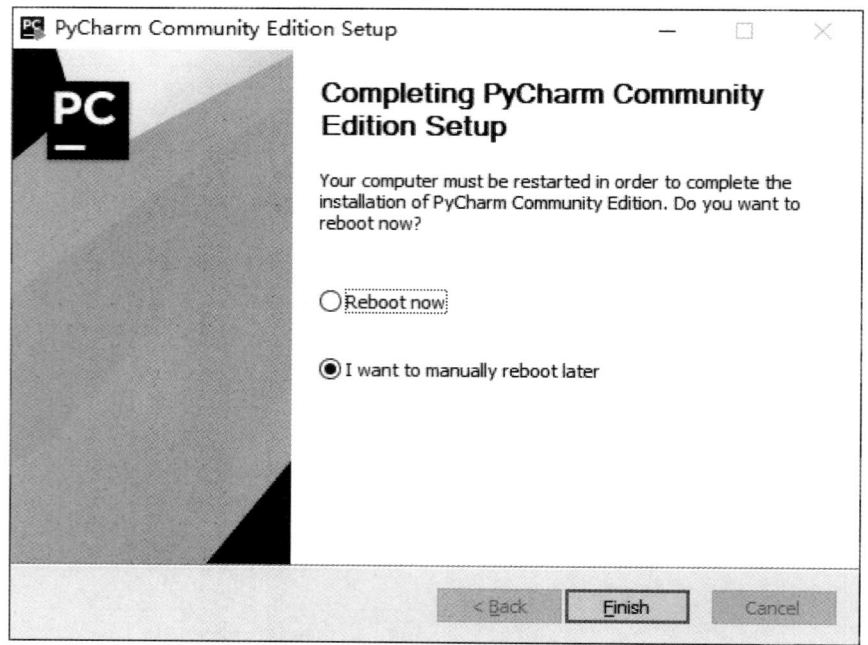

图 1-28　PyCharm 安装步骤 6

接下来，需要在 PyCharm 中导入 Anaconda 环境。

7. 双击打开 PyCharm 软件，单击"Create New Project"按钮，新建项目，进入下一步，如图 1-29 所示。

第1章 开发环境准备

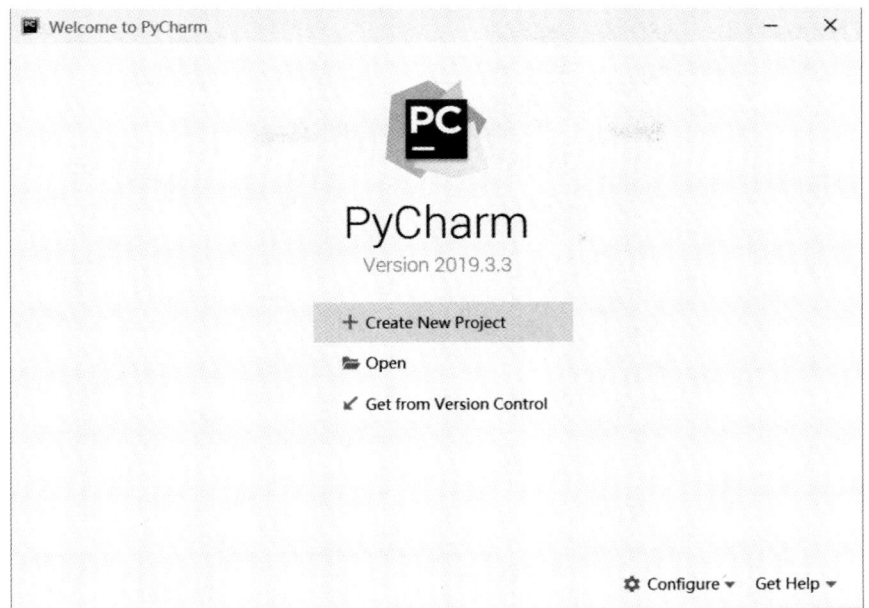

图 1-29　PyCharm 导入 Anaconda 步骤 1

8. 打开"New Project"对话框。"Location："文本框中的路径是默认的项目文件存储位置，"untitled"表示未命名的项目名，如图 1-30 所示。

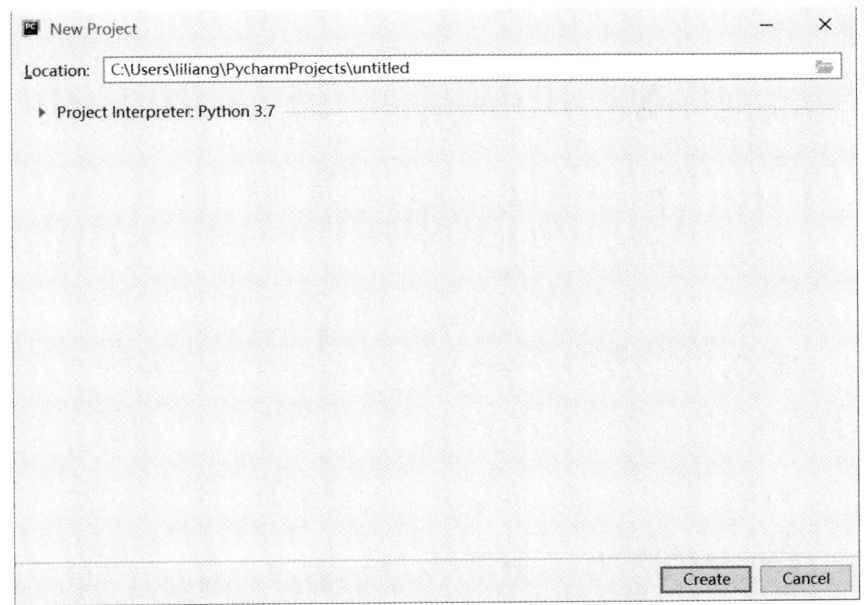

图 1-30　PyCharm 导入 Anaconda 步骤 2

9. 可自行命名项目名称，此处将项目名称改为"sjfx"（数据分析的首字母），项目的存储位置保持不变，如图 1-31 所示。如果要改变项目的存储位置，也可以单击 按钮实现。单击"Create"按钮，进入下一步。

17

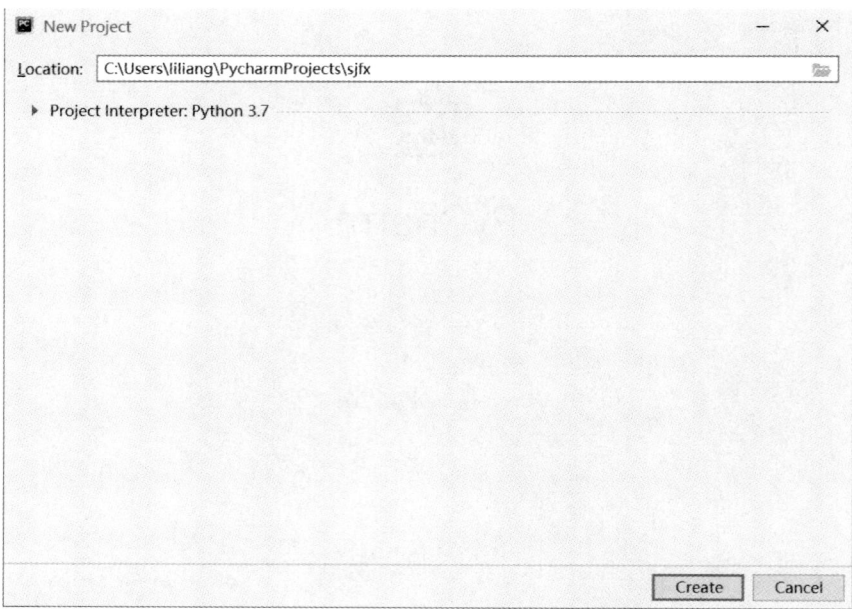

图 1-31　PyCharm 导入 Anaconda 步骤 3

10. 单击"Location："文本框下方的 ▶ 按钮，选择"Existing interpreter"选项，如图 1-32 所示，"Existing interpreter"表示 Python 的解析器。

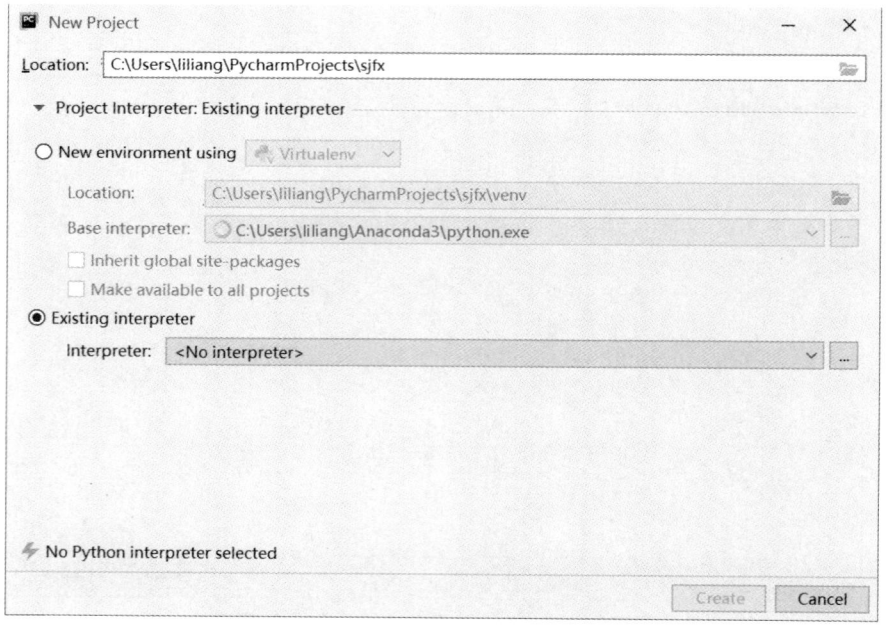

图 1-32　PyCharm 导入 Anaconda 步骤 4

11. 单击"Interpreter："文本框后面的 ... 按钮，打开"Add Python Interpreter"对话框，如图 1-33 所示，"Interpreter："文本框表示 Python 的解析器的位置。

第1章 开发环境准备

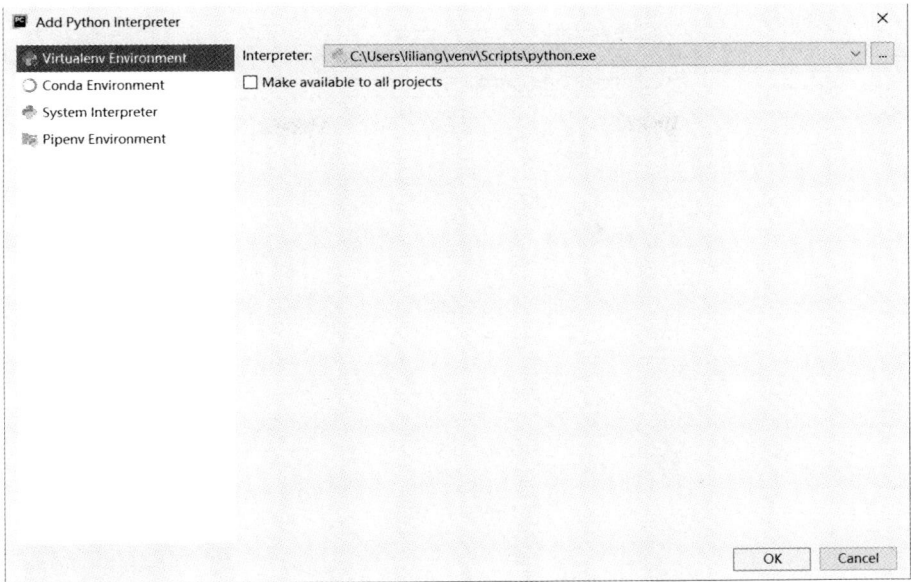

图 1-33　PyCharm 导入 Anaconda 步骤 5

12. 单击"Interpreter:"文本框后面的 按钮,在打开的"Select Python Interpreter"对话框中,选择前面安装的 Anaconda 路径中的 python.exe 文件,如图 1-34 所示。

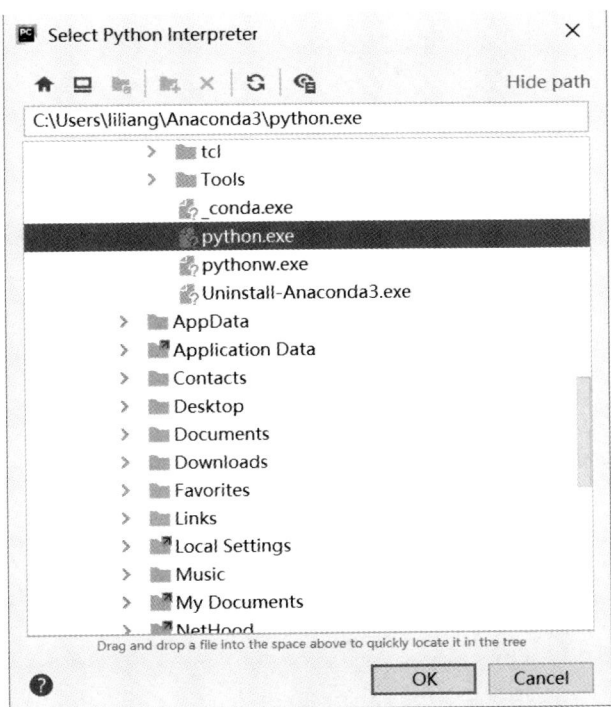

图 1-34　PyCharm 导入 Anaconda 步骤 6

13. 单击"OK"按钮,退出"Select Python Interpreter"对话框,返回"Add Python Interpreter"对话框,并勾选"Make available to all projects"选项,如图 1-35 所示。

19

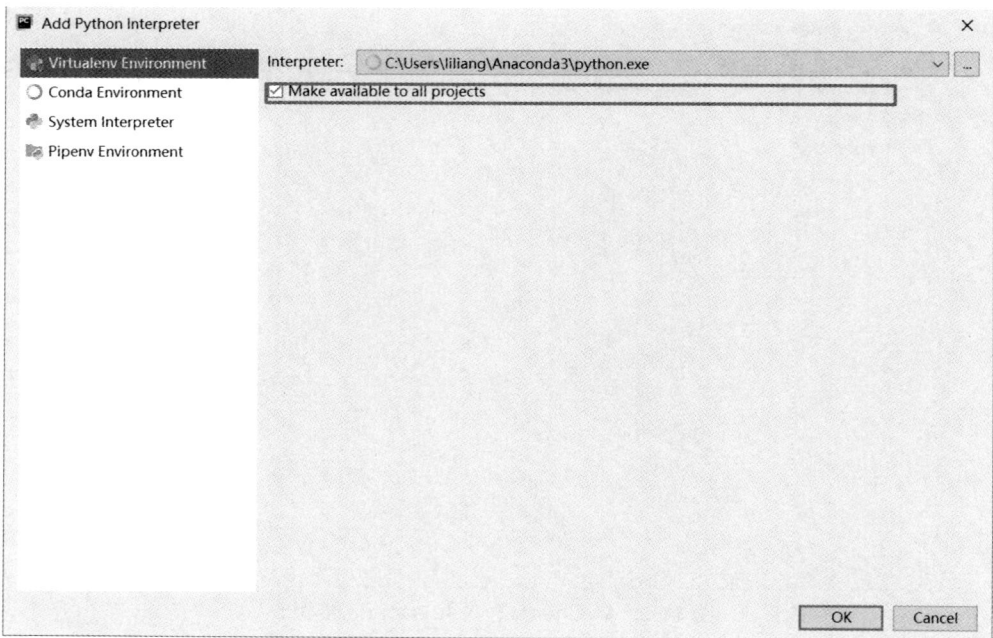

图 1-35　PyCharm 导入 Anaconda 步骤 7

14. 单击"OK"按钮，退出"Add Python Interpreter"对话框，返回"New Project"对话框，如图 1-36 所示。

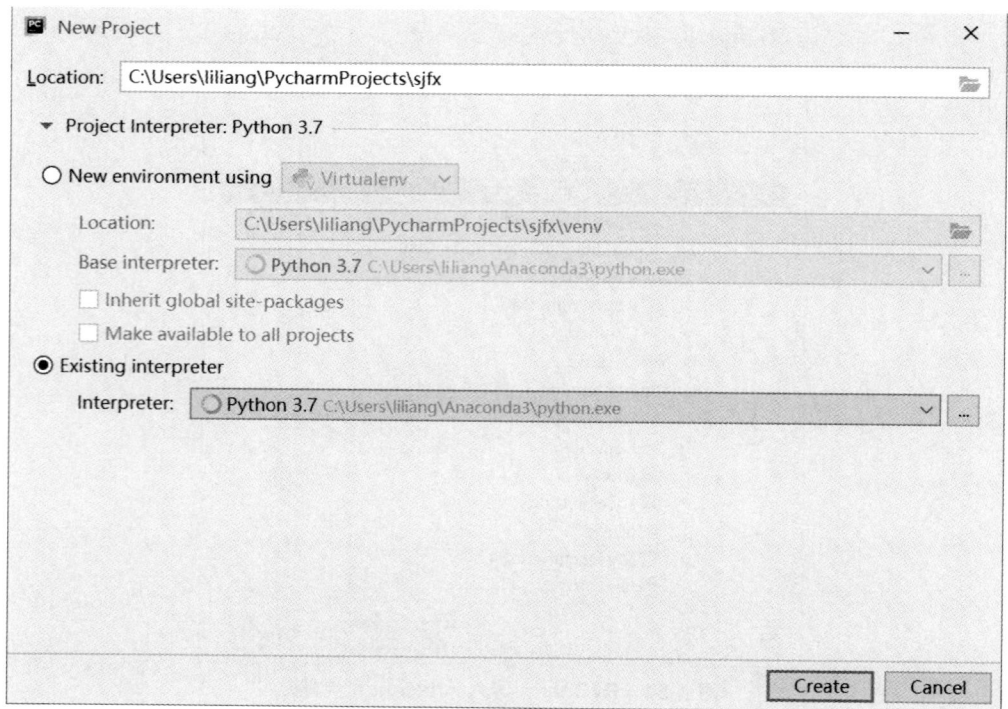

图 1-36　PyCharm 导入 Anaconda 步骤 8

15. 单击"Create"按钮，创建项目，如图 1-37 所示。

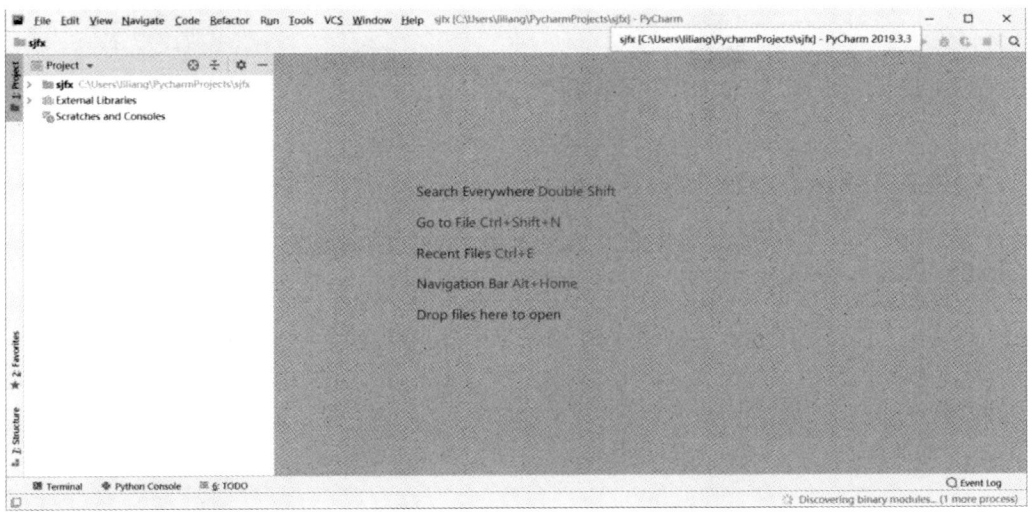

图 1-37　PyCharm 导入 Anaconda 步骤 9

1.6　安装 Java

微课：安装 Java

　　Java 是由 Sun 公司于 1995 年 5 月推出的 Java 面向对象程序设计语言（以下简称 Java 语言）和 Java 平台的总称。Java 被人们广泛接受并推动了 Web 的迅速发展，常用的浏览器均支持 JavaApplet。下面以 JDK1.8 为例，介绍 Java 的环境安装。

1. 选择合适的路径解压 JDK1.8.zip。
2. 配置环境变量：右键单击"我的电脑"，在弹出的快捷菜单中选择"属性"命令，在打开的界面中依次单击"高级系统设置"→"环境变量"。

　　在打开的"编辑系统变量"对话框中进行环境变量设置，JAVA_HOME=软件解压路径（例：F:\tool\JDK1.8），如图 1-38 所示。

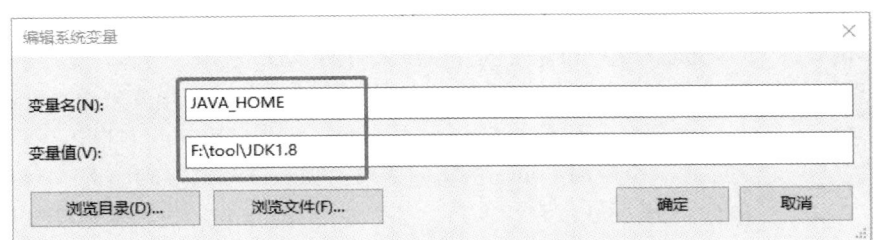

图 1-38　配置环境变量

　　在"环境变量"对话框中选择"PATH"选项，单击"编辑"按钮，在打开的"编辑环境变量"对话框中单击"新建"按钮，添加"%JAVA_HOME%\bin"，如图 1-39 所示。

3. 进入 cmd 命令行窗口，运行命令 java-version，运行成功的界面如图 1-40 所示。

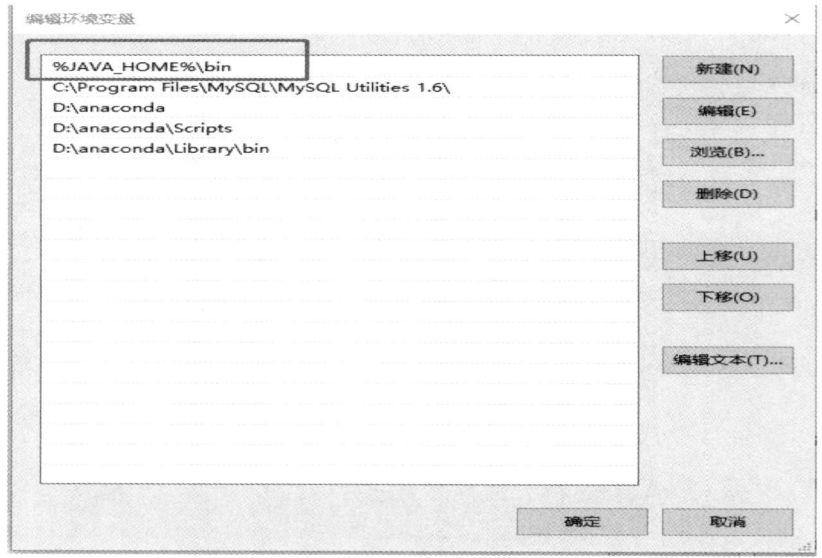

图 1-39 配置 PATH

图 1-40 Java 运行成功

1.7 安装 Tomcat

微课：安装 Tomcat

    Tomcat 是一个免费的开放源代码的 Web 应用服务器，属于轻量级应用服务器，是开发和调试 JSP 程序的首选。对于一个初学者来说，可以这样认为：当在一台机器上配置好 Apache 服务器，可利用它响应 HTML（标准通用标记语言下的一个应用）页面的访问请求。Tomcat 安装步骤如下：

    1. 打开 cmd 命令行窗口，运行命令 ipconfig，找到本地计算机网卡 IP 地址，如图 1-41 所示。

    2. 用记事本打开 hosts 文件（Win10 系统下该文件在 C:\Windows\System32\drivers\ etc 路径下），定义本机域名，如图 1-42 所示。

    3. 从本书所属资源中下载 tomcat-with-sites.zip，解压 tomcat-with-sites.zip，如图 1-43 所示。

    4. 进入解压后 Tomcat 安装目录下的 bin 目录，运行 startup.bat，成功界面，如图 1-44 所示。

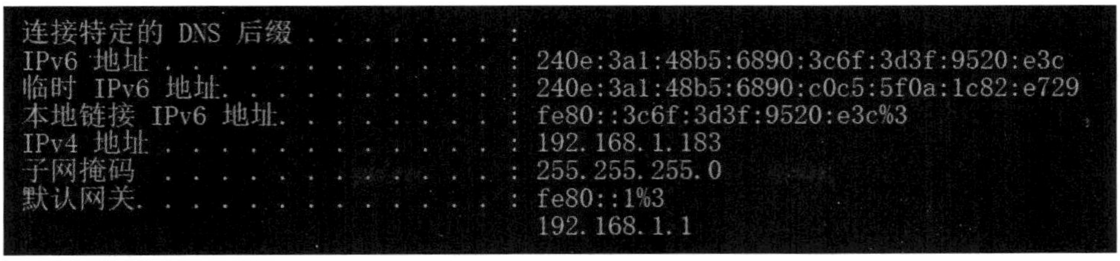

第 1 章 开发环境准备

图 1-41 查看本地计算机网卡 IP 地址

图 1-42 定义本机域名

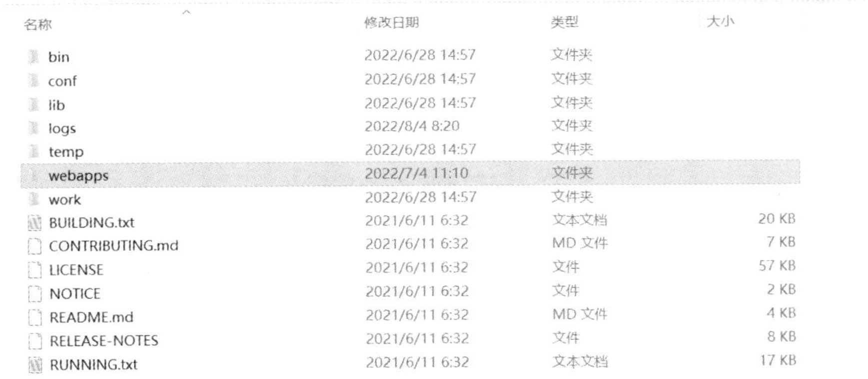

图 1-43 解压后的 tomcat-with-sites.zip

图 1-44 运行成功界面

23

5. 打开谷歌浏览器，输入网址 http://www.mysite.com:50001/findjob/index1.html，站点访问成功界面如图 1-45 所示。

图 1-45　站点访问成功界面

1.8　安装 MySQL

微课：安装 MySQL

　　MySQL 是一个关系型数据库管理系统，也是目前最受欢迎的开源关系型数据库管理系统。由瑞典 MySQL AB 公司开发，在 Web 应用方面，MySQL 是最好的 RDBMS（Relational Database Management System，关系数据库管理系统）应用软件之一。因为受众广泛，免费，所以它是网络数据采集项目中常用的数据库。网络爬虫抓取数据不是目的，需要的是将抓取的数据保存到本地，然后进行相关的数据处理操作应用到实际业务场景才是最终的目标，那么数据的保存就尤为重要了。网络爬虫的数据存储方式一般分两种：一是存储在文件中，包括文本文件和 CSV 文件；二是存储在数据库中，如 MySQL 关系型数据库。下面以 MySQL5.7 为例，介绍 MySQL 的安装步骤。

　　1. 双击下载 MySQL 5.7 的安装文件，出现安装向导界面，勾选"I accept the license terms"复选框，单击"Next"按钮继续安装，如图 1-46 所示。

　　2. 在"Choosing a Setup Type"窗口中，包括 5 种安装类型，分别是 Developer Default（开发者默认）、Server only（仅服务器）、Client only（仅客户端）、Full（完全）、Custom（自定义），这里选择"Developer Default"选项，如图 1-47 所示。

　　3. 单击"Next"按钮继续，在"Check Requirements"窗口中，检查系统是否具备安装所需的组件，如果不存在，则单击"Execute"按钮，将再现安装所需要的组件，如图 1-48 所示。

第1章 开发环境准备

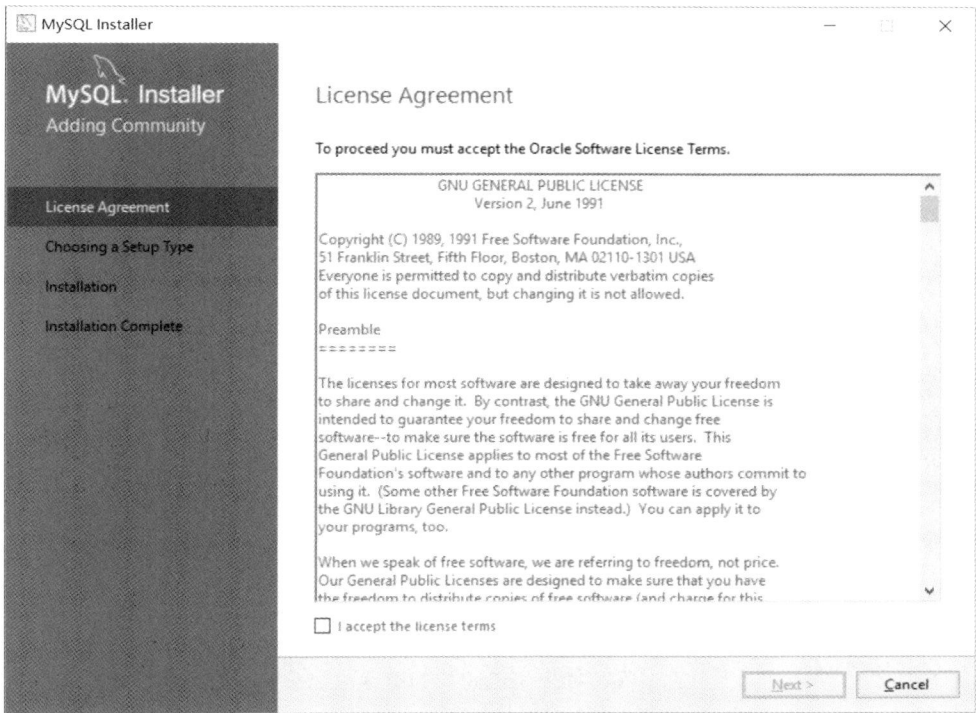

图 1-46 接受许可协议

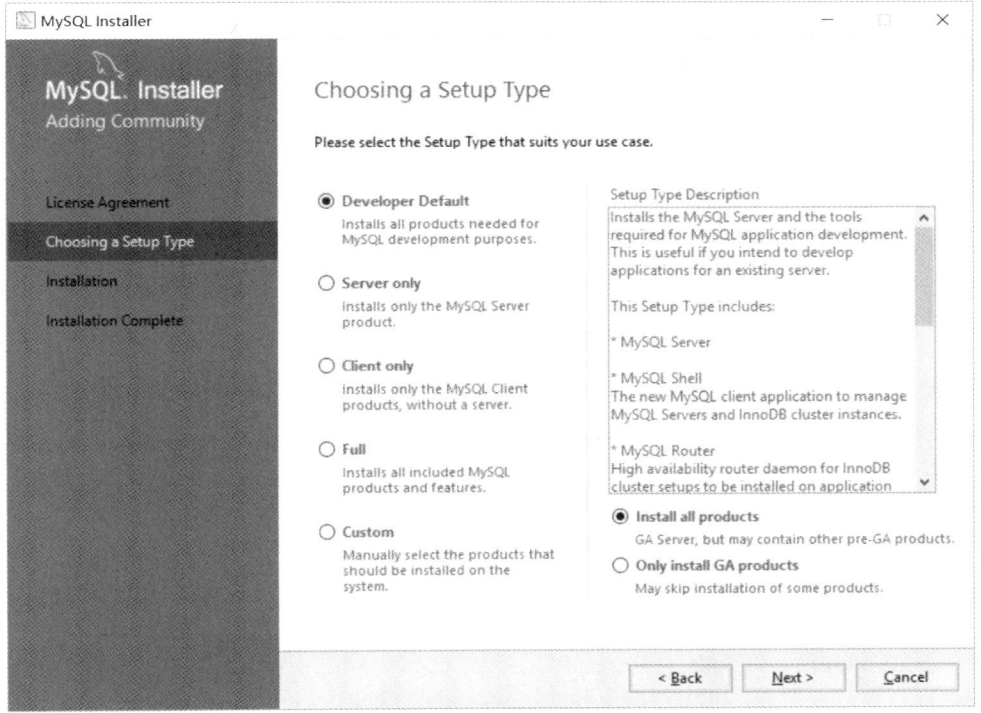

图 1-47 选择安装类型

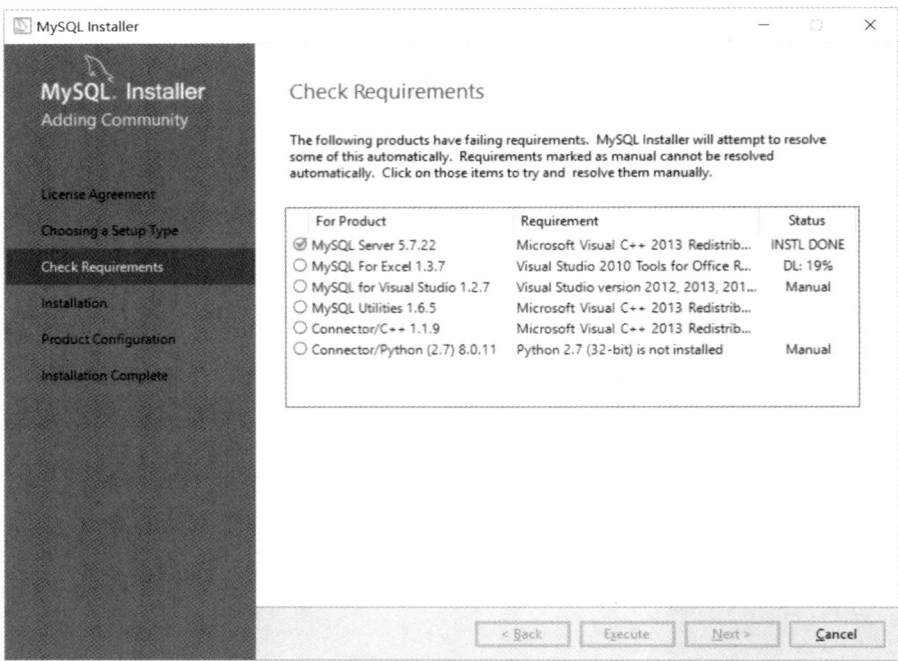

图 1-48　检查必需的组件

4. 组件安装完毕后，会弹出一个警告画框，确认后，打开"Installation"窗口，如图 1-49 所示。

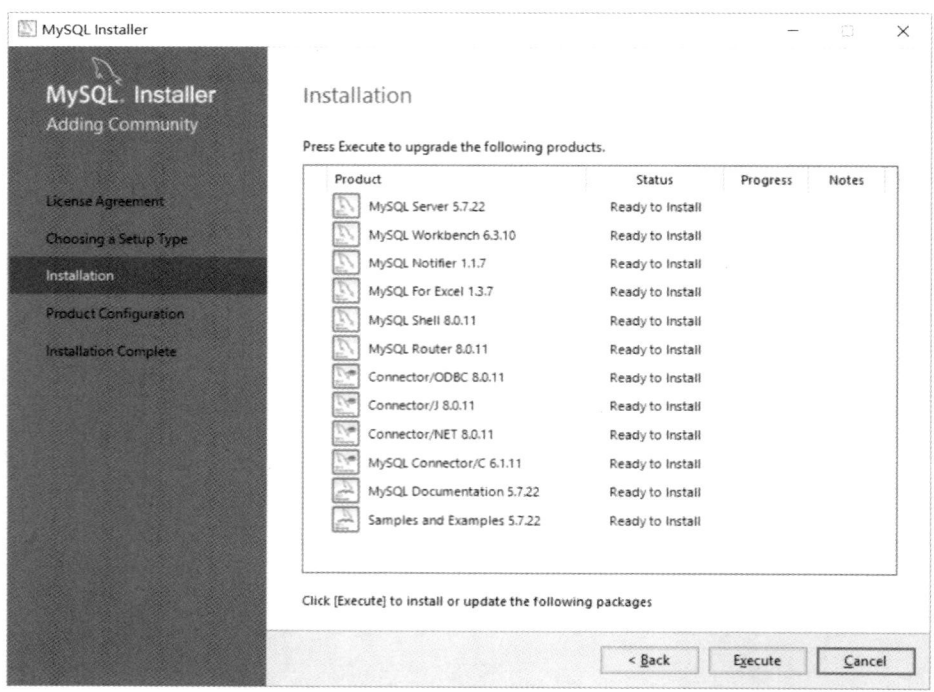

图 1-49　"Installation"窗口

5. 单击"Execute"按钮，开始安装，如图 1-50 所示。

第1章 开发环境准备

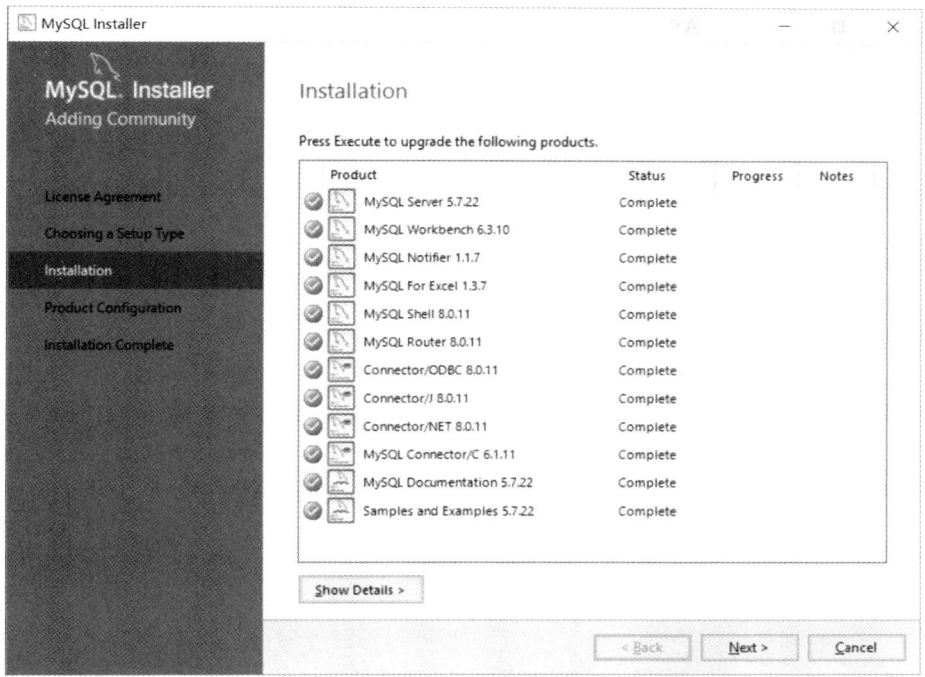

图 1-50　安装 MySQL

6. 单击"Next"按钮，打开"Product Configuration"窗口，窗口中显示需要配置的产品，如图 1-51 所示。

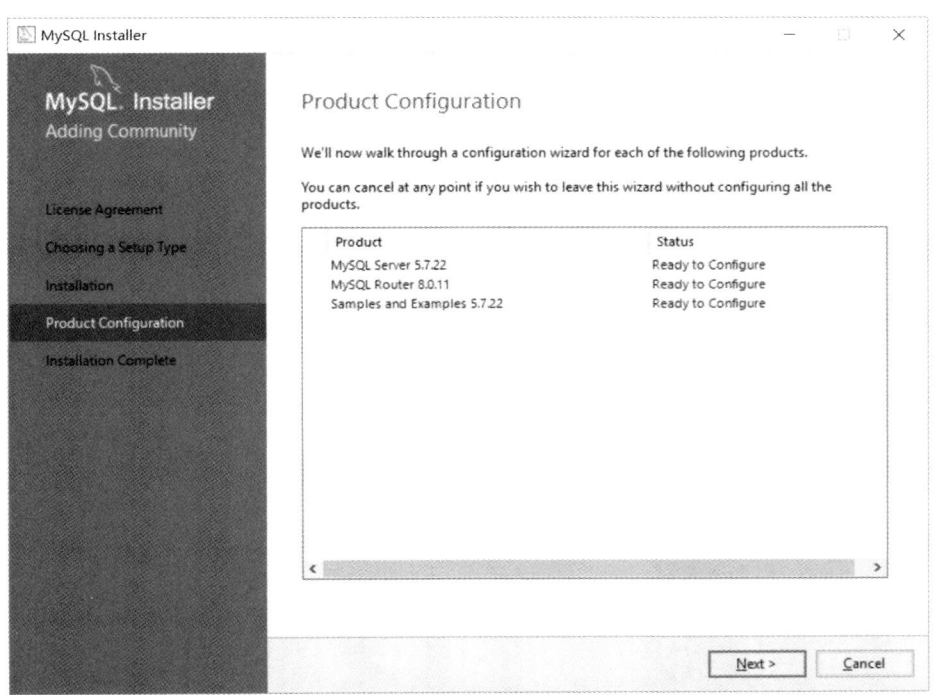

图 1-51　"Product Configuration"窗口

7. 单击"Next"按钮，打开"Type and Networking"窗口，用户选择服务器类型，下拉菜单中提供了"Development Machine""Server Machine""Dedicated Machine" 3 种类型，这里选择"Development Machine"（开发者类型），默认端口号为 3306，如图 1-52 所示。

注意：端口号默认为 3306，也可以将端口号修改成其他的，但是一般不修改，除非端口号 3306 已经被占用。

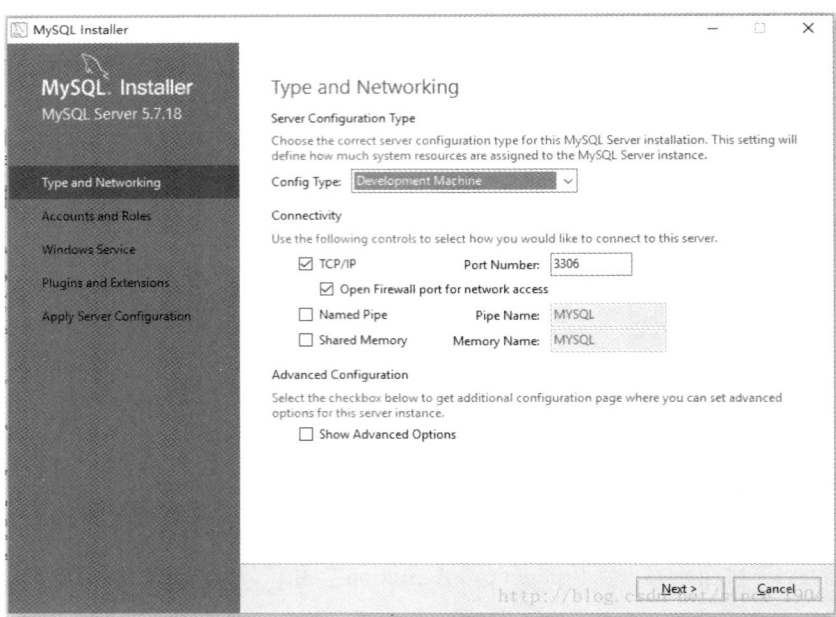

图 1-52 选择服务器类型

8. 单击"Next"按钮，打开"Accounts and Roles"窗口，在这里可以设置用户名和登录密码，如图 1-53 所示。

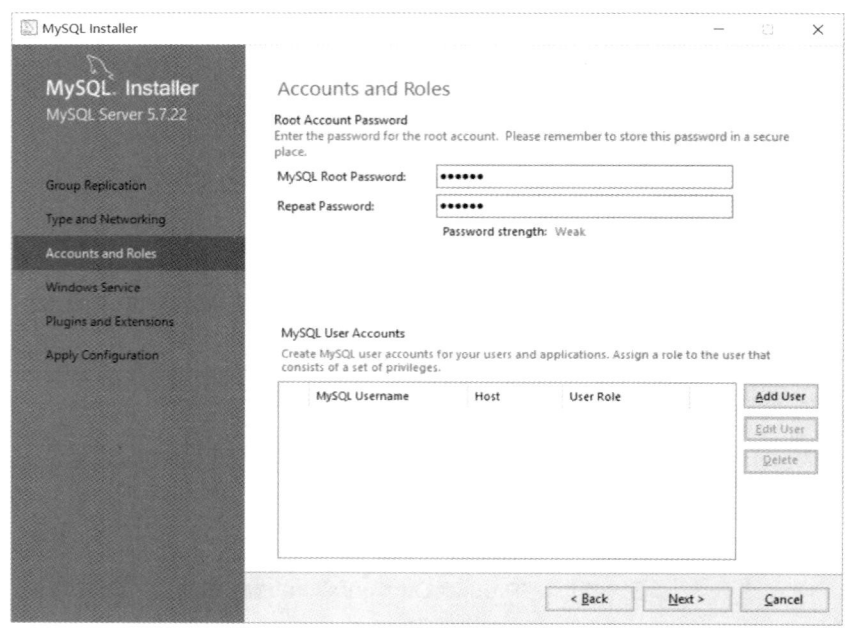

图 1-53 设置用户和登录密码

9. 单击"Next"按钮，打开"Windows Service"窗口，这里选择默认设置，如图 1-54 所示。

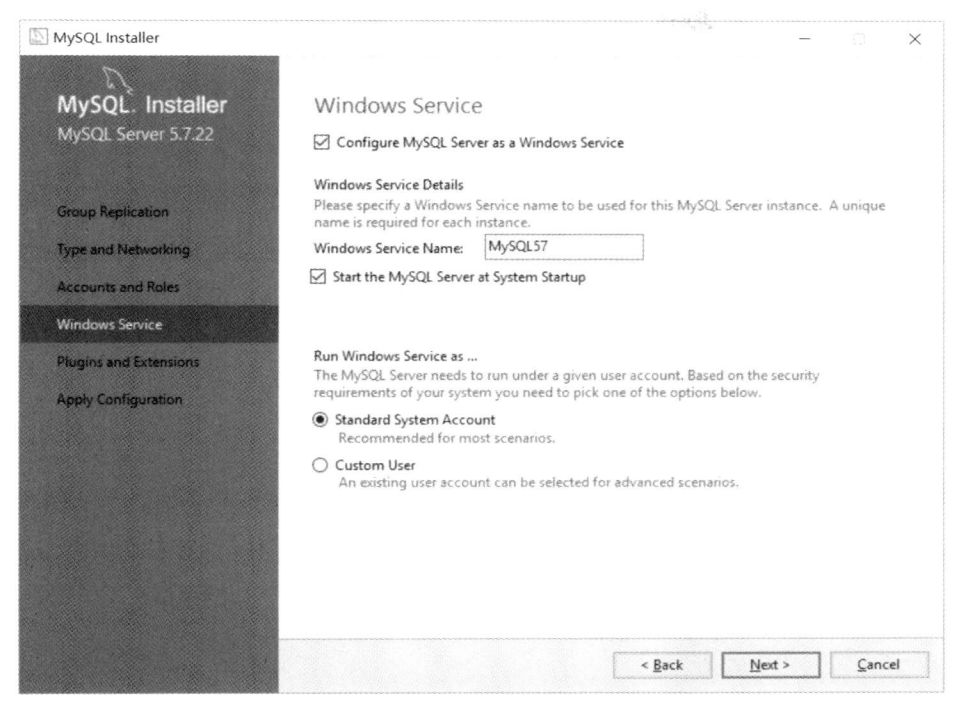

图 1-54 配置服务器

10. 单击"Next"按钮，打开"Plugins and Extensions"窗口，这里采用默认设置，如图 1-55 所示。

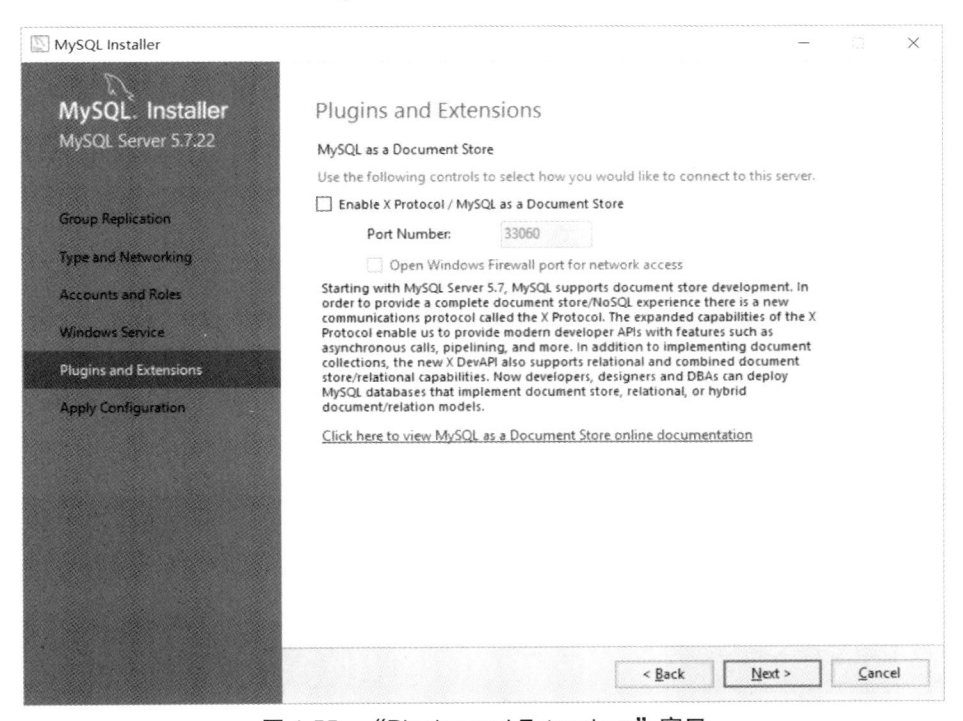

图 1-55 "Plugins and Extensions"窗口

11. 单击"Next"按钮，打开"Apply Configuration"窗口，确认配置信息，如图 1-56 所示。

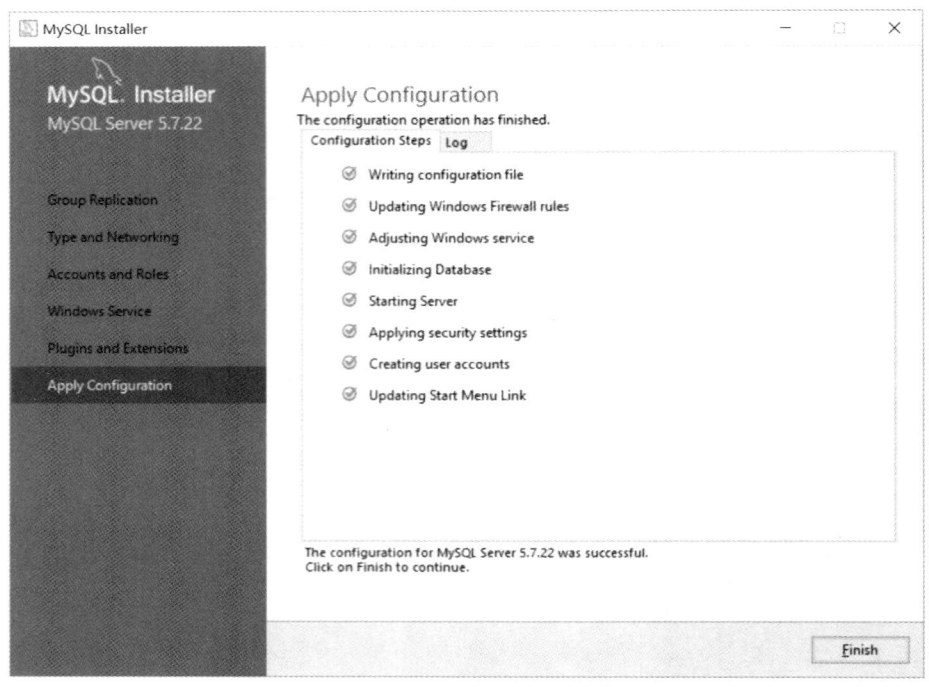

图 1-56 "Apply Configuration"窗口

12. 单击"Finish"按钮，打开"Product Configuration"窗口，如图 1-57 所示。

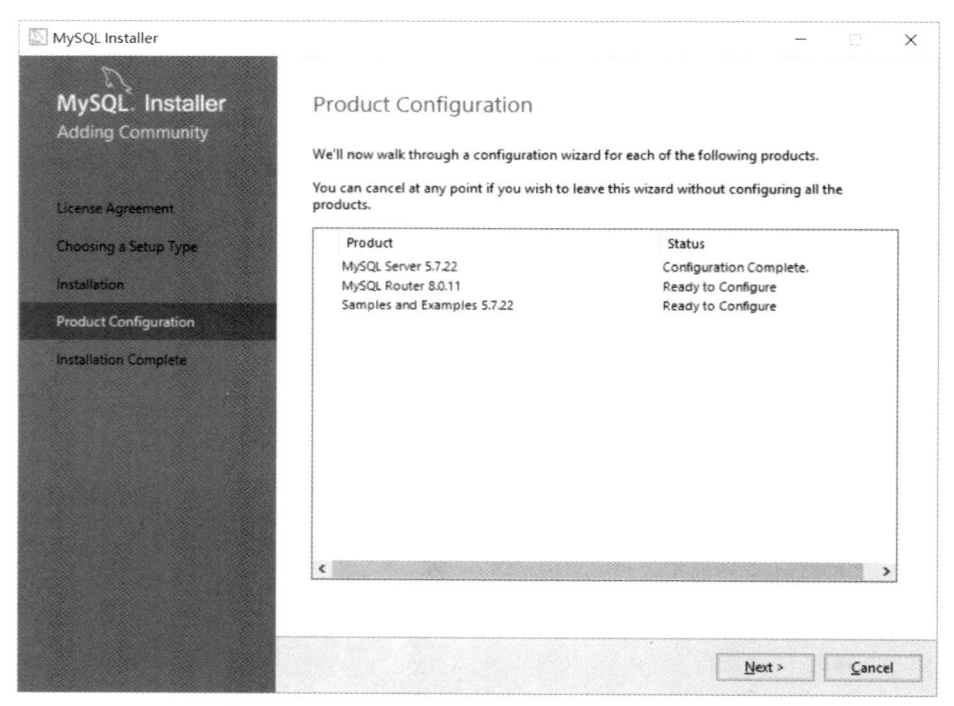

图 1-57 "Product Configuration"窗口（1）

13. 单击"Next"按钮，打开"Connect To Server"窗口，单击"Check"按钮，进行连接测试，

连接成功后会出现绿色底纹并提示"All connections succeeded",如图 1-58 所示。

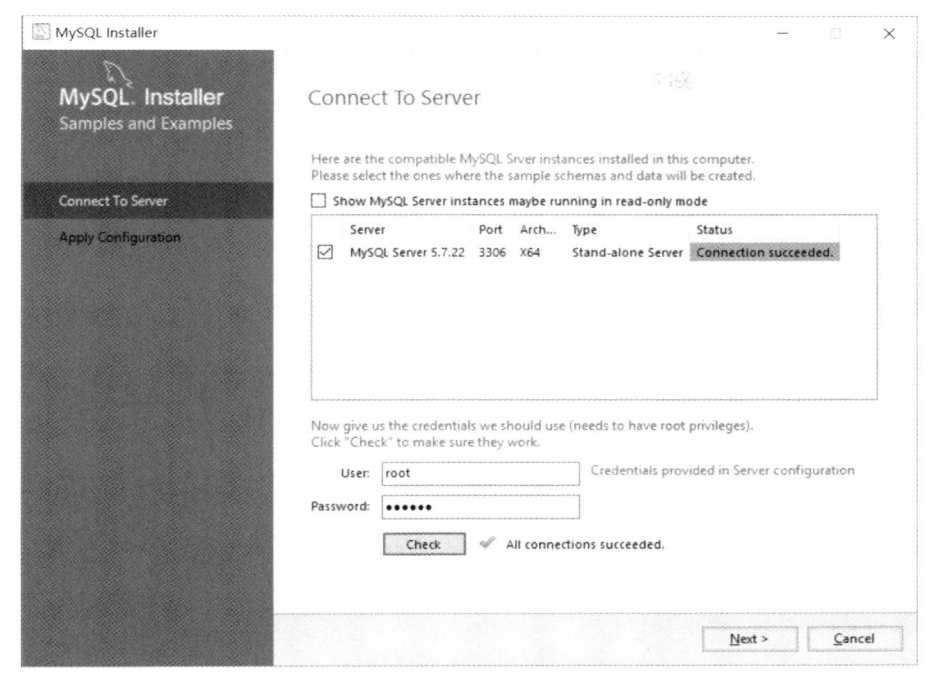

图 1-58 连接到服务器

14. 单击"Next"按钮,打开"Apply Configuration"窗口,如图 1-59 所示。

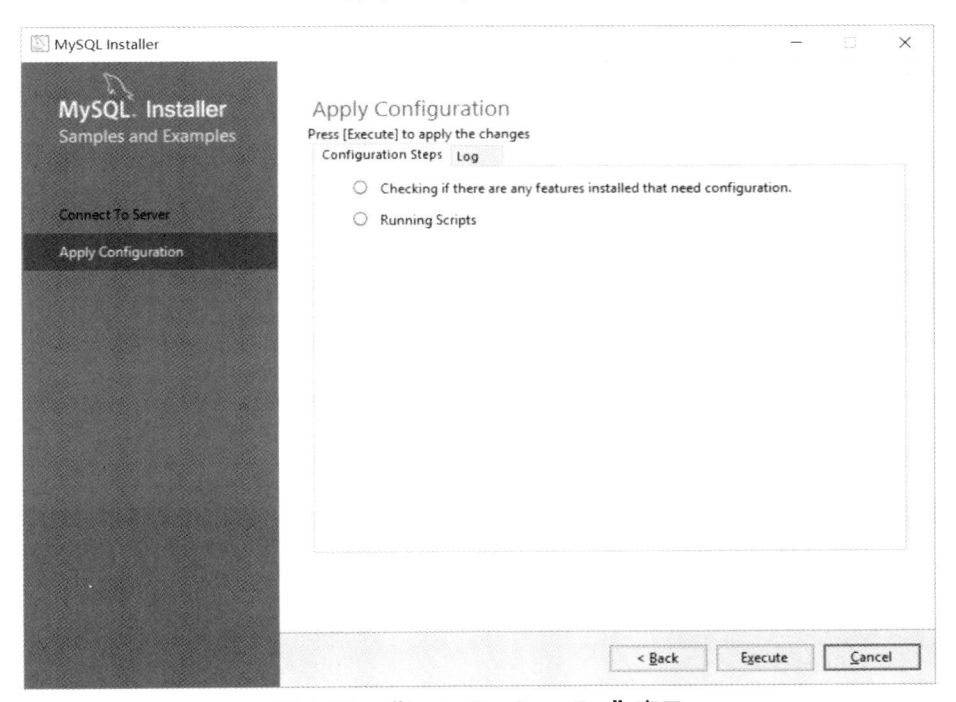

图 1-59 "Apply Configuration"窗口

15. 单击"Execute"按钮,完成配置,如图 1-60 所示。

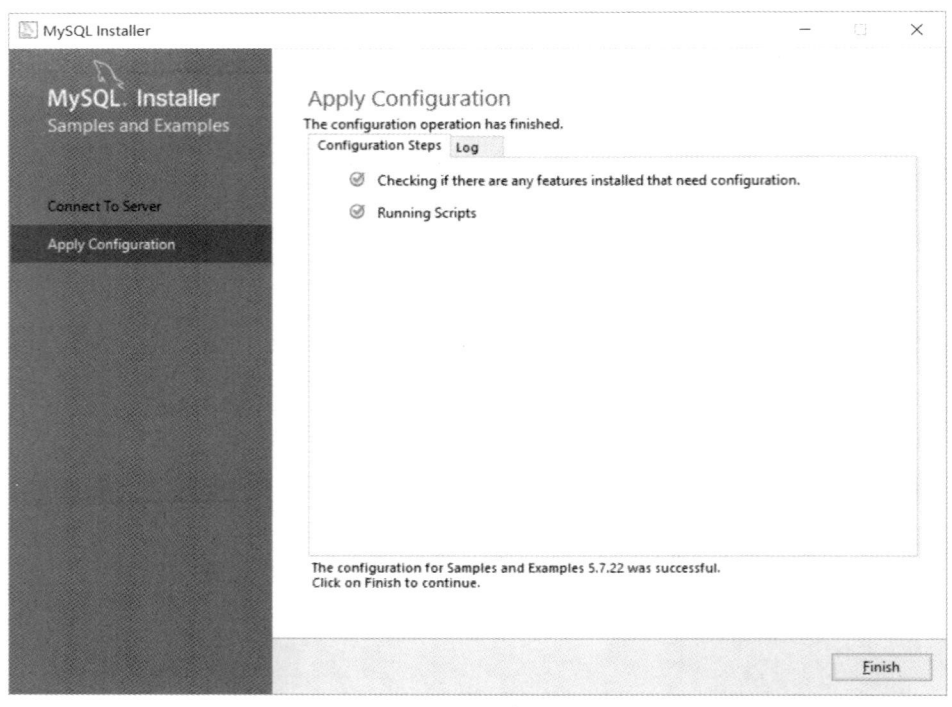

图 1-60　完成配置

16. 单击"Finish"按钮，打开"Product Configuration"窗口，显示配置完成，如图 1-61 所示。

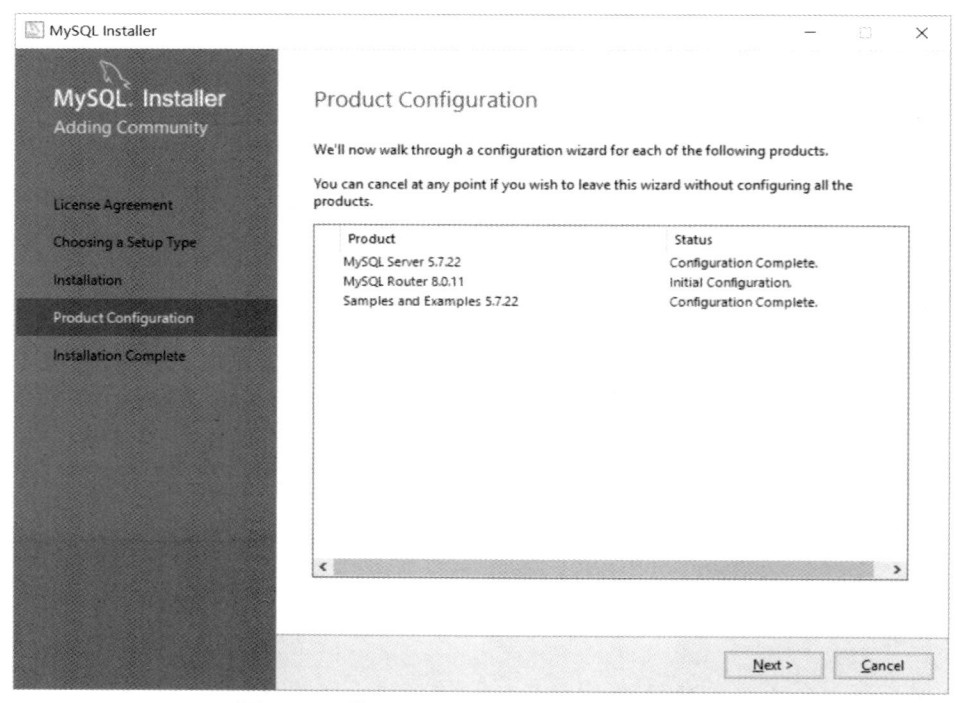

图 1-61　"Product Configuration"窗口（2）

17. 单击"Next"按钮，完成 MySQL 的安装，如图 1-62 所示。

第1章 开发环境准备

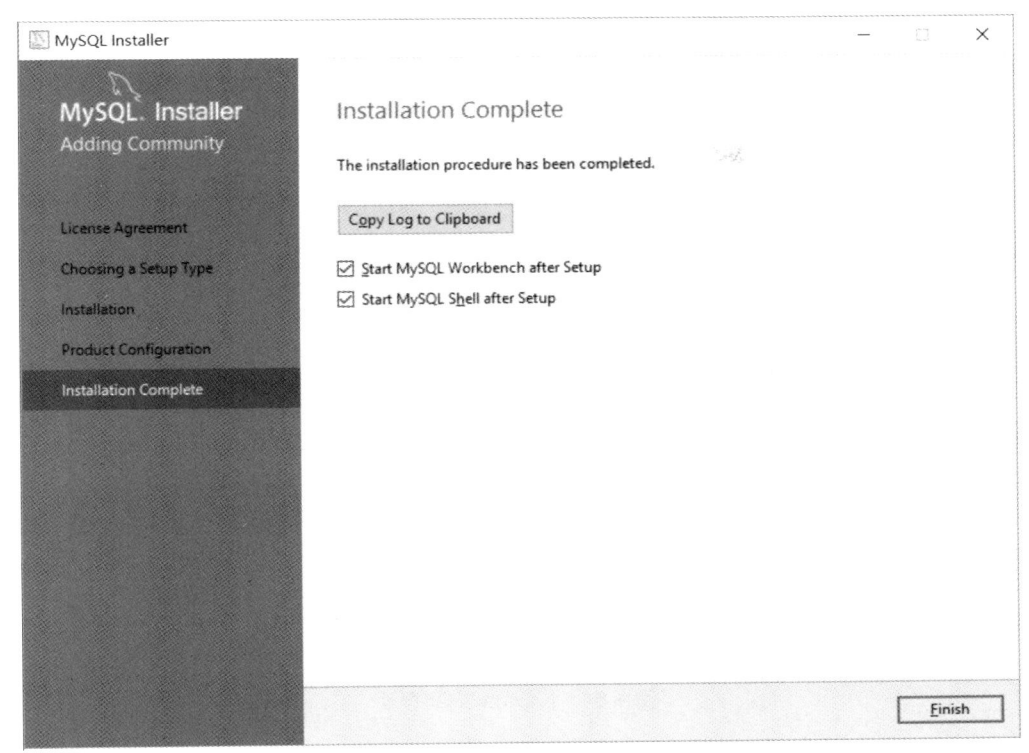

图 1-62 安装成功

1.9 Navicat 安装

微课：Navicat 安装

　　Navicat 是一套快速、可靠和全面的数据库管理工具，专门用于简化数据库管理和降低管理成本。Navicat 图形界面直观，提供简便的管理方法用于设计和操作 MySQL、Oracle、PostgreSQL 等数据。Navicat 提供一个直观和设计完善的用户界面，用于创建、修改和管理资料库的所有对象，例如表、视图、函数或过程、索引、触发器和序列。Navicat 具有广泛的功能，配备了一套简单、易于使用的用户界面来管理和处理数据。下面以 Navicat Premium 12 为例，介绍 Navicat 的安装过程。

1. 打开 Navicat 的安装文件，根据计算机的硬件情况，选择合适的安装程序，如图 1-63 所示。

图 1-63 Navicat 安装文件选择

2. 进入安装界面，准备安装程序，如图 1-64 所示。

33

图 1-64　Navicat 安装界面

3. 选择目标文件夹，单击"下一步"按钮继续，如图 1-65 所示。

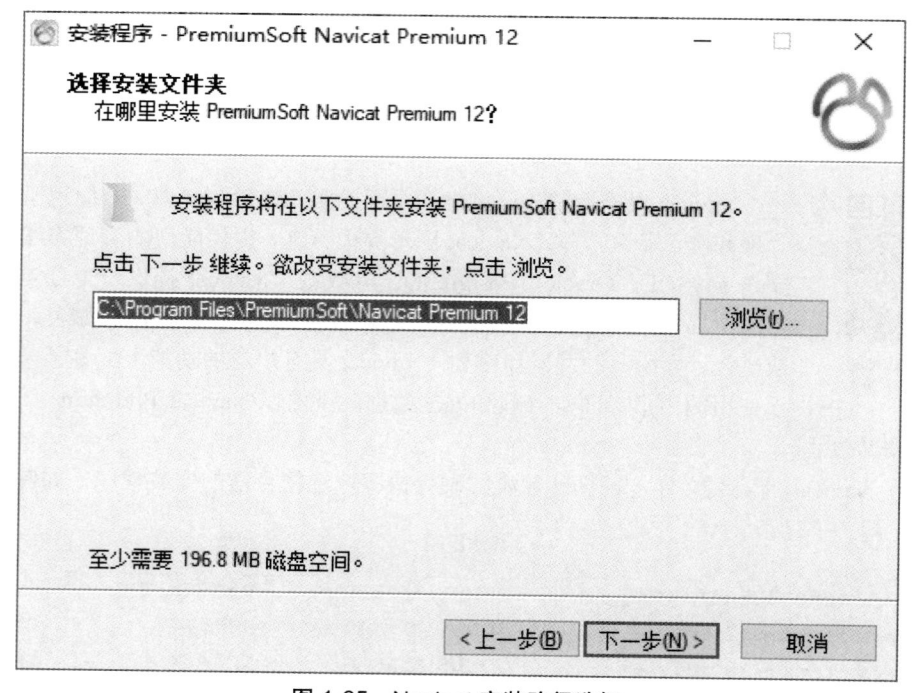

图 1-65　Navicat 安装路径选择

4. 这里主要询问是否要在桌面创建快捷方式，可以保持默认选项，单击"下一步"按钮如图 1-66 所示。

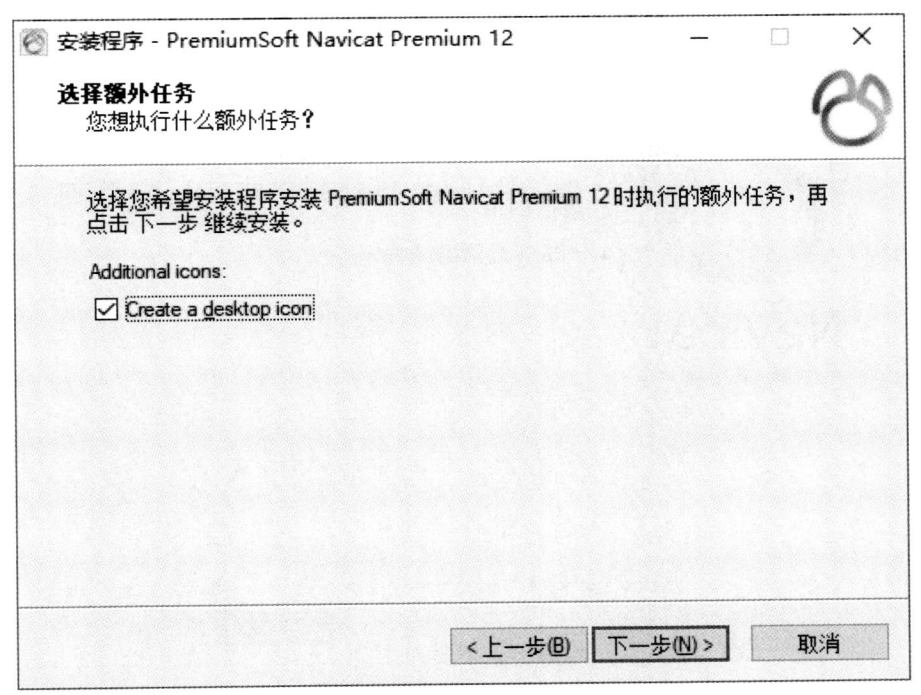

图 1-66　选择是否创建 Navicat 桌面图标

5. 进入安装过程，如图 1-67 所示。

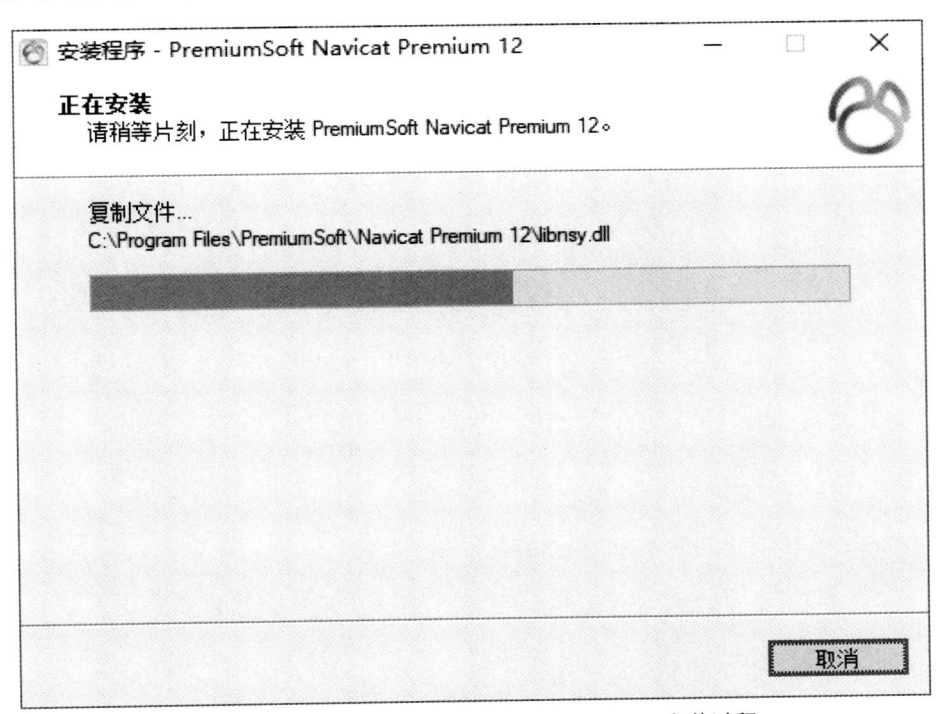

图 1-67　PremiumSoft Navicat Premium 12 安装过程

6. 按照系统提示，完成程序的安装，如图 1-68 所示。

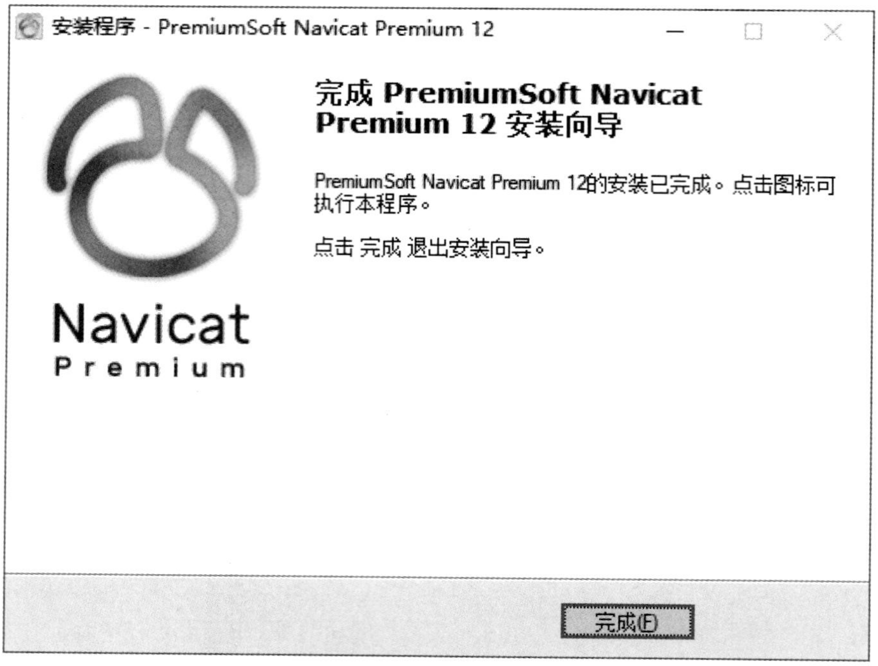

图 1-68　Navicat 安装完成

第 2 章　　购物 Scrapy 项目实战

Scrapy 是一个非常优秀的框架，操作简单，扩展方便，是比较流行的爬虫框架。本章结合购物网站爬虫项目，首先介绍了网站首页，分析了列表页面的网页结构，描述了项目达成的目标；然后，分析了完成项目的主要步骤，分解项目到任务，挑选任务实现所采用的技术；接着介绍了相关技术，详细阐述每步操作的命令或代码，最后实现柱状图可视化爬虫数据。另外，也提供了课后习题强化学生技能，并在本项目基础上，提供能力拓展环节，引导学生学习复合图的设计和实现。

技能要求

（1）掌握 Scrapy 项目搭建。
（2）掌握 XPath 语法格式。
（3）掌握读取 CSV 文件到 DataFrame 对象的方法。
（4）掌握 DataFrame 去重方法。
（5）掌握 DataFrame 列裂变的方法。
（6）掌握 DataFrame 自定义函数转换数据的方法。
（7）掌握 DataFrame 保存到 CSV 文件的方法。
（8）掌握 DataFrame 分组 sum 统计的方法。
（9）了解 Series.str.match 函数过滤 DataFrame 的方法。
（10）了解 ECharts 柱状图。

学习导览

本任务学习导览如图 2-1 所示。

图 2-1 学习导览图

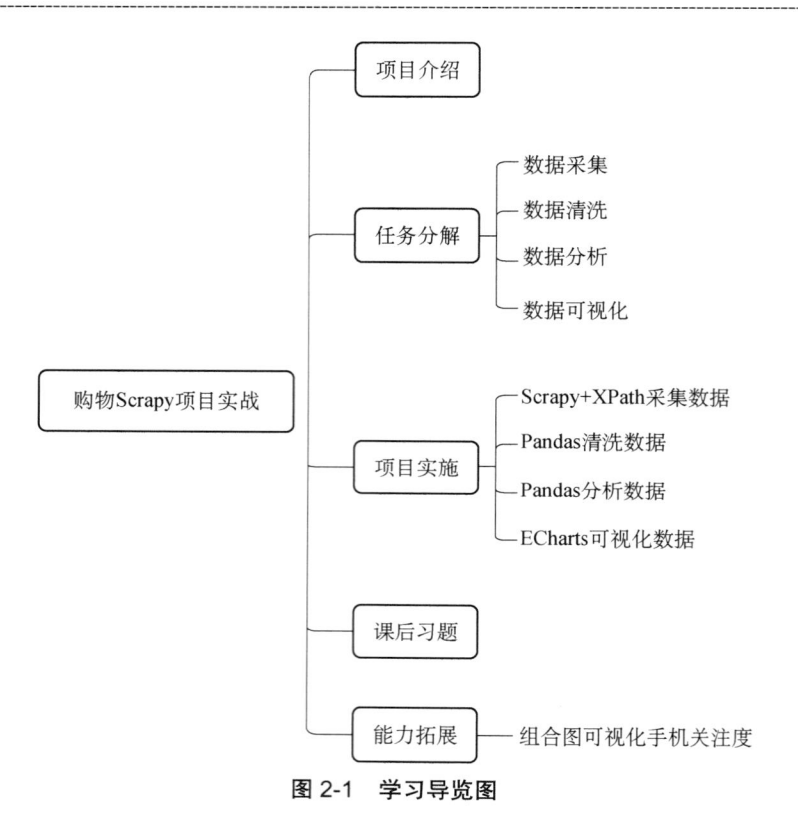

微课：购物 Scrapy 项目介绍

2.1 项目介绍

爬取某购物网站的"手机"专栏，按照经销商分组显示评价数，分组结果以柱状图显示，效果如图 2-2 所示。

手机经销商关注度

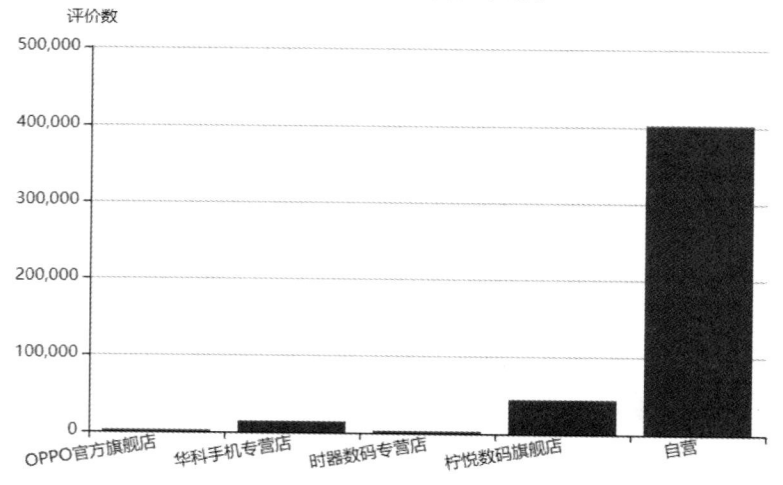

图 2-2 手机经销商关注度

2.2 任务分解

本项目从采集网站数据开始，经过数据清洗和分析，最后以柱状图展示，因此该项目可分解成四个任务：数据采集、数据清洗、数据分析、数据可视化。

1. 数据采集

结合目标网站分析数据的来源，找到目标字段和页面的对应关系，结果如表 2-1 所示。

表 2-1　目标字段表

字段	字段类型	数据来源	例子
商品名称	string	列表页面	荣耀 30 Pro
经销商	string	列表页面	自营
评价数	int	列表页面	1.1 万+

该任务采用 Scrapy 爬虫技术，爬取列表页面，通过 XPath 定位需要的字段后，保存到 CSV 文件。

2. 数据清洗

多次爬取后的 CSV 文件有重复数据，需要删除重复行。列表页面的"评价数"不是 int 类型数据，需要删除单位。

3. 数据分析

读取清洗后的 CSV 文件，采用 Pandas 技术按照经销商分组统计"评级数"。

4. 数据可视化

如图 2-2 所示，采用 ECharts 设计实现"手机经销商关注度"柱状图。

2.3 项目实施

2.3.1 任务 1：Scrapy+XPath 采集数据

Scrapy 是一个基于 Twisted 的异步处理框架，是纯 Python 实现的爬虫框架。Scrapy 功能非常强大，爬取效率高，相关扩展组件丰富，可配置和可扩展程度非常高，是目前 Python 中使用最广泛的爬虫框架。

XPath，全称为 XML Path Language，即 XML 路径语言，是一门在 XML 文档中查找信息的语言。XPath 的选择功能十分强大，它提供了非常简洁明了的路径选择表达式。在做爬虫时，完全可以使用 XPath 来做相应的信息采集。

下面以爬取某购物网站为例，介绍 Scrapy 配合 XPath 采集手机销售数据的详细步骤。

步骤 1：转到 Tomcat 安装目录下的 bin 目录，运行"startup.bat"后，打开 Chrome 浏览器，访问 http://www.mysite.com:50001/cellphone/list.html，显示网站首页，如图 2-3 所示，代表 Tomcat 运行正常。

图 2-3　购物网站首页

步骤 2：打开"Anaconda Prompt",将下面命令转到 PyCharm 项目主目录（比如，D:\Pycharm Projects）：

```
> cd D:\PycharmProjects
> d:
```

步骤 3：用下面命令创建 Scrapy 空项目 phonecrawler。

```
> scrapy startproject phonecrawler
```

输出应该出现下面结果：

```
New Scrapy project 'phonecrawler', using template directory 'd:\users\lenovo\anaconda3\lib\site-packages\scrapy\templates\project', created in:
    D:\PycharmProjects\phonecrawler

You can start your first spider with:
    cd phonecrawler
    scrapy genspider example example.com
```

步骤 4：转到 phonecrawler 子目录，执行下面命令创建爬虫。其中，phone_spider 是爬虫名称，www.mysite.com 是网站域名。

```
> cd phonecrawler
> scrapy genspider phone_spider www.mysite.com
```

输出应该出现下面结果：

```
Created spider 'phone_spider' using template 'basic' in module:
```

```
phonecrawler.spiders.phone_spider
```

步骤 5：打开 PyCharm，依次选择 "File" → "Open" 选项打开项目 phonecrawler，展开项目主目录下的子目录 phonecrawler，项目结构如图 2-4 所示。

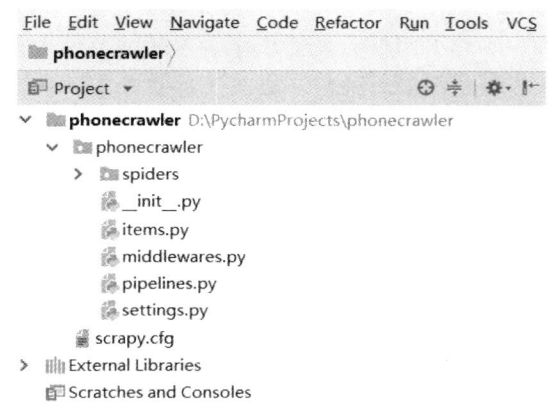

图 2-4　Scrapy 空项目结构

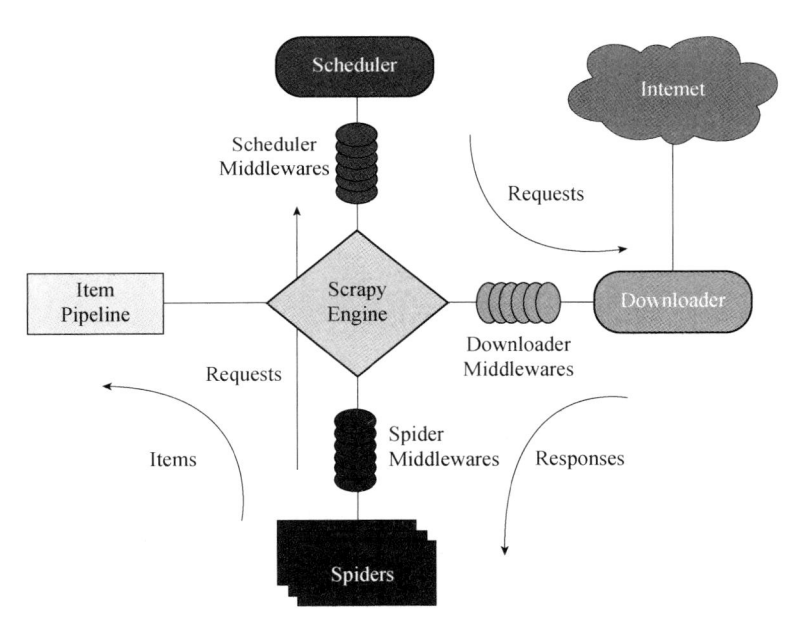

Scrapy 架构

Scrapy 提供多种爬虫的基类，继承这些基类可以轻松实现自己的爬虫。Scrapy 架构如图 2-5 所示。

图 2-5　Scrapy 架构

- Scrapy Engine。引擎，处理整个系统的数据流、触发事务。
- Items。项目，定义爬取结果的数据结构，爬取的数据会被赋值为 Item 对象。
- Scheduler。调度器，接收引擎发过来的请求并将其加入队列中，在引擎再次发送请求的时候将请求提供给引擎。
- Downloader。下载器，下载网页内容，并将网页内容返回给 Spiders。

- **Spiders**。蜘蛛，其内定义了爬取的逻辑和网页的解析规则，主要负责解析响应并生成解析结果和新的请求。
- **Item Pipeline**。项目管道，持久化数据或添加验证和去重功能。
- **Downloader Middlewares**。下载器中间件，处理引擎和下载器之间的输入和输出请求。
- **Spider Middlewares**。蜘蛛中间件，处理蜘蛛输入的响应和输出的结果及新的请求。

Scrapy 运行架构中的数据流由引擎控制，数据流过程如下：

（1）引擎首先打开一个网站，找到处理该网站的蜘蛛，向该蜘蛛请求第一个要爬取的 URL。

（2）引擎从蜘蛛中获取第一个要爬取的 URL，通过调度器以 Request 方式调度。

（3）引擎向调度器请求下一个要爬取的 URL。

（4）调度器返回下一个要爬取的 URL 给引擎，引擎将 URL 通过下载器中间件转发给下载器下载。

（5）一旦页面下载完毕，下载器生成该页面的响应，将其通过下载器中间件发送给引擎。

（6）引擎从下载器中接收到响应，将其通过蜘蛛中间件发送给蜘蛛处理。

（7）蜘蛛处理响应，返回爬取到的项目及新的 Request 给引擎。

（8）引擎将蜘蛛返回的项目给项目管道，将新的 Request 给调度器。

（9）重复（2）到（8），直到调度器没有更多的 Request，引擎关闭连接，爬取结束。

步骤 6：依次选择"File"→"Settings"→"Project Interpreter"，选择第 1 章安装的 Anaconda Python 编译器，如图 2-6 所示。

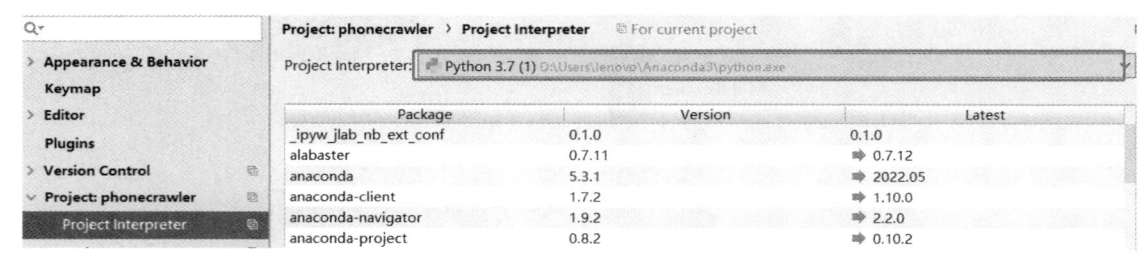

图 2-6 选择项目 Python 编译器

步骤 7：修改 phonecrawler/spiders/phone_spider.py，设置起始 URL 指向网站首页。

```
# -*- coding: utf-8 -*-
import scrapy

class PhoneSpiderSpider(scrapy.Spider):
name = 'phone_spider'
    allowed_domains = ['mysite.com']
    start_urls = ['http://www.mysite.com:50001/cellphone/list.html']

    def parse(self, response):
        pass
```

步骤 8：在项目根目录下依次选择"New"→"Python File"，创建 startpoint.py，代码如下：

```
#encoding=utf-8
from scrapy import cmdline

RUN_SCRAPY_COMMAND = 'scrapy crawl phone_spider -o phone_raw.csv'.split(' ')
# 注意：用 1 个空格分隔
cmdline.execute(RUN_SCRAPY_COMMAND)
```

运行"startpoint.py"，控制台输出结果如下：

```
2022-07-08 08:36:28 [scrapy.utils.log] INFO: Scrapy 1.8.0 started (bot: phonecrawler)
2022-07-08 08:36:28 [scrapy.utils.log] INFO: Versions: lxml 4.2.5.0, libxml2 2.9.5, cssselect 1.1.0, parsel 1.5.2, w3lib 1.21.0, Twisted 18.7.0, Python 3.7.0 (default, Jun 28 2018, 08:04:48) [MSC v.1912 64 bit (AMD64)], pyOpenSSL 18.0.0 (OpenSSL 1.0.2p  14 Aug 2018), cryptography 2.3.1, Platform Windows-10-10.0.19041-SP0
2022-07-08 08:36:28 [scrapy.crawler] INFO: Overridden settings: {'BOT_NAME': 'phonecrawler', 'FEED_FORMAT': 'csv', 'FEED_URI': 'phone_raw.csv', 'NEWSPIDER_MODULE': 'phonecrawler.spiders', 'ROBOTSTXT_OBEY': True, 'SPIDER_MODULES': ['phonecrawler.spiders']}
2022-07-08 08:36:28 [scrapy.extensions.telnet] INFO: Telnet Password: 21a06c7a9bd5d803
--------------------------------------------------------------------
2022-07-08 08:36:28 [scrapy.core.engine] INFO: Spider opened
2022-07-08 08:36:28 [scrapy.extensions.logstats] INFO: Crawled 0 pages (at 0 pages/min), scraped 0 items (at 0 items/min)
2022-07-08 08:36:28 [scrapy.extensions.telnet] INFO: Telnet console listening on 127.0.0.1:6023
2022-07-08 08:36:28 [scrapy.core.engine] DEBUG: Crawled (404) <GET http://www.mysite.com:50001/robots.txt> (referer: None)
2022-07-08 08:36:28 [protego] DEBUG: Rule at line 1 without any user agent to enforce it on.
2022-07-08 08:36:28 [scrapy.core.engine] DEBUG: Crawled (200) <GET http://www.mysite.com:50001/cellphone/list.html> (referer: None)
2022-07-08 08:36:28 [scrapy.core.engine] INFO: Closing spider (finished)
--------------------------------------------------------------------
2022-07-08 08:36:28 [scrapy.core.engine] INFO: Spider closed (finished)
```

从运行结果可以看出，爬虫先访问 robots.txt，检查网站的限制，然后访问起止 URL，接收服务器返回的页面内容。因为模拟网站上的 http://www.mysite.com:50001/robots.txt 不存在，服务器返回 404 状态码，HTTP 状态码定义下文有解释。

HTTP 状态码

HTTP 状态码（HTTP Status Code）是用以表示网页服务器超文本传输协议响应状态的 3 位数字代码。它由 RFC 2616 规范定义，并得到 RFC 2518、RFC 2817、RFC 2295、RFC 2774 与 RFC 4918 等规范扩展。所有状态码的第 1 个数字代表了响应的 5 种状态：1—消息，2—成功，3—重定向，4—请求错误，5、6—服务器错误。在爬取网站的过程中，大部分情况会出现下面的 HTTP 状态码。

1. 200 OK

请求已成功，请求所希望的响应头或数据体将随此响应返回。出现此状态码表示正常状态。

2. 403 Forbidden

服务器已经理解请求，但是拒绝执行它。与 401 响应不同的是，身份验证并不能提供任何帮助，而且这个请求也不应该被重复提交。如果这不是一个 HEAD 请求，而且服务器希望获得请求不能被执行的原因，那么就应该在实体内描述拒绝的原因。当然服务器也可以返回一个 404 Not Found 响应，假如它不希望让客户端获得任何信息。

3. 404 Not Found

请求失败，请求所希望得到的资源未在服务器上发现。没有信息能够告诉用户这个状况到底是暂时的还是永久的。假如服务器知道情况的话，应当使用 410 状态码来告知旧资源因为某些内部的配置机制问题，已经永久不可用，而且没有任何可以跳转的地址。404 Not Found 状态码被广泛应用于当服务器不想揭示到底为何请求被拒绝或者没有其他适合的响应可用的情况下。出现这个错误最有可能的原因是服务器端没有这个页面。

4. 500 Internal Server Error

服务器遇到了一个未曾预料的状况，导致它无法完成对请求的处理。一般来说，这个问题都会在服务器端的源代码出现错误时出现。

5. 502 Bad Gateway

作为网关或者代理工作的服务器尝试执行请求时，从上游服务器接收到无效的响应。

步骤 9：修改 phonecrawler/items.py 文件，为 PhonecrawlerItem 类添加商品名称量、评论数、经销商属性。

```python
# -*- coding: utf-8 -*-

# Define here the models for your scraped items
#
# See documentation in:
# https://docs.scrapy.org/en/latest/topics/items.html

import scrapy

class PhonecrawlerItem(scrapy.Item):
    # 商品名称
    商品名称 = scrapy.Field()
    # 评价数量
    评价数量 = scrapy.Field()
    # 经销商
    经销商 = scrapy.Field()
```

步骤 10：打开 http://www.mysite.com:50001/cellphone/list.html，在页面任意位置单击鼠标右键，在弹出的快捷菜单中选择"检查"命令，打开"Network"选项卡，如图 2-7 所示，查看 HTTP 请求和返回内容。

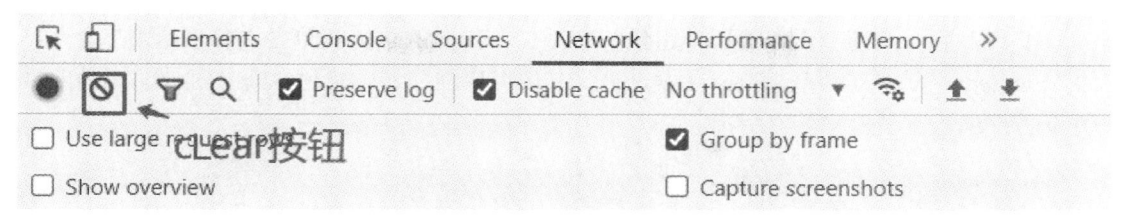

图 2-7 "Network"选项卡

单击"Clear"按钮，清除缓存，然后在左边页面窗口中的任意位置单击鼠标右键，在弹出的快捷菜单中选择"重新加载"命令。接着，选择"list.html"选项，查看 Request Headers，如图 2-8 所示，保存 User-Agent、cookie（如果有的话）、referer（如果有的话）3 个属性值。

为什么设置 User-Agent、cookie、referer

许多网站通过这 3 个属性判断机器访问，防止有人恶意或有意频繁访问网站。因此，如果你发现网站拒绝访问，应该先通过人工访问的方法获得这 3 个属性的值（如果有的话），然后设置到爬虫发出的每个 HTTP 请求。

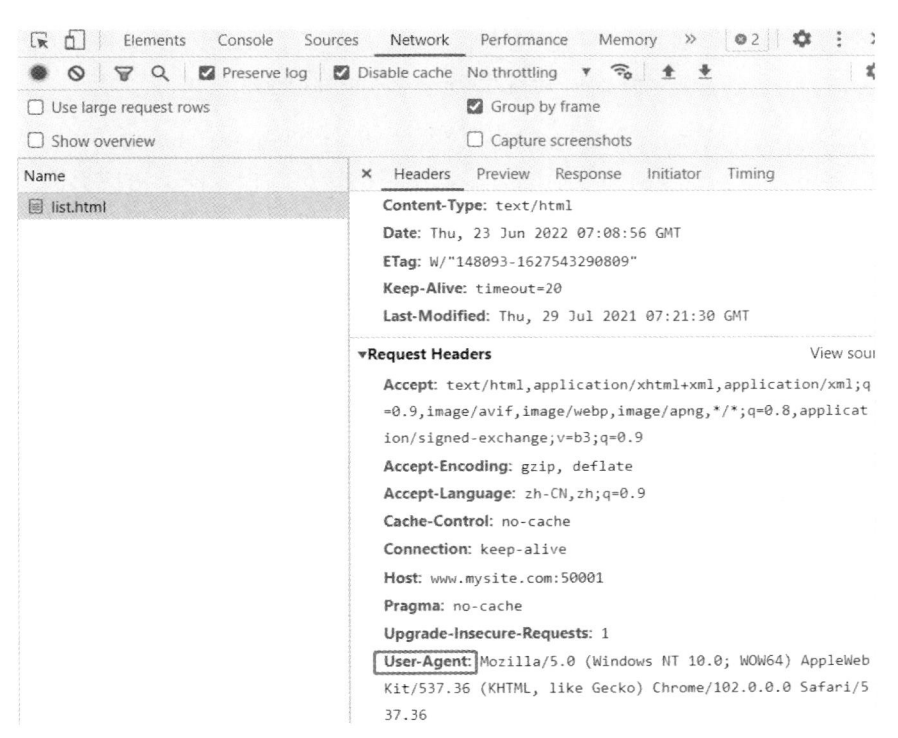

图 2-8 "评价数量"XPath 查找

步骤 11：反注释 phonecrawler/settings.py 文件中的 DEFAULT_REQUEST_HEADERS 部分，设置 User-Agent。cookie 和 referer 为空，不需要设置。

```
DEFAULT_REQUEST_HEADERS = {
    'User-Agent': 'Mozilla/5.0 (Windows NT 10.0; WOW64) AppleWebKit/537.36 (KHTML, like Gecko) Chrome/100.0.4896.127 Safari/537.36'
}
```

步骤12：回到网站首页，然后单击鼠标右键，在弹出的快捷菜单中选择"检查"命令，在右边"Elements"选项卡下查找 div 元素，对照左边窗口的显示，找到各商品对应的页面元素，如图2-9所示。

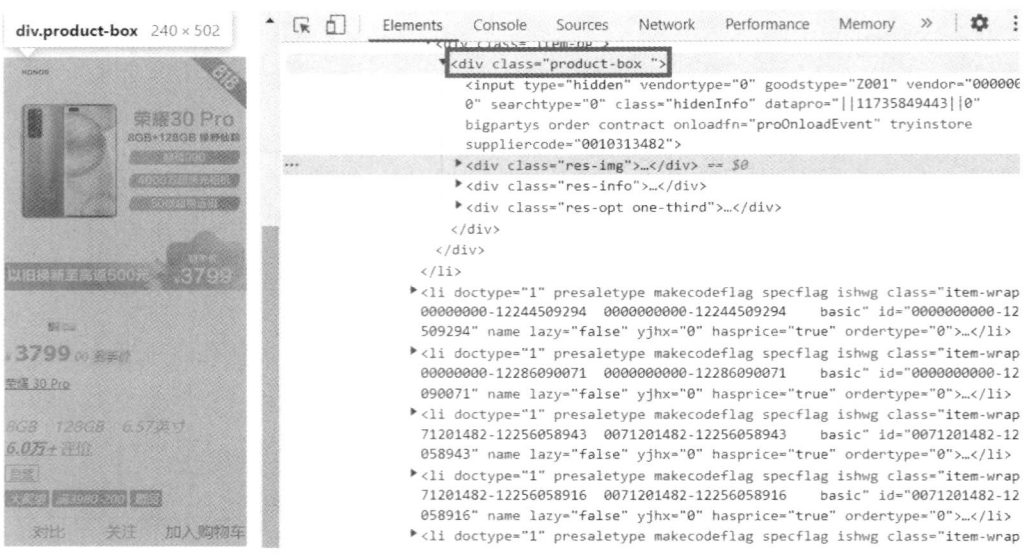

图 2-9　商品页面元素 XPath 路径查找

由图2-9可以看出，商品 div 的 XPath 相对路径为 div[@class='product-box ')]，注意"product-box "以空格结尾。为了兼容前面或后面有多余空格的情况，指定商品对应页面元素的 XPath 路径为 div[contains(@class,'product-box')]，contains 函数用于判断 class 属性值是否包含"product-box"。

步骤13：将光标停留在左边窗口中第1件商品的评价数量，然后单击鼠标右键，在弹出的快捷菜单中选择"检查"命令，查找评价数量的 XPath 路径，如图2-10所示。

图 2-10　"评价数量" XPath 路径查找

由图 2-10 可以看出，从 XPath 路径为 div[contains(@class,'product-box')] 的元素开始，评价数量对应的 XPath 相对路径为"div[@class='res-info']/div/div[@class='info-evaluate']/a/i/text()"。

步骤14：将光标停留在左边窗口第4件商品的经销商，然后单击鼠标右键，在弹出的快捷菜单中选择"检查"命令，查找经销商的XPath路径，如图2-11所示。

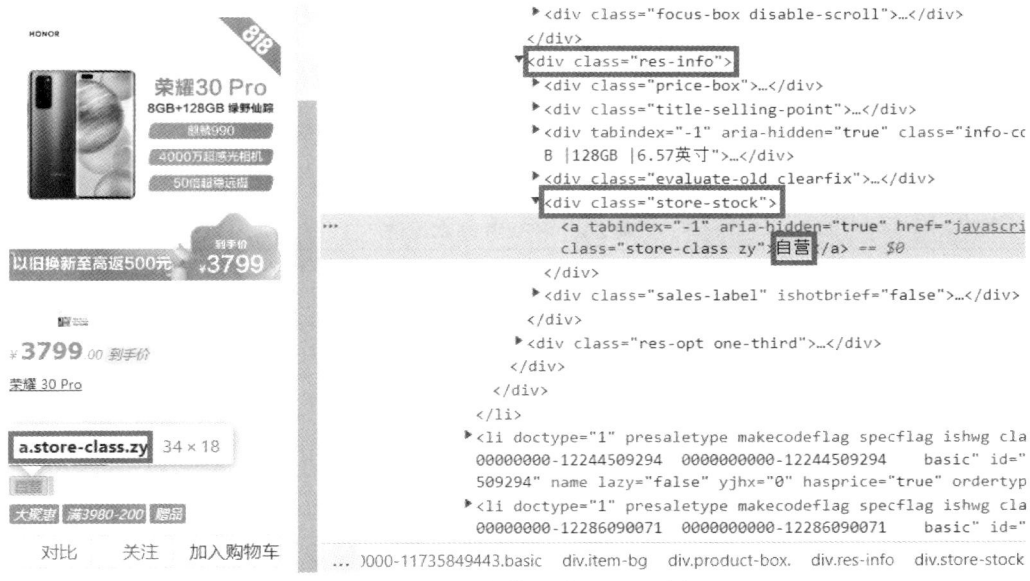

图2-11　经销商第1种XPath路径

将光标停留在左边窗口第8件商品的经销商，然后单击鼠标右键，在弹出的快捷菜单中选择"检查"命令，查找经销商的XPath路径，如图2-12所示。

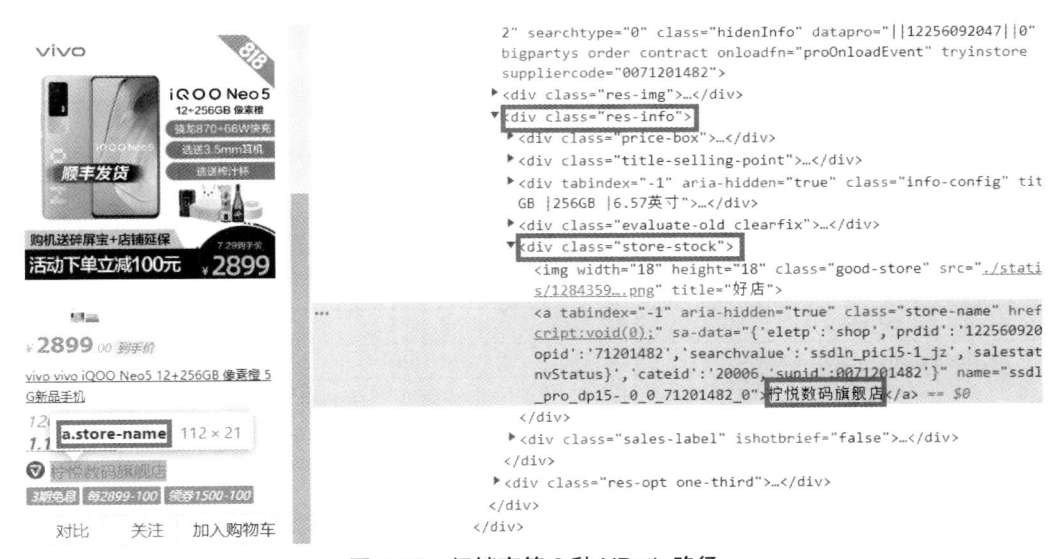

图2-12　经销商第2种XPath路径

从上面两张图可以看出，从XPath路径"div[contains(@class,'product-box')]"开始，经销商对应的XPath相对路径为"div[@class='res-info']/div/a[contains(@class, 'store-class')]/text()"或"div[@class='res-info']/div/a[contains(@class, 'store-name')]/text()"。综合两种路径，相对路径可表示为"div[@class='res-info']/div/a[contains(@class, 'store-class') or contains(@class, 'store-name')]/ text()"。

步骤 15：类似上述步骤，查找商品名称的 XPath 路径，商品名称对应的 XPath 相对路径为 "div[@class='res-info']/div[@class='title-selling-point']/a/text()"。

XPath 常用规则

在 XPath 中，有 7 种节点：元素、属性、文本、命名空间、处理命令、注释以及文档（根）节点。XPath 文档是被作为节点树来对待的。树的根被称为文档节点或者根节点。

XPath 基本语法、XPath 谓词、选取未知节点、"|" 运算符实例，分别如表 2-2～表 2-5 所示。

表 2-2　XPath 基本语法

表达式	含义
nodename	选取此节点的所有子节点
/	从根节点选取直接子节点
//	选取文档所有匹配节点
.	选取当前节点
..	选取当前节点的父节点
@	选取属性

表 2-3　XPath 谓词

表达式	含义
/class/student[1]	选取 class 节点的第 1 个 student 子节点
/class/student[last()]	选取 class 节点的最后 1 个 student 子节点
/class/student[@rollno = 493]	选取 rollno 属性等于 493 的 student 子节点
/class/student[@marks>85]	选取 marks 属性大于 85 的 student 子节点

表 2-4　选取未知节点

通配符	含义
*	匹配任何元素节点
@*	匹配任何属性节点
node()	匹配任何类型的节点

表 2-5　"|" 运算符实例

通配符	含义
//class/student | //class/teacher	选取 class 元素的所有 title 和 price 元素
//student | //teacher	选取文档中的所有 student 和 teacher 元素
/class /student /age | //teacher	选取属于 class 元素的 student 元素的所有 age 元素，以及文档中所有的 teacher 元素

步骤 16：修改 phonecrawler/spiders/phone_spider.py 文件，爬取网站首页。

```
# -*- coding: utf-8 -*-
import re
import scrapy

from phonecrawler.items import PhonecrawlerItem

class PhoneSpiderSpider(scrapy.Spider):
```

```python
    name = 'phone_spider'
    allowed_domains = ['mysite.com']
    start_urls = ['http://www.mysite.com:50001/cellphone/list.html']

    def parse(self, response):
        node_list = response.xpath("//div[contains(@class,'product-box')]")
        for node in node_list:
            item = PhonecrawlerItem()
            # 商品名字
            name = node.xpath("./div[@class='res-info']/div[@class='title-selling-point']/a/text()").extract()
            # 数据保护
            name = name[0] if len(name) > 0 else ""
            # 替换连续空格到单个空格
            item['商品名称'] = re.sub("\s+", " ", name)
            # 评价数量
            volume = node.xpath("./div[@class='res-info']/div/div[@class='info-evaluate']/a/i/text()").extract()
            # 数据保护
            item['评价数量'] = volume[0] if len(volume) > 0 else ""
            # 经销商
            brand = node.xpath(
                "./div[@class='res-info']/div/a[contains(@class, 'store-class') or contains(@class, 'store-name')]/text()").extract()
            # 数据保护
            item['经销商'] = brand[0] if len(brand) > 0 else ""
            # 详情 URL
            yield item
```

运行 startpoint.py，可以看到生成了文件 phone_raw.csv。打开 phone_raw.csv，看到如下结果：

```
商品名称,经销商,评价数量
vivo iQOO 7 传奇 12+256G 高通骁龙 888+增强版 LPDDR5 120W 超快闪充 全感操控系统 双路线性马达 立体双扬 UFS 3.1 双模 5G 全网通手机,自营,8700+
vivo iQOO Neo5 8+256G 夜影黑 5G 新品,柠悦数码旗舰店,1.1 万+
Apple iPhone 12 Pro Max ,自营,4.9 万+
荣耀 30 Pro ,自营,6.0 万+
荣耀 荣耀 V40 轻奢版 ,自营,3.4 万+
华为 Mate 40 Pro 4G ,自营,1.2 万+
vivo vivo iQOO Neo5 8+256GB 夜影黑 5G 新品手机 ,柠悦数码旗舰店,1.1 万+
vivo vivo iQOO Neo5 12+256GB 云影蓝 5G 新品手机 ,柠悦数码旗舰店,1.1 万+
vivo vivo iQOO Neo5 12+256GB 像素橙 5G 新品手机 ,柠悦数码旗舰店,1.1 万+
Apple iPhone 12 128G 白色 移动联通电信 5G 全网通,自营,21 万+
```

除第 1 行列名，第 2～11 行是手机记录，恰好是 1 页数据，接下来继续增强爬虫，让它具有翻页爬取功能。

---

re.sub(pattern, repl, string)

re.sub 是个正则表达式替换函数，对于输入的字符串 string，利用正则表达式 pattern，匹配内容替换为字符串 repl，然后返回被替换后的字符串。常用的 pattern 有

\s：匹配任意空白字符，等价于 [\t\n\r\f]。

.：匹配任意字符，除了换行符。
re*：匹配 0 个或多个的表达式。
re+：匹配 1 个或多个的表达式。
\d：匹配任意数字，等价于 [0-9]。

步骤 17：回到网站首页，滑动页面到底端，将光标停留在页码"2"上，然后单击鼠标右键，在弹出的快捷菜单中选择"检查"命令，查看页码"2"的 XPath 路径。查看过程如图 2-13 所示。

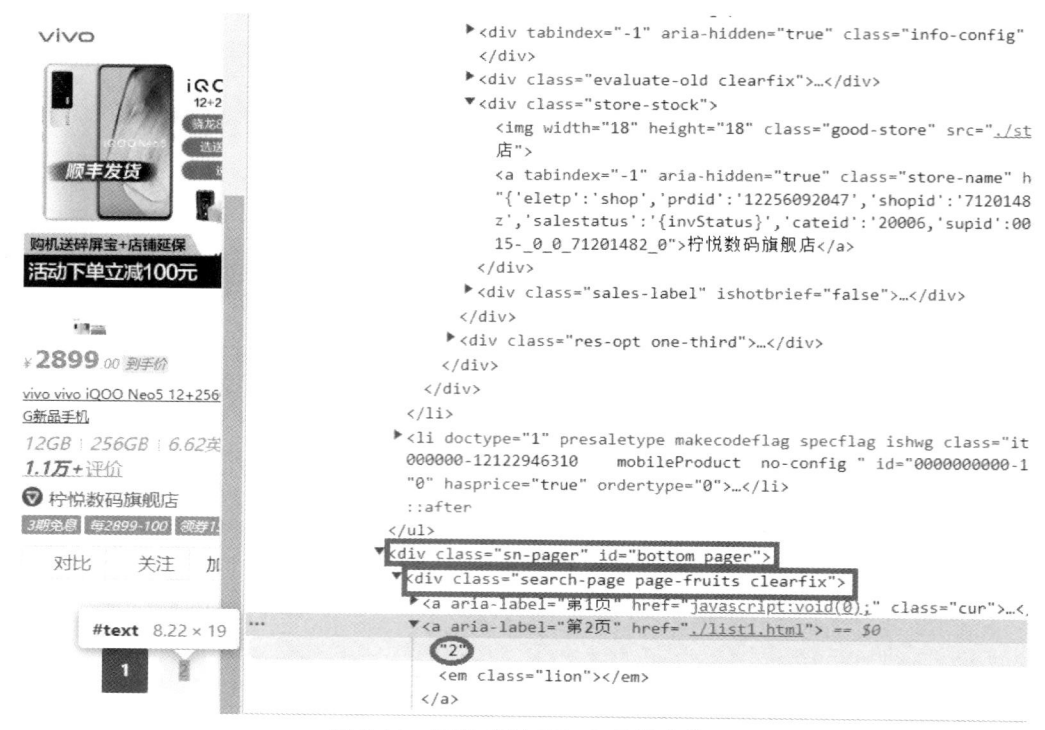

图 2-13 页码"2" XPath 路径查找

由图 2-13 可以看出，页码"2"对应的 XPath 路径为"//div[@id="bottom_pager"]/div/a[last()]/text()"，"//"代表任意路径。

步骤 18：完善 phonecrawler/spiders/phone_spider.py，定义 list_base_url 和 offset，将 start_urls 改变为可替换的模板，使爬虫具有翻页爬取功能。

```
# -*- coding: utf-8 -*-
import re
import scrapy

from phonecrawler.items import PhonecrawlerItem

class PhoneSpiderSpider(scrapy.Spider):
    name = 'phone_spider'
    allowed_domains = ['mysite.com']
    list_base_url = "http://www.mysite.com:50001/cellphone/list#offset#.html"
    offset = 0   # 页码偏移量
    start_urls = [list_base_url.replace("#offset#", "")]
```

```python
def parse(self, response):
    # 更新最大页码
    if self.offset == 0:
        page_num = response.xpath('//div[@id="bottom_pager"]/div/a[last()]/text()').extract()[0]
        #数据保护
        self.max_pages = (int)(page_num) if len(page_num) > 0 else 0

    node_list = response.xpath("//div[contains(@class,'product-box')]")
    for node in node_list:
        item = PhonecrawlerItem()
        # 商品名字
        name = node.xpath("./div[@class='res-info']/div[@class='title-selling-point']/a/text()").extract()
        # 数据保护
        name = name[0] if len(name) > 0 else ""
        # 替换连续空格到单个空格
        item['商品名称'] = re.sub("\s+", " ", name)
        # 评价数量
        volume = node.xpath("./div[@class='res-info']/div/div[@class='info-evaluate']/a/i/text()").extract()
        # 数据保护
        item['评价数量'] = volume[0] if len(volume) > 0 else ""
        # 经销商
        brand = node.xpath(
            "./div[@class='res-info']/div/a[contains(@class, 'store-class') or contains(@class, 'store-name')]/text()").extract()
        # 数据保护
        item['经销商'] = brand[0] if len(brand) > 0 else ""
        # 详情 URL
        yield item

    # 页码偏移量加 1
    self.offset += 1
    # 未走到最后一页就继续爬取
    if self.offset < self.max_pages:
        url = self.list_base_url.replace("#offset#", str(self.offset))
        yield scrapy.Request(url, callback=self.parse)
```

运行 startpoint.py，打开 phone_raw.csv 文件，看到如下结果：

```
商品名称,经销商,评价数量
    vivo iQOO 7 传奇 12+256G 高通骁龙 888+增强版 LPDDR5 120W 超快闪充 全感操控系统 双路线性马达 立体双扬 UFS 3.1 双模 5G 全网通手机,自营,8700+
    vivo iQOO Neo5 8+256G 夜影黑 5G 新品,柠悦数码旗舰店,1.1 万+
    Apple iPhone 12 Pro Max ,自营,4.9 万+
    荣耀 30 Pro ,自营,6.0 万+
    荣耀 荣耀 V40 轻奢版 ,自营,3.4 万+
-------------------------------------------------------------------------
    商品名称,经销商,评价数量
    vivo iQOO 7 传奇 12+256G 高通骁龙 888+增强版 LPDDR5 120W 超快闪充 全感操控系统 双路线性马达 立体双扬 UFS 3.1 双模 5G 全网通手机,自营,8700+
```

```
    vivo iQOO Neo5 8+256G 夜影黑 5G新品,柠悦数码旗舰店,1.1万+
    Apple iPhone 12 Pro Max ,自营,4.9万+
    荣耀 30 Pro ,自营,6.0万+
    荣耀 荣耀V40轻奢版 ,自营,3.4万+
----------------------------------------------------------------
    【赠1年碎屏险】OPPO K7x 黑镜 6G+128G 30W闪充 双模5G手机 全网通手机 拍照手机 游戏手机
oppok7x oppo手机 oppo k7x ,OPPO官方旗舰店,2200+
    三星 Galaxy A51 5G(SM-A5160)8GB+128GB 迷踪黑 Super AMOLED屏后置四摄 3200万前置
移动联通电信全网通 5G手机 ,自营,7700+
    苹果(Apple) iPhone 11 128GB 黑色 简配版 移动联通电信 4G全网通手机 (不含电源适配器和耳
机)双卡双待 iphone11 2020新款 ,华科手机专营店,1.2万+
    康佳 (KONKA)UK8 直板老人机大字大声大屏超长待机老年手机男女款移动 双卡双待按键学生备用功
能机,自营,7400+
    【购机送1年碎屏保】OPPO A8 天青色 4GB+128GB新品手机 6.5英寸水滴屏 4230mAh 大电池 后置
AI三摄 全网通 4G 全面屏拍照游戏智能手机 oppoa8手机 ,时器数码专营店,2600+
```

CSV（逗号分隔值文件格式）

逗号分隔值（Comma-Separated Values，CSV，有时也称为字符分隔值，因为分隔符也可以不是逗号），其文件以纯文本的形式存储表格数据（数字和文本）。纯文本意味着该文件是一个字符序列，不含必须像二进制数字那样被解读的数据。CSV文件由任意数目的记录组成，记录间以某种换行符分隔；每条记录由字段组成，字段间的分隔符是其他字符或字符串，最常见的是逗号或制表符。通常，所有记录都有完全相同的字段序列。通常该文件都是纯文本文件。建议使用 Excel 打开和保存。

2.3.2 任务2：Pandas 清洗数据

微课：购物 Scrapy 项目-清洗数据

phone_raw.csv 前11行记录中存在重复数据，需要删除。另外，需要将字段"评价数量"的后缀"万+"转换为十进制数字，将"+"后缀删除。接下来，采用 Pandas 完成数据清洗任务。

步骤1：在项目根目录下依次选择"New"→"Python File"，创建 data_clean.py，读入 phone_raw.csv 文件到 DataFrame 对象。

```
#encoding=utf-8
import pandas as pd

# 读入 CSV 文件到 DataFrame 对象
labels = ["商品名称", "经销商", "评价数量"]
df = pd.read_csv('phone_raw.csv', names=labels, encoding= 'utf-8')
print(df.head())
```

运行 data_clean.py，PyCharm 控制台输出如下结果：

```
     商品名称                      经销商         评价数量
0    商品名称                      经销商         评价数量
1    vivo iQOO 7 传奇 12+256G 高通骁龙 888+增强版 LPDDR5 120W超...    自营    8700+
2    vivo iQOO Neo5 8+256G 夜影黑 5G新品  柠悦数码旗舰店  1.1万+
```

```
3  Apple iPhone 12 Pro Max        自营   4.9万+
4  荣耀 30 Pro           自营   6.0万+
```

步骤 2：完善 data_clean.py，忽略 DataFrame 包含的 CSV 头。

```
# 删除第 2 次爬取生成的 CSV 头
df = df[df["评价数量"] != "评价数量"]
print(df.head(5))
```

运行 data_clean.py，PyCharm 控制台输出如下结果：

```
   商品名称          经销商    评价数量
1  vivo iQOO 7 传奇 12+256G 高通骁龙 888+增强版 LPDDR5 120W 超...    自营   8700+
2  vivo iQOO Neo5 8+256G 夜影黑 5G 新品  柠悦数码旗舰店  1.1万+
3  Apple iPhone 12 Pro Max        自营   4.9万+
4  荣耀 30 Pro           自营   6.0万+
5  荣耀 荣耀V40 轻奢版         自营   3.4万+
```

步骤 3：完善 data_clean.py，删除重复记录。

```
# 去重
df = df.drop_duplicates()
print("去重后记录行数：{}".format(df.shape[0]))
```

运行 data_clean.py，PyCharm 控制台输出如下结果：

去重后记录行数：19

为什么去重后的记录数比页面显示的商品数少

有些经销商级别更高，会在不同页面中多次出现，以增加商品的客户流量。

步骤 4：完善 data_clean.py，建立包含"评价数量""单位"列的 DataFrame。

```
# 字段"评价数量"裂变成两列：评价数量,单位
pattern = "(?P<评价数>\d+\.?\d*)(?P<单位>.?\+)"
comment_df = df["评价数量"].str.extract(pattern)
print(comment_df.head())
```

运行"data_clean.py"，PyCharm 控制台输出如下结果：

```
   评价数量   单位
1  8700    +
2  1.1    万+
3  4.9    万+
4  6.0    万+
5  3.4    万+
```

步骤 5：完善 data_clean.py，根据字段"单位"计算十进制的评价数量。

```
# 去除评价数量后面的单位
def extract_salary(x):
    if x["单位"] == "万+":
        salary = int(eval(x["评价数"]) * 10000)
```

```
        else:
            salary = (int)(eval(x["评价数"]))
        return salary
# 应用 extract_salary 处理 comment_df 的每一行
comment_df["评价数"] = comment_df.apply(extract_salary, axis=1)
# 更新原始 DataFrame 的字段"评价数"
df["评价数量"] = comment_df["评价数"]
print(df.head())
```

运行 data_clean.py，PyCharm 控制台输出如下结果：

```
      商品名称            经销商      评价数量
1  vivo iQOO 7 传奇 12+256G 高通骁龙 888+增强版 LPDDR5 120W 超...         自营     8700
2      vivo iQOO Neo5 8+256G 夜影黑 5G 新品   柠悦数码旗舰店   11000
3         Apple iPhone 12 Pro Max         自营   49000
4         荣耀 30 Pro            自营   60000
5         荣耀 荣耀 V40 轻奢版          自营   34000
```

> **DataFrame.apply(func,axis)**
>
> 指在 DataFrame 对象指定的轴方向上应用自定义函数，自定义函数可以是匿名函数（格式如"lambda x: ..."，其中 x 代表一行记录），也可以用 def 关键字定义函数。

步骤 6：完善 data_clean.py，保存清洗后的数据。

```
# 保存清洗后的数据
df.to_csv("phone_clean.csv", index=False)
```

打开 phone_raw.csv，看到如下结果：

```
商品名称,经销商,评价数量
vivo iQOO 7 传奇 12+256G 高通骁龙 888+增强版 LPDDR5 120W 超快闪充 全感操控系统 双路线性马达 立体双扬 UFS 3.1 双模 5G 全网通手机,自营,8700
vivo iQOO Neo5 8+256G 夜影黑 5G 新品,柠悦数码旗舰店,11000
Apple iPhone 12 Pro Max ,自营,49000
荣耀 30 Pro ,自营,60000
荣耀 荣耀 V40 轻奢版 ,自营,34000
华为 Mate 40 Pro 4G ,自营,12000
vivo vivo iQOO Neo5 8+256GB 夜影黑 5G 新品手机 ,柠悦数码旗舰店,11000
vivo vivo iQOO Neo5 12+256GB 云影蓝 5G 新品手机 ,柠悦数码旗舰店,11000
vivo vivo iQOO Neo5 12+256GB 像素橙 5G 新品手机 ,柠悦数码旗舰店,11000
Apple iPhone 12 128G 白色 移动联通电信 5G 全网通,自营,210000
OPPO K9 幻彩之翼 8+256G 高通骁龙 768G 65W 超级闪充 90Hz OLED 电竞屏 6400 万 AI 三摄 双模 5G 全网通游戏拍照手机 ,自营,300
小米 Redmi 10X Pro ,自营,9100
华为 畅享 20 SE ,华科手机专营店,2200
realme 真我 GT Neo 5G 数字移动电话机 全网通版 ,自营,3900
【赠 1 年碎屏险】OPPO K7x 黑镜 6G+128G 30W 闪充 双模 5G 手机 全网通手机 拍照手机 游戏手机 oppok7x oppo 手机 oppo k7x ,OPPO 官方旗舰店,2200
三星 Galaxy A51 5G（SM-A5160）8GB+128GB 迷踪黑 Super AMOLED 屏后置四摄 3200 万前置 移动联通电信全网通 5G 手机 ,自营,7700
苹果(Apple) iPhone 11 128GB 黑色 简配版 移动联通电信 4G 全网通手机 （不含电源适配器和耳
```

机）双卡双待 iphone11 2020新款 ,华科手机专营店,12000
康佳 （KONKA）UK8 直板老人机大字大声大屏超长待机老年手机男女款移动 双卡双待按键学生备用功能机 ,自营,7400
【购机送1年碎屏保】OPPO A8 天青色4GB+128GB新品手机 6.5英寸水滴屏 4230mAh大电池 后置AI三摄 全网通4G 全面屏拍照游戏智能手机 oppoa8手机 ,时器数码专营店,2600

2.3.3 任务3：Pandas 分析数据

数据清洗后，下面利用 Pandas 按照经销商分组统计评价数量。

步骤1：在项目根目录下依次选择"New"→"Python File"，创建 data_analysis.py，读入 phone_clean.csv 文件到 DataFrame 对象。

```
#encoding=utf-8
import pandas as pd

# 读入 CSV 文件到 DataFrame 对象
df = pd.read_csv("phone_clean.csv", header=0, encoding="utf-8")
print(df.head())
```

运行 data_analysis.py，PyCharm 控制台输出如下结果：

```
   商品名称            经销商        评价数量
0  vivo iQOO 7 传奇 12+256G 高通骁龙 888+增强版 LPDDR5 120W超...    自营        8700
1  vivo iQOO Neo5 8+256G 夜影黑 5G新品    柠悦数码旗舰店    11000
2  Apple iPhone 12 Pro Max        自营    49000
3  荣耀 30 Pro                     自营    60000
4         荣耀 荣耀 V40 轻奢版           自营    34000
```

步骤2：完善 data_analysis.py，按照经销商进行数据分组，统计评价数量。

```
# 分经销商统计评价数
stats_stats = df.groupby(["经销商"]).sum()[["评价数量"]]
print(stats_stats)
```

运行 data_analysis.py，PyCharm 控制台输出如下结果：

```
              评价数量
经销商
OPPO官方旗舰店     2200
华科手机专营店      14200
时器数码专营店       2600
柠悦数码旗舰店      44000
自营           402100
```

有了上面的结果，可以将其手工复制得到 ECharts 图表，完成可视化任务。

2.3.4 任务3：ECharts 可视化数据

ECharts 提供了多种图表，比如柱状图、饼图、雷达图等，这里采用常见的柱状图对比手机经销商的关注度。

步骤 1：在项目根目录下依次选择"New"→"Directory"，创建 app 目录。

步骤 2：在 app 目录下依次选择"New"→"Directory"，创建目录"static"，然后把 echarts.min.js 复制到 app/static 目录下。

步骤 3：在 app 目录下依次选择"New"→"Directory"，创建"templates"目录。

步骤 4：在 templates 目录下打开"New HTML File"，创建 single_chart.html。

```html
<!DOCTYPE html>
<html lang="en">
<head>
    <meta charset="UTF-8">
    <title>单图</title>
</head>
<body>


</body>
</html>
```

步骤 5：在 single_chart.html 中引入依赖的 JS 文件。

```html
<!DOCTYPE html>
<html lang="en">
<head>
    <meta charset="UTF-8">
    <title>单图</title>
    <script src="../static/echarts.min.js"></script>
</head>
<body>


</body>
</html>
```

步骤 6：完善 single_chart.html，定义 div 元素和编写 JS 代码。JS 代码中引用数据分析产生的数据，实例化 ECharts 图表对象，然后传给 div 元素显示。

```html
<!DOCTYPE html>
<html lang="en">
<head>
    <meta charset="UTF-8">
    <title>单图</title>
    <script src="../static/echarts.min.js"></script>
</head>
<body>
    <div id="chart1" style="float:left; width: 600px;height: 400px"></div>
<script>
    var mychart1 = echarts.init(document.getElementById("chart1"));
    var xdata =["OPPO官方旗舰店", "华科手机专营店", "时器数码专营店", "柠悦数码旗舰店", "自营"];
    var ydata =[2200, 14200, 2600, 44000, 402100];
    var option={
            title:{
                text:'手机经销商关注度',
                x:'center',
```

```
                textStyle:{
                    color:'red',
                    fontWeight:'bold',
                    fontSize:'20'
                }
            },
            tooltip:{
                trigger:'axis'
            },
            xAxis:[{type:'category',data:xdata,name:'',
axisLabel:{interval:0, rotate:10}}],
            yAxis:{type:'value',name:'评价数'},
            series:[{type:'bar',name: xdata, data:ydata}]
        };
    mychart1.setOption(option);
</script>
</body>
</html>
```

将光标移到 single_chart.html 编辑窗口的任意位置,出现浏览器浮动窗口,如图 2-14 所示。

图 2-14 打开浏览器窗口

使用 Chrome 浏览器打开 single_chart.html,可视化结果如图 2-2 所示。

ECharts

ECharts 是一个基于 Canvas 的纯 JavaScript 图表库,提供直观、生动、可交互、可个性化定制的数据可视化图表。常见的 ECharts 图表类型有柱状图、饼图、散点图、雷达图、旭日图,示例可参见官方网站。

课后习题

一、选择题

1. Scrapy 架构包含多个组件,下面(　　)不属于 Scrapy 组件。
A. Engine(引擎)　　　　　　　　　　B. Downloader(下载器)
C. Scheduler(调度器)　　　　　　　　D. Request(请求)

2. 一般用（　　）软件打开 CSV 文件。

A. PyCharm　　　　　B. Visual Studio　　　　C. Excel　　　　　D. Word

3. "XPath="//div[@class='bottom_pager']""表示匹配（　　）。

A. 文档中 class 属性等于'bottom_pager'的所有 div

B. 文档中 class 属性等于'bottom_pager'的第一个 div

C. 当前节点下 class 属性等于'bottom_pager'的 div 元素

D. 定义 bottom_pager 类的所有 div

4. 执行 name = re.sub("\s+", " ", "　中国　　")后，name =（　　）。

A. "　中国　"　　　B. "中国"　　　　C. " 中国"　　　　D. " 中国 "

5. df 是一个 DataFrame 类型对象，df.apply(func1, axis=1)将（　　）。

A. fun1 应用到每列形成的一维数组　　　B. fun1 应用到每行形成的一维数组

C. fun1 应用到行、列形成的二维数组　　　D. 不起作用

二、填空题

下面是 post.html 的源代码，完成下面的程序填空。

```html
<!DOCTYPE html>
<html lang="en">
<head>
    <meta charset="UTF-8">
    <title>采购公示</title>
</head>
<body>
<div class="wp_list">
    <div class="wp_articlecontent">
        <p class="MsoBold">
            <span>一、项目编号：<span>2022-GQ-G-0285</span></span></p>
        <p class="MsoNormal">
            <span>中标单位名称：</span><span>苏州智能科技有限公司</span></p>
        <p class="MsoNormal">
            <span>中标金额：人民币壹佰零肆万伍仟捌佰玖拾贰圆整（</span>
            <span>¥<span>1045892.00</span>元</span>
            <span>）</span>
        </p>
    </div>
    <div class="wp_articlecontent">
        <p class="MsoBold">
            <span>一、项目编号：<span>2022-GQ-G-0282</span></span></p>
        <p class="MsoNormal">
            <span>中标单位名称：</span><span>苏州建筑工程有限公司</span></p>
        <p class="MsoNormal">
            <span>中标金额：壹佰贰拾伍万伍仟陆佰圆整（</span>
            <span>¥<span>1255600.00</span>元</span>
            <span>）</span>
        </p>
    </div>
</div>
</body>
</html>
```

1. 已知 post.html，技术人员想爬取中标公告并保存到 post_raw.csv 文件中，请完善代码。

```
#encoding=utf-8
from lxml import etree
import csv

# 数据采集
html = etree.parse('post.html', etree.HTMLParser(encoding="UTF-8"))
items = html.xpath(_____)
for i, item in enumerate(items):
    print("------------第{}条中标公告------------".format(i+1))
    seq_no = item.xpath(_____)[0]
    print("中标编号 = {}".format(seq_no))
    winner_name = item.xpath(_____)[0]
    print("中标单位 = {}".format(winner_name))
    amount_char = item.xpath(_____)[0]
    print("中标金额(大写) = {}".format(amount_char))
    amount_digit = item.xpath(_____)[0]
    print("中标金额（小写） = {}".format(amount_digit))

    with open('post_raw.csv', 'a', newline="", encoding='utf-8') as f:
        csv_write = csv.writer(f)
        csv_write.writerow([seq_no, winner_name, amount_char, amount_digit])
```

2. 在上个习题生成的 post_raw.csv 中，"中标金额（大写）"列包含前缀"中标金额："和后缀"（"，技术人员想把中标金额（大写）解析出来并保存到 post_clean.csv，请完善代码。

```
#encoding=utf-8
import pandas as pd

labels = ["中标编号", "中标单位", "中标金额(大写)", "中标金额（小写）"]
df = pd.read_csv('post_raw.csv', names=labels, encoding='utf-8')
print(df.head())

def extract_amount_char(x):
    x = _____
    x = _____

    return x

df[____] = df[____].apply(extract_amount_char)
print(df.head())
df.to_csv("post_clean.csv", index=False)
```

三、应用题

选择一个销售手机的电商网站，爬取手机经销商关注度数据，用柱状图比较 Top5 经销商的关注度。

能力拓展

组合图可视化手机关注度

任务目标

运用本章学习的技术，完成一个柱状图"手机品牌关注度"，然后把课堂完成的"手机经销商关注度"柱状图放到一个页面展示，结果如图 2-15 所示。

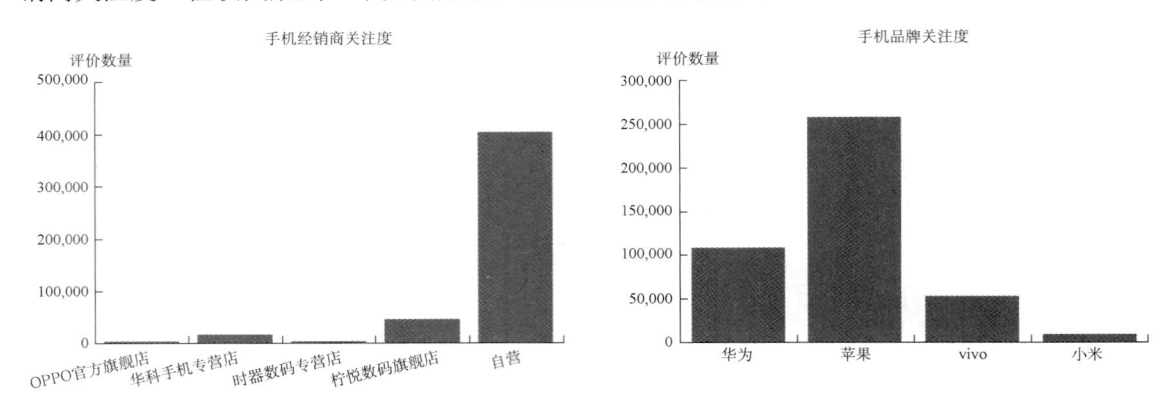

图 2-15　手机关注度页面

任务分析

将 2.3.2 中任务 2 清洗后的数据保存到 phone_clean.csv 文件中，其中"商品名称"列包含品牌信息（比如"广告商品 3998.00 元，vivo iQOO 7 传奇 12+256G 高通骁龙 888+增强版 LPDDR5 120W 超快闪充 全感操控系统 双路线性马达 立体双扬 UFS 3.1 双模 5G 全网通手机"中的"vivo"就是手机品牌名称），需要通过字符串匹配，筛选商品记录，然后汇总 4 个品牌（华为、苹果、vivo、小米）的评价数量。

任务实施

任务引导 1：完善 data_analysis.py，匹配华为品牌手机。

```
# 统计华为评价数量
huawei_df = df[df["商品名称"].str.match("华为|荣耀")]
huawei_comments = //待补充
print("华为手机评价数量：{}".format(huawei_comments))
```

运行结果如下：

华为手机评价数量：108200

任务引导 2：完善 data_analysis.py，匹配苹果品牌手机。

```
# 统计苹果评价数量
apple_df = //待补充
apple_comments = apple_df[["评价数量"]].sum()[0]
print("苹果手机评价数量：{}".format(apple_comments))
```

运行结果如下：

苹果手机评价数量：259000

任务引导 3：完善 data_analysis.py，匹配 vivo 品牌手机。

```
# 统计vivo评价数量
vivo_df = //待补充
vivo_comments = //待补充
print("vivo手机评价数量: {}".format(vivo_comments))
```

运行结果如下:

vivo手机评价数量: 52700

任务引导4：完善 data_analysis.py，匹配小米品牌手机。

```
# 统计小米评价数量
xiaomi_df = //待补充
xiaomi_comments = //待补充
print("小米手机评价数量: {}".format(xiaomi_comments))
```

运行结果如下:

小米手机评价数量: 9100

任务引导5：新建 HTML File "composite_chart.html"，引用上面产生的手机品牌数据，完善 composite_chart.html，设计"手机品牌关注度"柱状图。

```html
<!DOCTYPE html>
<html lang="en">
<head>
    <meta charset="UTF-8">
    <title>复合图</title>
    <script src="../static/echarts.min.js"></script>
</head>
<body>
    <div id="chart2" style="float:left; width: 600px;height: 400px"></div>

<script>
    var mychart2 = echarts.init(document.getElementById("chart2"));
    var xdata =              //待补充
    var ydata =              //待补充
    var option={
                title:{
                    text:'手机品牌关注度',
                    x:'center',
                    textStyle:{
                        color:'red',
                        fontWeight:'bold',
                        fontSize:'20'
                    }
                },
                tooltip:{
                    trigger:'axis'
                },
                xAxis:[{type:'category',data:xdata,name:''}],
                yAxis:{type:'value',name:'评价数量'},
                series:[{type:'bar',name: xdata, data:ydata}]
            };
```

```
    mychart2.setOption(option);
</script>
</body>
</html>
```

运行结果如图 2-16 所示。

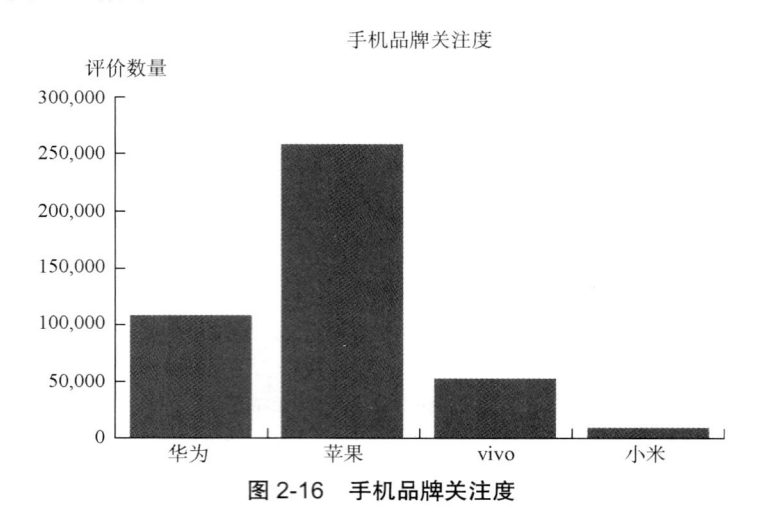

图 2-16 手机品牌关注度

任务引导 6：完善 composite_chart.html，把"手机经销商关注度"柱状图和"手机品牌关注度"柱状图放在一个页面，效果如图 2-15 所示。

```
<!DOCTYPE html>
<html lang="en">
<head>
    <meta charset="UTF-8">
    <title>复合图</title>
    <script src="../static/echarts.min.js"></script>
</head>
<body>
    <div id=" " style=" "></div>   // 待补充
    <div id=" " style=" "></div>   // 待补充
<script>
    var mychart1 = echarts.init(document.getElementById("chart1"));
    // 待补充

    var mychart2 = echarts.init(document.getElementById("chart2"));
    // 待补充

</script>
</body>
</html>
```

第 3 章　招聘 Requests 项目实战

Requests 是一个非常优秀的爬虫工具，操作简单，扩展方便，是比较流行的爬虫框架。本章结合购物网站爬虫项目，首先介绍网站首页，分析列表页面的网页结构，描述项目达成的目标；然后，分析完成项目的主要步骤，将项目分解到任务，挑选任务实现所采用的技术；接着介绍相关技术，详细阐述每步操作的命令或代码，最后实现柱状图可视化爬虫数据。另外，本章也提供了课后习题以强化学生技能，并在本项目基础上，提供能力拓展环节，引导学生学习复合图的设计和实现。

技能要求

（1）掌握 Requests 爬虫用法。
（2）掌握 XPath 语法格式。
（3）掌握将 CSV 文件读取到 DataFrame 对象的方法。
（4）掌握 DataFrame 去重方法。
（5）掌握 DataFrame 列裂变的方法。
（6）掌握 DataFrame 自定义函数转换数据。
（7）掌握将 DataFrame 对象保存到 CSV 文件的方法。
（8）掌握 DataFrame 删除列的方法。
（9）掌握 DataFrame 分组 count 统计的方法。
（10）理解 DataFrame 分组 mean 统计的方法。
（11）了解 ECharts 柱状图。
（12）了解 ECharts 饼状图。

学习导览

本任务学习导览如图 3-1 所示。

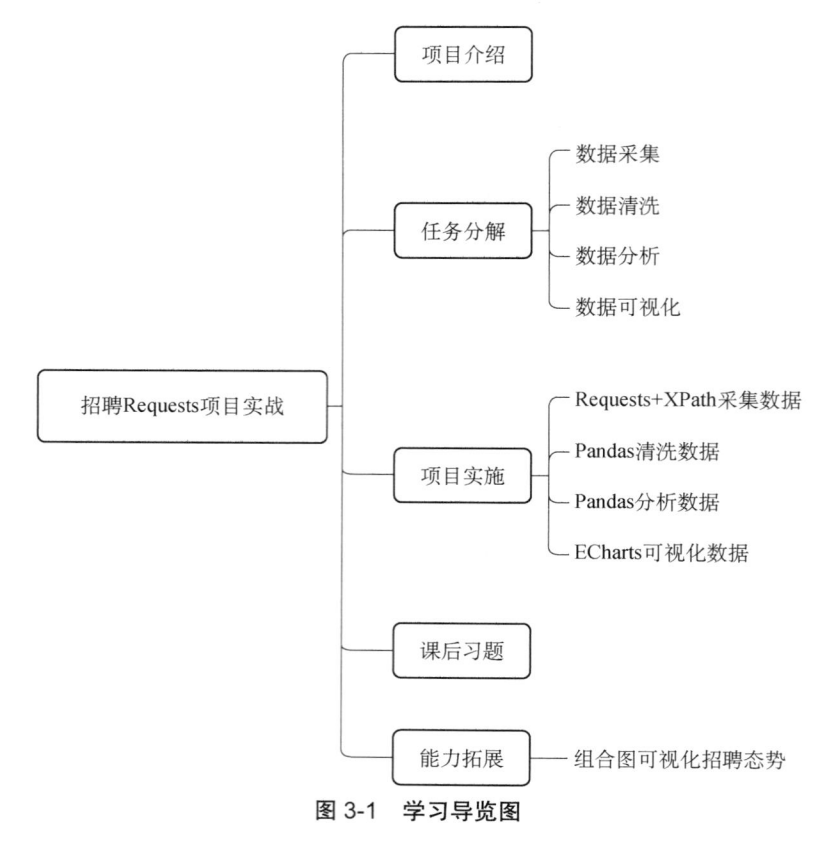

图 3-1　学习导览图

3.1　项目介绍

爬取某招聘网站的北京地区岗位，统计不同类型公司的招聘岗位占比，统计结果以饼图显示，效果如图 3-2 所示。

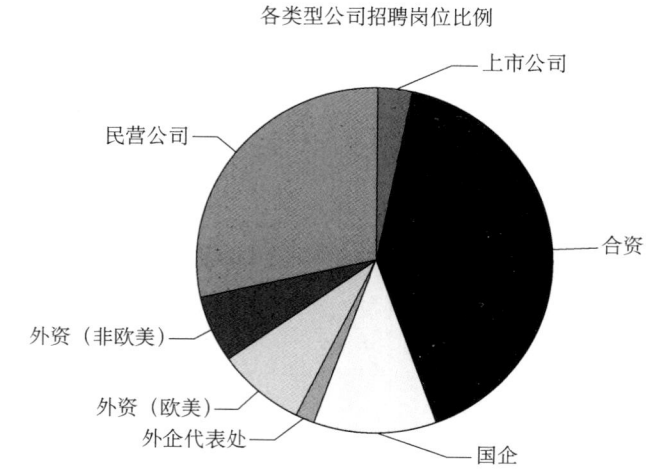

微课：招聘 Requests 项目介绍

图 3-2　各类型公司招聘岗位比例饼图

3.2 任务分解

与前一个项目类似，本项目也从采集网站数据开始，经过数据清洗和分析，最后以饼图展示，因此本项目可分解成以下 4 个任务：数据采集、数据清洗、数据分析、数据可视化。

1. 数据采集

结合目标网站分析数据的来源，找到目标字段和页面的对应关系，结果如表 3-1 所示。

表 3-1 目标字段表

字段	字段类型	数据来源	例子
职位名称	string	列表页面	嵌入式硬件工程师
公司名称	int	列表页面	上海大唐移动通信设备有限公司
公司类型	string	列表页面	国企
发布时间	string，格式:mm-dd	列表页面	06-14

该任务采用 Requests 技术，爬取列表页面，通过 XPath 定位需要的字段后，保存到 CSV 文件。

2. 数据清洗

首先，多次爬取后的 CSV 文件有重复数据，需要删除重复行。其次，"公司类型"字数需要从列表页面 p 元素中抽取。最后，需要清除列表页面 span 元素中抽取的发布时间。

3. 数据分析

读取清洗后的 CSV 文件，采用 Pandas 技术按照公司类型分组统计岗位数量。

4. 数据可视化

如图 3-2 所示，采用 ECharts 设计实现"各类型公司招聘岗位比例"饼图。

微课：招聘 Requests 项目-数据采集

3.3 项目实施

3.3.1 任务 1：Requests+XPath 采集数据

下面以爬取某招聘网站为例，介绍 Requests 技术配合 XPath 采集手机销售数据的详细步骤。

步骤 1：转到 Tomcat 安装目录下的 bin 目录，运行 startup.bat 后，打开 Chrome，访问 http://www.mysite.com:50001/findjob/index1.html，如果显示网站首页，则表示 Tomcat 运行正常，如图 3-3 所示。

图 3-3　手机商品关注度页面

步骤 2：打开 PyCharm，依次选择"File"→"New Project"选项，创建 PyCharm 项目 jobvis，手动填写项目路径，选择 Anaconda 编译器（python.exe），如图 3-4 所示。

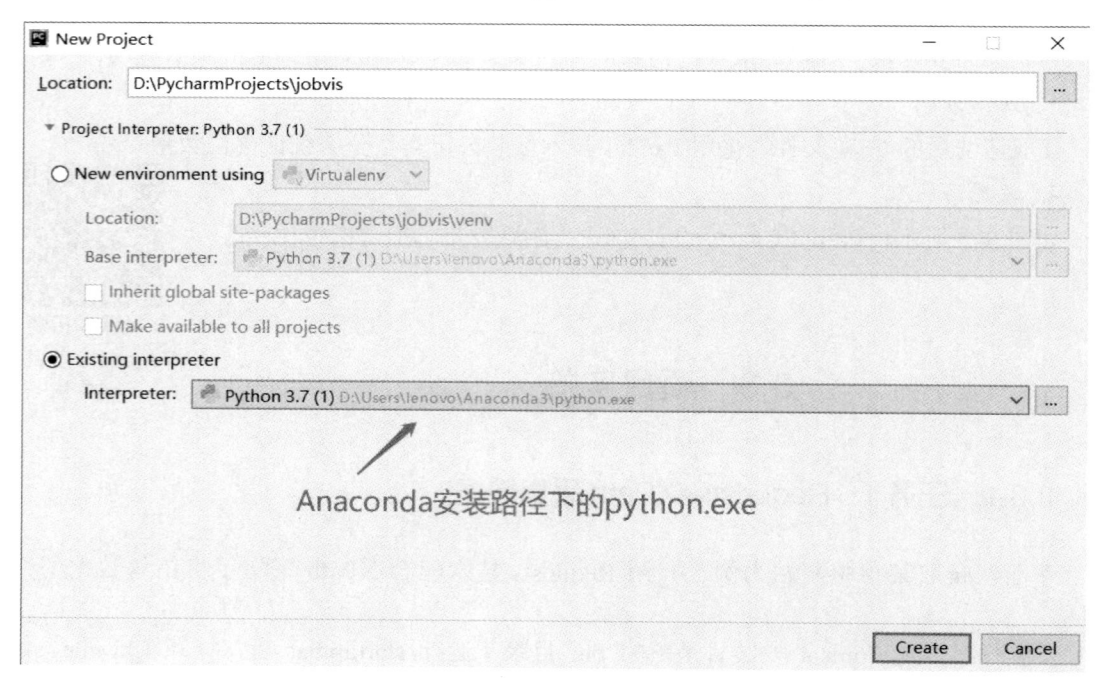

图 3-4　创建空项目

单击"Create"按钮，打开"Open Project"窗口，如图 3-5 所示。

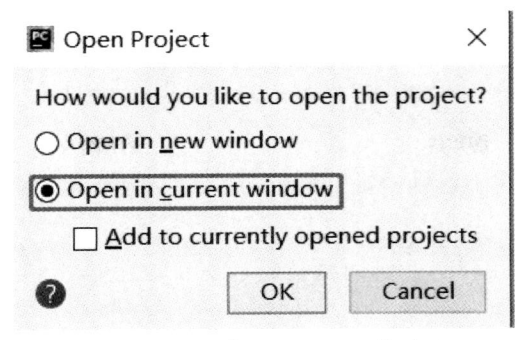

图 3-5　打开"Open Project"窗口

单击"OK"按钮，创建空项目"jobvis"，如图 3-6 所示。

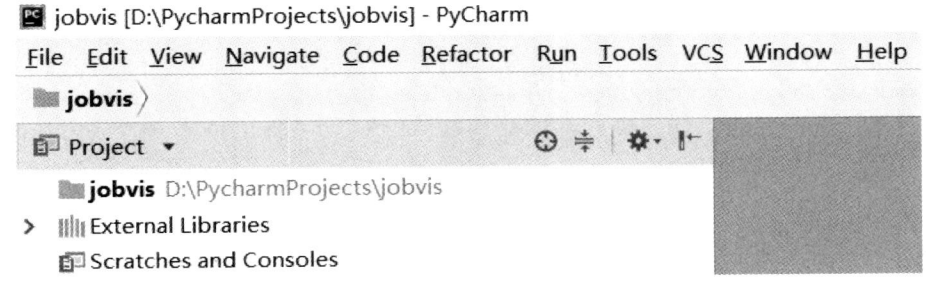

图 3-6　空爬虫项目

步骤 3：打开网站首页，在页面任意位置单击鼠标右键，在弹出的快捷菜单中选择"检查"命令，选择"Network"选项卡，查看 HTTP 请求和返回内容，如图 3-7 所示。

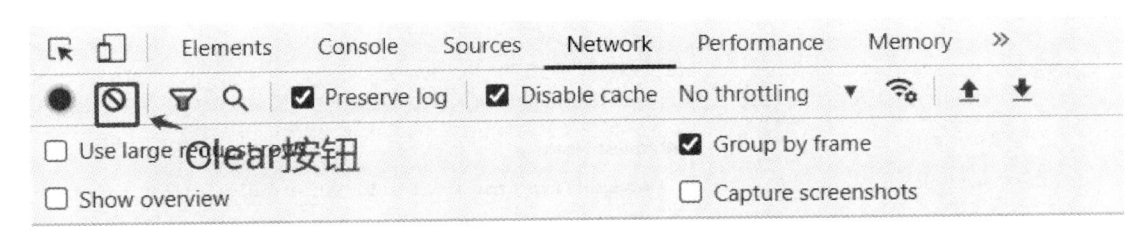

图 3-7　"Network"选项卡

单击"Clear"按钮，清除缓存，然后在左面页面窗口中任意位置单击鼠标右键，在弹出的快捷菜单中选择"重新加载"选项。接着，切换到"Doc"选项卡后，选择"lidex1.html"选项，查看 Request Headers，保存 User-Agent、cookie（如果有的话）、referer（如果有的话）3 个属性值，如图 3-8 所示。

步骤 4：在项目根目录下依次选择"New"→"Python File"，创建 findjob_spider.py 文件，定义 get_page 函数，将起始 URL 指向网站首页，headers 的"User-Agent"值使用从上面 Request Headers 复制过来的内容。

```
import csv
import re

import requests
from lxml import etree
```

```python
from requests.utils import get_encodings_from_content

list_base_url = "http://www.mysite.com:50001/findjob/index1.html"

def get_page(url):
    # 从 Chrome 开发者工具复制 User-Agent 和 cookie 值（如果有的话）
    headers = {
        'User-Agent': 'Mozilla/5.0 (Windows NT 10.0; WOW64) AppleWebKit/537.36 (KHTML, like Gecko) Chrome/91.0.4472.124 Safari/537.36'
    }
    # 发送 GET 请求
    res = requests.get(url, headers)

    # 查看编码方式
    encoding = get_encodings_from_content(res.text)

    # 打印网页内容
    html_doc = res.content.decode(encoding[0])

    return html_doc
```

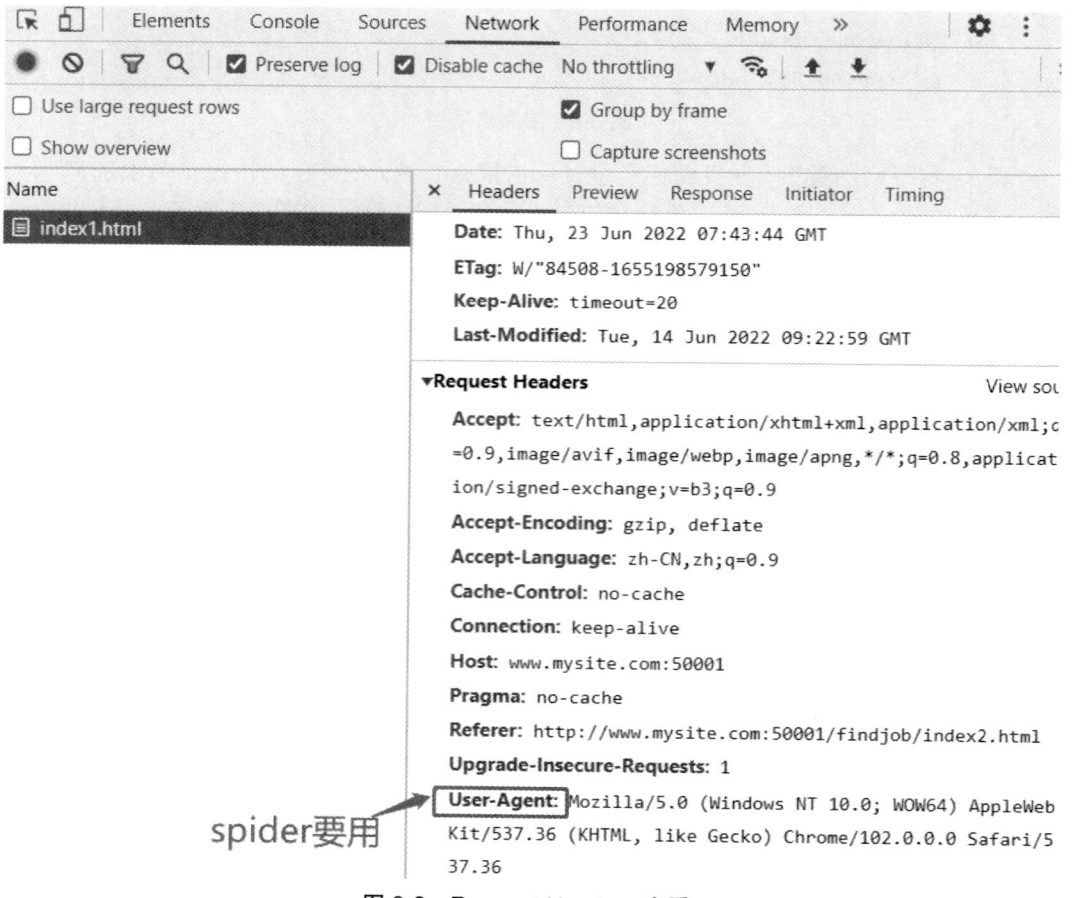

图 3-8　Request Headers 查看

Requests

Requests 是基于 urllib 的 HTTP 库，网络爬虫通过 Requests 库完成发起请求和获取响应。

发起请求：通过 HTTP 库向目标站点发起请求，等待目标站点服务器响应。常用的请求方法有 requests.get() 和 requests.post()，常见的请求参数如表 3-2 所示。

表 3-2 Requests 常见请求参数

请求参数	含义	例子
url	请求的网址	https://www.baidu.com/
auth	设置 HTTP 身份验证	auth=HTTPBasicAuth("user"，"123")
cookies	要发送至指定网址的 Cookie 字典	cookies=cookie
headers	要发送到指定网址的 HTTP 标头字典	headers = {'User-Agent':'myheader'}
proxies	URL 代理的协议字典	proxies = {'http':'http://127.0.0.1:9743'}
timeout	设置等待客户端连接的时间	timeout = 0.5

获取响应：若服务器正常响应，会返回一个 Response，Response 可以是 HTML、JSON 字符串、二进制数据等数据类型。常见的响应属性如表 3-3 所示。

表 3-3 常见的响应属性

response 属性	功能
response.text	获取文本内容
response.content	获取二进制数据
response.status_code	获取状态码
response.headers	获取响应头
response.json	获取 JSON 数据

步骤 5：打开网站首页（http://www.mysite.com:50001/findjob/index1.html），然后在页面空白区域单击鼠标右键，在弹出的快捷菜单中选择"检查"命令，在右边"Elements"选项卡下查找 div 元素，对照左边窗口的显示，找到各岗位 div 对应的页面元素，如图 3-9 所示。

从图 3-9 中可以看出，岗位 div 的 XPath 相对路径为 div[@class='j_joblist']/div[@class='e']，在爬虫中用这个相对路径匹配岗位 div。

步骤 6：回到网站首页，将光标停留在第 1 个岗位的职位名称，然后单击鼠标右键，在弹出的快捷菜单中选择"检查"命令，查找职位名称的 XPath 路径，如图 3-10 所示。

从图 3-10 中可以看出，从 XPath 路径"div[@class='j_joblist']/div[@class='e']"开始，"职位名称"字段对应的 XPath 相对路径为"a/p/span[@class='jname at']/text()"。

步骤 7：将光标停留在左面窗口的单位名称，然后单击鼠标右键，在弹出的快捷菜单中选择"检查"命令，找到单位名称的 XPath 路径，如图 3-11 所示。

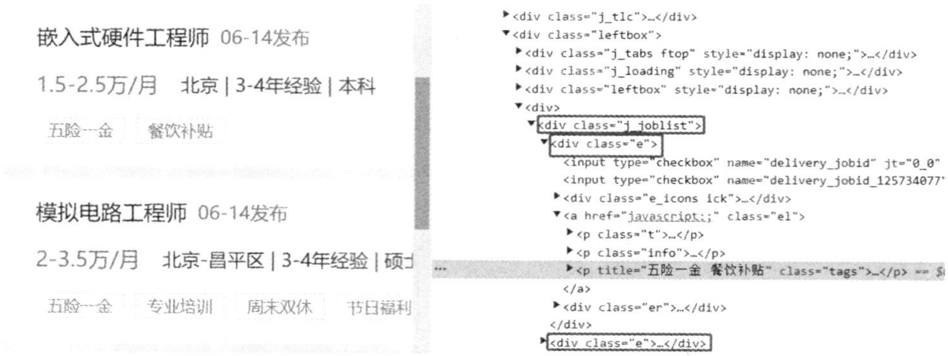

图 3-9 商品页面元素 XPath 路径查找

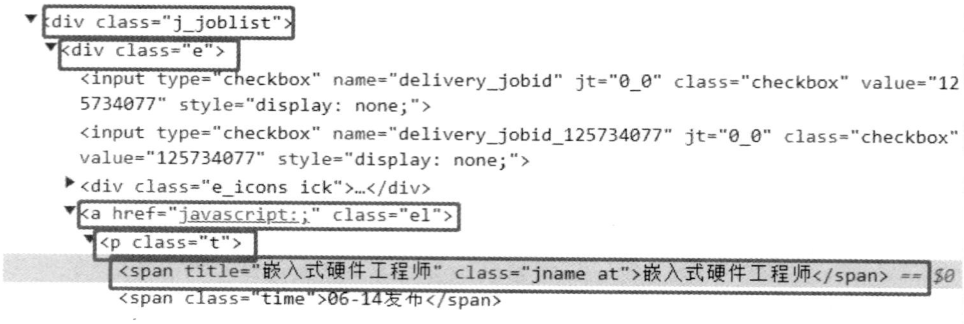

图 3-10 "职位名称" XPath 路径查找

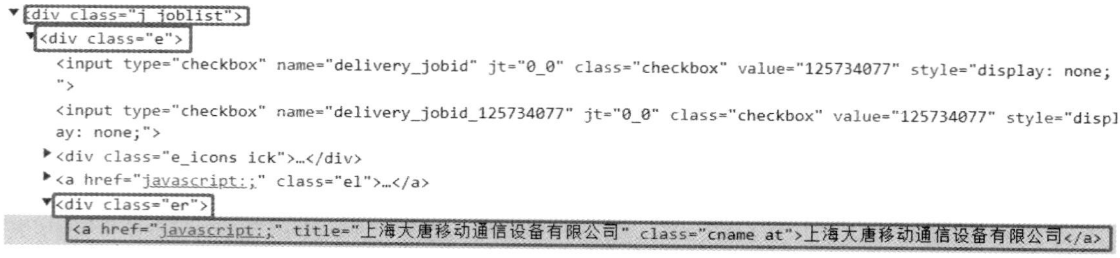

图 3-11 "单位名称" XPath 路径查找

从图 3-11 中可以看出，从 XPath 路径 "div[@class='j_joblist']/div[@class='e']" 开始，"岗位名称"字段对应的 XPath 相对路径为 "div[@class='er']/a/text()"。

步骤 8：类似上述步骤，查找单位属性和发布时间的 XPath 路径。从 XPath 路径 "div[@class='j_joblist']/div[@class='e']" 开始，单位属性对应的 XPath 相对路径为 "div[@class='er']/p[@class='dc at']/text()"，发布时间对应的 XPath 相对路径为 "a/p/span[@class='time']/text()"。

步骤 9：在 findjob_spider.py 中增加 parse_page 和 website_crawl 函数，职位名称、单位名称、单位名称和发布时间使用上面查找的 XPath 路径。

```
def parse_page(url):
    # 解析页面到 HTML 树
    page_content = get_page(url)
    response = etree.HTML(page_content)

    # 提取商品属性
    node_list = response.xpath("//div[@class='j_joblist']/div[@class='e']")
```

```python
    for node in node_list:
        # 职位名称
        span_value = node.xpath("./a/p/span[@class='jname at']/text()")
        if len(span_value) > 0:
            jobName = re.sub("\s+", "", span_value[0])
        else:
            jobName = ""

        # 单位名称
        a_value = node.xpath("./div[@class='er']/a/text()")
        companyName = a_value[0] if len(a_value) > 0 else ""

        # 单位属性,例: ['国企 | 500-1000人']
        p_value = node.xpath("./div[@class='er']/p[@class='dc at']/text()")
        if len(p_value) > 0:
            companyAttr = re.sub("\s+", "", p_value[0])
        else:
            companyAttr = ""

        # 发布时间,例: 06-14 发布
        span_value = node.xpath("./a/p/span[@class='time']/text()")
        pubTime = span_value[0] if len(span_value) > 0 else ""

        # 保存职位信息
        with open('findjob_raw.csv','a', newline="", encoding='utf-8') as f:
            csv_write = csv.writer(f)
            csv_write.writerow([jobName, companyName, companyAttr, pubTime])

def website_crawl():
    current_page_url = list_base_url
    parse_page(current_page_url)
```

步骤 10：在 findjob_spider.py 中定义主函数。

```python
if __name__ == '__main__':
    website_crawl()
```

运行 findjob_spider.py，应该在项目根目录下看到文件 findjob_raw.csv。打开 findjob_raw.csv，可以看到如下结果：

```
嵌入式硬件工程师,上海大唐移动通信设备有限公司,国企|500-1000人,06-14发布
模拟电路工程师,上海磐诺仪器有限公司,民营公司|150-500人,06-14发布
电子工程师（仪器研发）,北京百晶生物技术有限公司,外资（非欧美）|少于50人,06-14发布
高级硬件工程师,罗特尼克能源科技（北京）有限公司,合资|50-150人,06-14发布
高级电气应用（调试）工程师,北京煜能电气有限公司,民营公司|少于50人,06-14发布
硬件工程师,煜象科技（杭州）有限公司,民营公司,06-14发布
电气设计工程师,华信永益（北京）信息技术有限公司,民营公司|500-1000人,06-14发布
电子工程师,北京宝德仪器有限公司,民营公司|50-150人,06-14发布
技术工程师（五险一金）,广东柏高保设备工程有限公司,民营公司|50-150人,06-14发布
电池管理工程师,蔚蓝空间飞行器有限公司,民营公司|少于50人,06-14发布
仪表工程师,北京凯明阳热能技术有限公司,民营公司|少于50人,06-14发布
电气技术员,北京金瀑布景观艺术有限责任公司,民营公司|少于50人,06-14发布
嵌入式电气工程师,北京东孚久恒仪器技术有限公司,国企|50-150人,06-14发布
```

电气工程技术员,北京中治赛瑞科技有限责任公司,民营公司|少于 50 人,06-14 发布
硬件工程师,北京宝盈科技发展有限公司,民营公司|少于 50 人,06-14 发布

上面结果显示 15 条记录,恰好是 1 页数据,接下来继续增强爬虫,让它具有翻页爬取功能。

步骤 11:回到网站首页,滑动页面到底端,将光标停留在最后一页的页码"5",然后单击鼠标右键,在弹出的快捷菜单中选择"检查"命令,查看页码"5"的 XPath 路径。查看过程如图 3-12 所示。

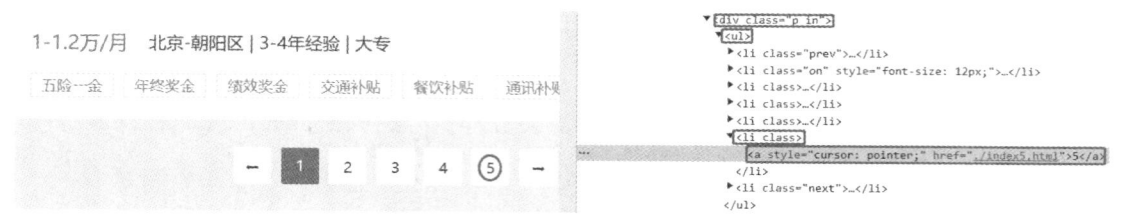

图 3-12 页码 XPath 路径查找

从图 3-12 中看出,页码"5"对应的 XPath 路径为"//div[@class="p_in"]/ul/li[last()-1]/a/text()","//"代表任意路径,"last()"代表最后一个 li 子节点,"last()-1"代表倒数第 2 个 li 子节点。

步骤 12:修改"findjob_spider.py",定义"list_base_url"和"offset",将"start_urls"改变为可替换的模板,完善 website_crawl 函数,使爬虫具有翻页爬取功能。

```
import random
from time import sleep

list_base_url = "http://www.mysite.com:50001/findjob/index#offset#.html"

def website_crawl():
    # 获取首页内容
    start_url = list_base_url.replace("#offset#", str(1))
    first_page_doc = get_page(start_url)
    first_page_tree = etree.HTML(first_page_doc)
    # 找到总页数
    page_num =    first_page_tree.xpath('//div[@class="p_in"]/ul/li[last()-1]/a/text()')
    page_num = (int)(page_num[0]) if len(page_num) > 0 else 0
    if page_num:
        page_num = (int)(page_num)

    # 访问所有页面
    for i in range(1, page_num+1):
        current_page_url = list_base_url.replace("#offset#", str(i))
        # sleep(seconds)随机间隔 5~10 秒爬取页面,防止目标网站拦截
        sleep(random.randint(5, 10) + random.random())
        print("---------------爬取第{}页---------------".format(i))
        parse_page(current_page_url)
```

运行"findjob_spider.py",打开 findjob_raw.csv。打开文件,看到如下结果:

```
嵌入式硬件工程师,上海大唐移动通信设备有限公司,国企|500-1000 人,06-14 发布
模拟电路工程师,上海磐诺仪器有限公司,民营公司|150-500 人,06-14 发布
电子工程师（仪器研发）,北京百晶生物技术有限公司,外资（非欧美）|少于 50 人,06-14 发布
高级硬件工程师,罗特尼克能源科技（北京）有限公司,合资|50-150 人,06-14 发布
高级电气应用（调试）工程师,北京煜能电气有限公司,民营公司|少于 50 人,06-14 发布
----------------------------------------------------------------
嵌入式硬件工程师,上海大唐移动通信设备有限公司,国企|500-1000 人,06-14 发布
模拟电路工程师,上海磐诺仪器有限公司,民营公司|150-500 人,06-14 发布
电子工程师（仪器研发）,北京百晶生物技术有限公司,外资（非欧美）|少于 50 人,06-14 发布
高级硬件工程师,罗特尼克能源科技（北京）有限公司,合资|50-150 人,06-14 发布
高级电气应用（调试）工程师,北京煜能电气有限公司,民营公司|少于 50 人,06-14 发布
----------------------------------------------------------------
模拟 IC 设计工程师,北京芯动致远微电子技术有限公司,民营公司,06-14 发布
模拟电路资深设计工程师,辰芯半导体（深圳）有限公司,民营公司|少于 50 人,06-14 发布
FAE 现场应用工程师,北京维信诺光电技术有限公司,民营公司|50-150 人,06-14 发布
```

为什么要用 sleep 函数在翻页时阻止程序运行一段时间

爬虫软件会对网站产生额外的访问压力，网站运营方并不希望爬虫软件频繁访问而造成正常访问拥堵。为了防止爬虫软件访问，网站反扒引擎往往会把固定时间访问网站当作网站攻击加以拦截，造成爬虫访问中断。为绕过网站反扒规则，在访问不同页面之间加入随机间隔，模拟正常用户访问，避免翻页访问过程中网络访问被服务器中断。

PyCharm 程序调试

随着程序越来越复杂，单纯通过 print 方法已不能满足程序员的要求，不可避免地会遇到调试程序的情况，PyCharm 方便地提供了调试程序的环境。比如在写提取商品属性的代码时，误把代码行：

```
node_list = response.xpath("//div[@class='j_joblist']/div[@class='e']")
```

写成：

```
node_list = response.xpath("//div[@class='j_joblis']/div[@class='e']")
```

结果造成没有生成 findjob_raw.csv 文件。这里介绍下调试 Python 程序的步骤。

（1）找到最早有可能发生问题的程序行，单击行号栏，添加断点，如图 3-13 所示。

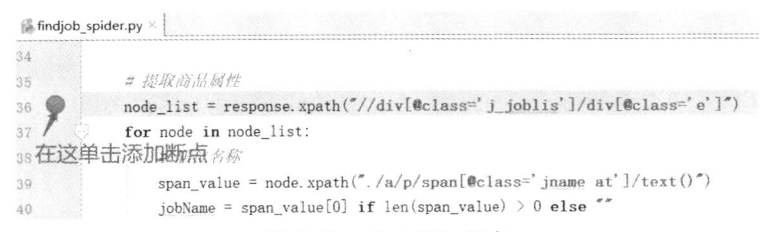

图 3-13　单击添加断点

（2）右键单击"findjob_spider.py"，在弹出的快捷菜单中选择"Debug 'findjob_spider'"命令，如图 3-14 所示。

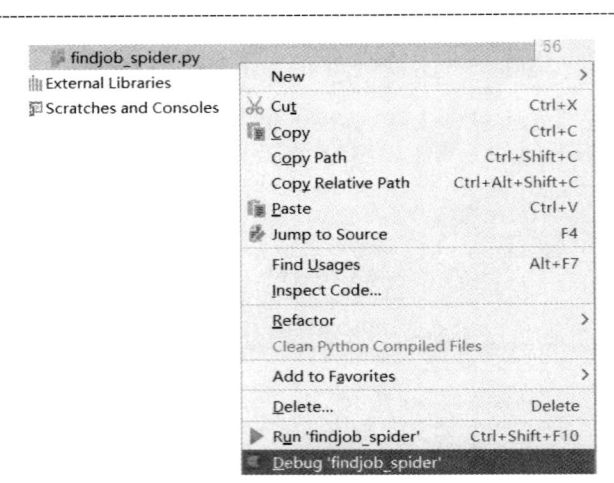

图 3-14 "Debug 'findjob_spider'"命令

接着启动测试窗口如图 3-15 所示。

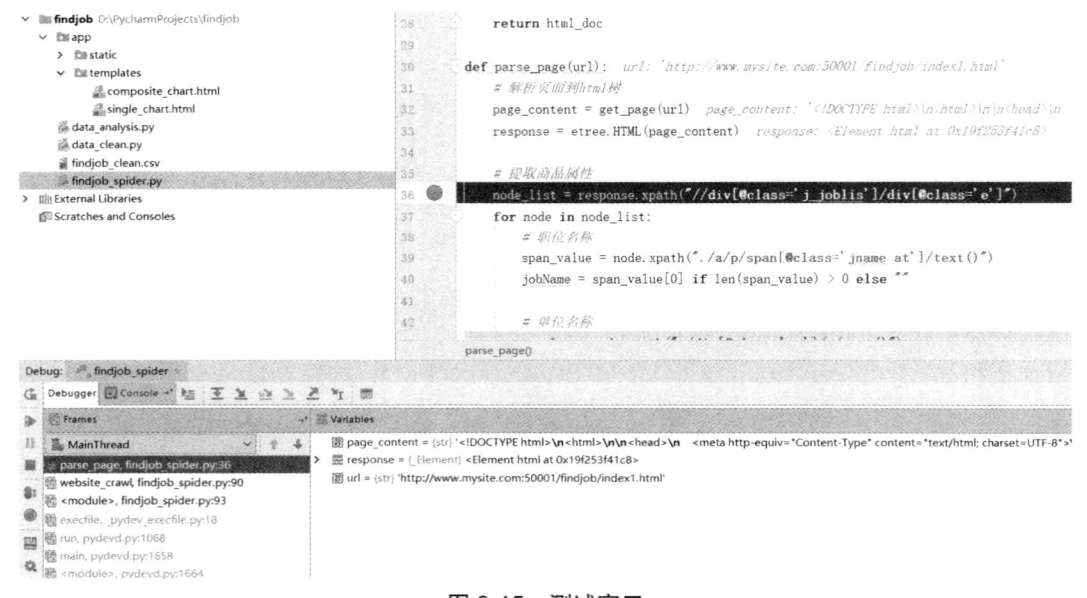

图 3-15 测试窗口

（3）按快捷键 F8 执行下一步，观察 node_list 值，如图 3-16 所示。

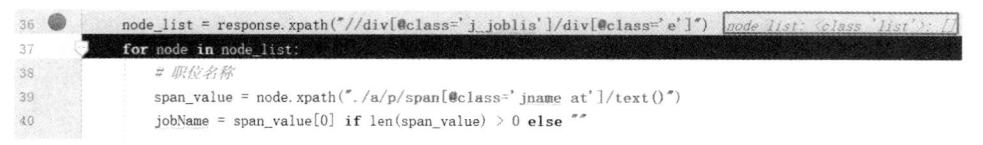

图 3-16 观察 node.list 值

node_list 值为空，表示 XPath 参数值不正确。观察页面的 class 属性，将其改为正确的值后，再次运行 findjob_spider.py，问题得到解决。

3.3.2 任务 2：Pandas 清洗数据

findjob_raw.csv 包含 90 条记录，其中前 15 条是重复数据，需要删除。另外，要从页面字段"单位属性"中解析出单位类型。接下来，采用 Pandas 完成数据清洗任务。

步骤 1：在项目根目录下依次选择"New"→"Python File"，创建 data_clean.py，读取 findjob_raw.csv 到 DataFrame 对象中。

```
import pandas as pd

labels = ["职位名称", "单位名称", "单位属性", "发布时间"]
df = pd.read_csv('findjob_raw.csv', names=labels, encoding='utf-8')
print(df.head())
```

> 微课：招聘 Requests 项目-数据清洗

运行"data_clean.py"，PyCharm 控制台输出如下结果：

```
    职位名称            单位名称              单位属性        发布时间
0  嵌入式硬件工程师      上海大唐移动通信设备有限公司    国企|500-1000人    06-14发布
1  模拟电路工程师       上海磐诺仪器有限公司       民营公司|150-500人  06-14发布
2  电子工程师（仪器研发）  北京百晶生物技术有限公司    外资（非欧美）|少于50人 06-14发布
3  高级硬件工程师      罗特尼克能源科技（北京）有限公司 合资|50-150人     06-14发布
4  高级电气应用（调试）工程师 北京煜能电气有限公司      民营公司|少于50人    06-14发布
```

步骤 2：完善 data_clean.py，删除重复记录。

```
# 去重
df = df.drop_duplicates()
print("去重后记录行数：{}".format(df.shape[0]))
```

运行"data_clean.py"，PyCharm 控制台输出如下结果：

去重后记录行数：72

为什么去重后的记录数变少

有些客户级别更高，会在不同页面中多次发布相同岗位，以增加应聘者的点击率。

步骤 3：完善"data_clean.py"，从"单位属性"列抽取出单位类型和规模。

```
# 字段"单位属性"裂变成两列：单位类型，规模。
pattern = "(?P<单位类型>.+)\|(?P<规模>.+)"
compdesc_df = df["单位属性"].str.extract(pattern)
df["单位类型"] = compdesc_df["单位类型"]
df["规模"] = compdesc_df["规模"]
df.drop(["单位属性"], axis=1, inplace=True)
print(df[["单位类型", "规模"]].head())
```

运行"data_clean.py"，PyCharm 控制台输出如下结果：

```
   单位类型     规模
0  国企      500-1000人
1  民营公司   150-500人
```

```
2       外资（非欧美）        少于 50 人
3       合资                  50-150 人
4       民营公司              少于 50 人
```

步骤 4：完善"data_clean.py"，删除"发布时间"列的"发布"后缀。

```
# 字段"发布时间"去掉"发布"后缀。
df["发布时间"] = df["发布时间"].str.replace("发布", "")
print(df["发布时间"].head())
```

运行"data_clean.py"，PyCharm 控制台输出如下结果：

```
0    06-14
1    06-14
2    06-14
3    06-14
4    06-14
```

步骤 5：完善"data_clean.py"，保存清洗后的数据。

```
# 保存清洗后的数据
df.to_csv("findjob_clean.csv", index=False)
```

3.3.3　任务 3：Pandas 分析数据

数据清洗后，下面采用 Pandas 对数据进行分析。

步骤 1：在项目根目录依次选择"New"→"Python File"，创建"data_analysis.py"，读取 findjob_clean.csv 到 DataFrame 对象。

```
import pandas as pd

# 读入 CSV 文件到 DataFrame 对象
df = pd.read_csv("findjob_clean.csv", header=0, encoding="utf-8")
print(df.head())
```

运行"data_analysis.py"，PyCharm 控制台输出如下结果：

```
   职位名称              单位名称                  发布时间    单位类型      规模
0  嵌入式硬件工程师         上海大唐移动通信设备有限公司    06-14    国企        500-1000 人
1  模拟电路工程师           上海磐诺仪器有限公司         06-14    民营公司     150-500 人
2  电子工程师（仪器研发）     北京百晶生物技术有限公司       06-14    外资（非欧美）少于 50 人
3  高级硬件工程师           罗特尼克能源科技（北京）有限公司 06-14    合资        50-150 人
4  高级电气应用（调试）工程师 北京煜能电气有限公司         06-14    民营公司     少于 50 人
```

步骤 2：完善"data_analysis.py"，记录按照单位类型进行分组后，统计招聘岗位数量。

```
# 按单位类型统计岗位数量
stats_stats = df.groupby(["单位类型"]).count()[["职位名称"]].reset_index().rename(columns={"职位名称": "岗位数量"})
print(stats_stats)
```

运行"data_analysis.py"，PyCharm 控制台输出如下结果：

```
      单位类型      岗位数量
0      上市公司         2
1        合资         26
2        国企          7
3      外企代表处       1
4      外资(欧美)       5
5     外资(非欧美)       4
6      民营公司         18
```

有了上面的结果，下面可以将数据复制到 ECharts 图表，完成可视化任务。

3.3.4　任务 3：ECharts 可视化数据

这里采用常见的 ECharts 饼图对比各单位类型的岗位招聘数量比例。

步骤 1：在项目根目录下依次选择"New"→"Directory"，创建 app 目录。

步骤 2：在 app 目录下依次选择"New"→"Directory"，创建目录 static，然后把 echarts.min.js 文件复制到 app/static 目录下。

微课：招聘 Requests 项目-数据可视化

步骤 3：在 app 目录下依次选择"New"→"Directory"，创建 templates 目录。

步骤 4：在 templates 目录下打开"New HTML File"，创建 single_chart.html。

```
<!DOCTYPE html>
<html lang="en">
<head>
    <meta charset="UTF-8">
    <title>单图</title>
</head>
<body>

</body>
</html>
```

步骤 5：在 single_chart.html 中引入依赖的 JS 文件。

```
<!DOCTYPE html>
<html lang="en">
<head>
    <meta charset="UTF-8">
    <title>单图</title>
    <script src="../static/echarts.min.js"></script>
</head>
<body>

</body>
</html>
```

步骤 6：完善 single_chart.html，定义 div 元素和编写 JS 代码。JS 代码中引用数据分析产生的数据，实例化 ECharts 图表对象，然后传给 div 元素显示。

```
<!DOCTYPE html>
<html lang="en">
```

```html
<head>
    <meta charset="UTF-8">
    <title>单图</title>
    <script src="../static/echarts.min.js"></script>
</head>
<body>
    <div id="chart1" style="float:left; width: 600px;height: 400px"></div>
    <script>
     var mychart1 = echarts.init(document.getElementById("chart1"));
     var pie_data = [{value:2, name:"上市公司"}, {value:26, name:"合资"},{value:7, name:"国企"}, {value:1, name:"外企代表处"}, {value:5, name:"外资（欧美）"},{value:4, name:"外资（非欧美）"}, {value:18, name:"民营公司"}];
     var option={
        title:{
            text:'各类型公司招聘岗位比例',
            x:'center',
            textStyle:{
              color:'red',
              fontWeight:'bold',
              fontSize:'20'
            }},
        series: [{
            type: 'pie', // 设置图表类型为饼图
            radius: '55%', // 饼图的半径，外半径为可视区尺寸（容器高宽中较小一项）的55%长度。
            data: pie_data
         }]
     };
     mychart1.setOption(option);
</script>
</body>
</html>
```

将光标移到 single_chart.html 编辑窗口的任意位置，出现浏览器浮动窗口，如图 3-17 所示。

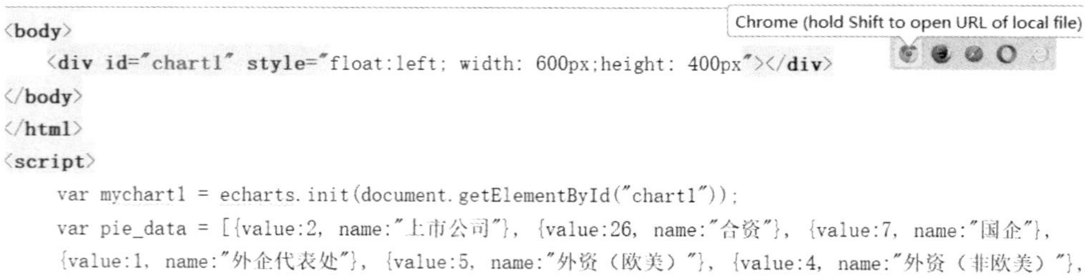

图 3-17　打开浏览器窗口

使用 Chrome 浏览器打开"single_chart.html"，可视化结果如图 3-2 所示。

---

single_chart.html 在浏览器上显示为空怎么办

这往往是由于 JavaScript 代码出现了错误，可以通过 Chrome 自带的"检查"功能找到出现问题的地方。比如，ECharts 初始化正确代码为：

```
var mychart1 = echarts.init(document.getElementById("chart1"));
```

在复制过程中，却错误写成：

```
var mychart1 = echarts.init(document.getElementById("chart"));
```

那么，在 Chrome 中运行 single_chart.html，看到的是一个空白页面。解决步骤如下。

（1）在空白页面中间单击鼠标右键，在弹出的快捷菜单中选择"检查"命令，如图 3-18 所示。

图 3-18 "检查"命令

（2）打开控制台查看错误（图 3-19 右上方标注的位置），可以看到 single_chart.html 出错的位置，如图 3-19 所示。

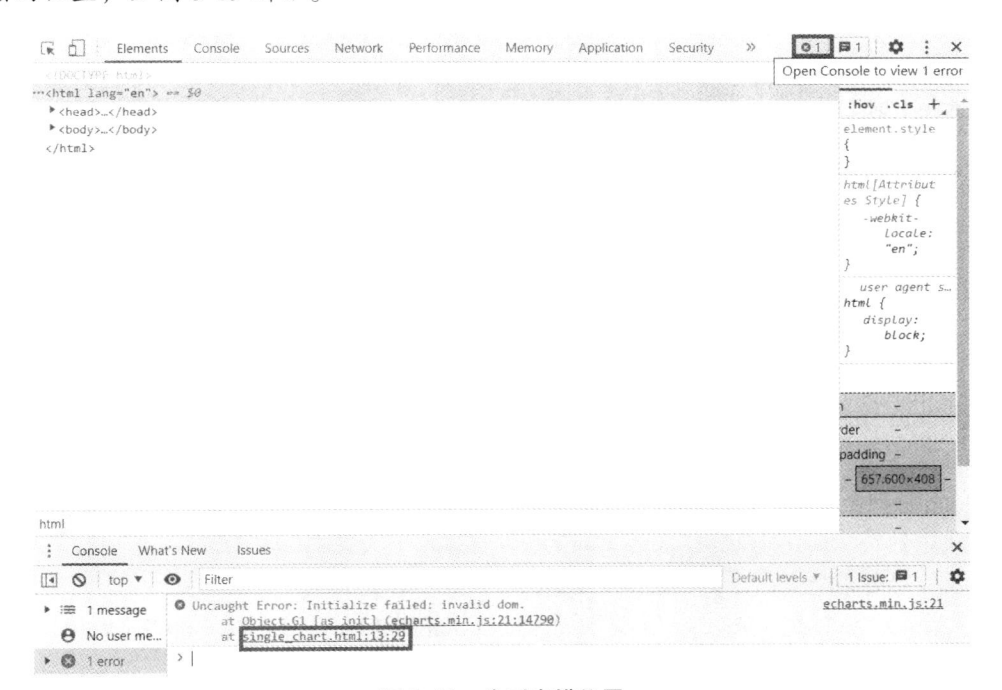

图 3-19 找到出错位置

（3）单击出错位置"single_chart.html:13:29"，转到 single_chart.html 源代码，反显出错的代码行，如图 3-20 所示。

图 3-20 反显出错的代码行

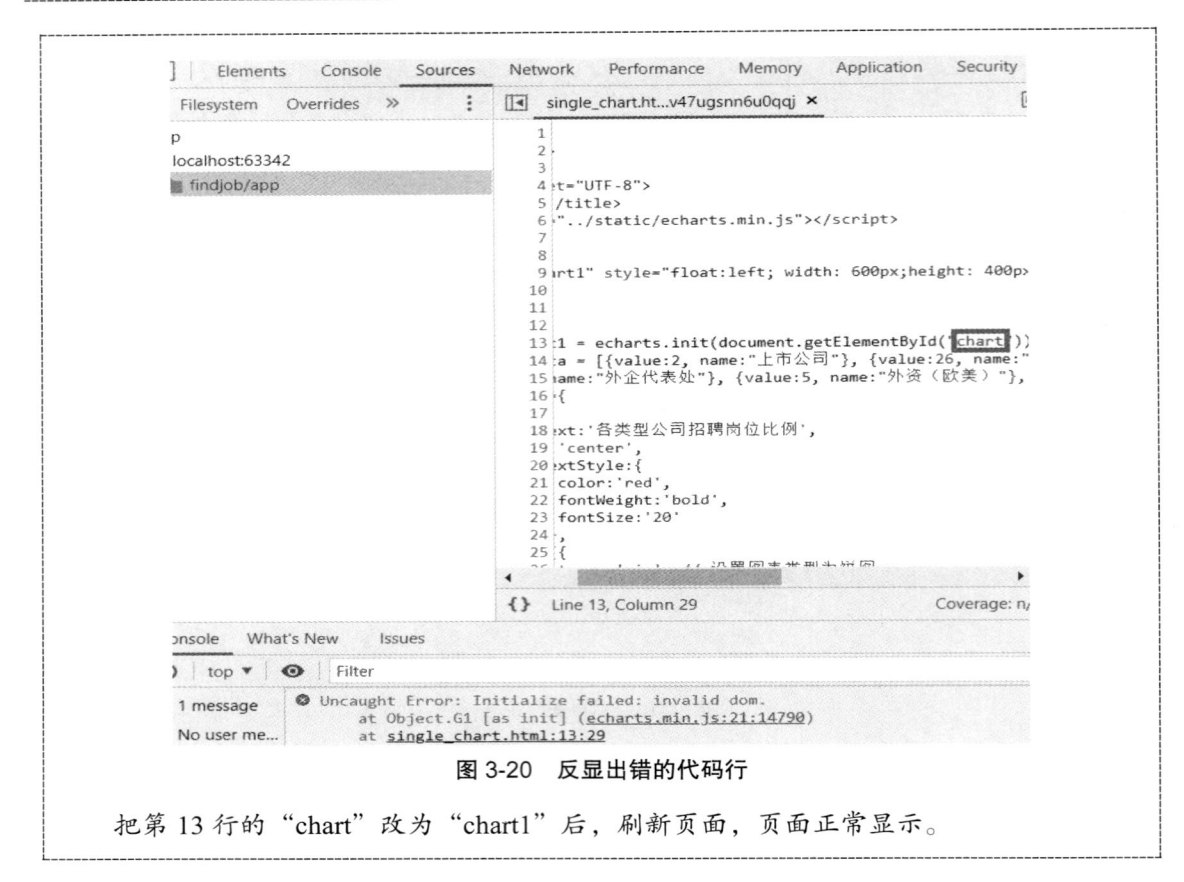

把第 13 行的 "chart" 改为 "chart1" 后，刷新页面，页面正常显示。

课后习题

一、选择题

1. Requests 是基于（　　）的 HTTP 库。
   A. HTTP　　　　　　B. HTTPS　　　　　　C. Scrapy　　　　　　D. urllib

2. 在 request.get(timeout = 0.5)中，timeout=0.5 表示（　　）。
   A. 客户端最大连接时间等于 0.5 秒
   B. 客户端最大连接时间等于 0.5 分
   C. 客户端最大连接时间等于 0.5 毫秒
   D. 客户端最大连接时间等于 0.5 小时

3. Requests 请求设置 User-Agent、cookie、referer 的原因是（　　）。
   A. 默认参数　　　　　　　　　　　　B. 个人习惯
   C. 服务器要求　　　　　　　　　　　D. 非空参数

4. 执行 splited_df = df["单位属性"].str.extract("(?P<单位类型>.+)\|(?P<规模>.+)")后，splited_df 最多包含（　　）列。
   A. 0　　　　　　　　B. 1　　　　　　　　C. 2　　　　　　　　D. 3

5. cypher_text = re.sub("\d+", "*", "电话：18994399783")中，"\d+" 代表（　　）。
   A. 0 到多个数字　　　　　　　　　　B. 1 到多个数字
   C. 0 到多个字母　　　　　　　　　　D. 1 到多个字母

二、填空题

下面是 news.html 的源代码，完成下面的程序填空。

```html
<!DOCTYPE html>
<html lang="en">
<head>
    <meta charset="UTF-8">
    <title>Title</title>
</head>
<body>
<a href="../">新闻中心</a>
<div>
    <span>当前位置：</span>
    <ul>
            <li><a data_url="./202207/t20220725_70838.shtml" title="2022年社区教育校长培训班顺利举办">
            2022年社区管理员培训班顺利举办<span>2022-07-25</span></a></li>
            <li><a data_url="./202207/t20220725_70837.shtml" title="我校与徽商银行苏州分行举行合作签约仪式">
            我校与徽商银行苏州分行举行合作签约仪式<span>2022-07-23</span></a></li>
            <li><a data_url="./202207/t20220725_70839.shtml" title="江苏大学来我校开展办学系统调研座谈会">
            江苏大学来我校开展办学系统调研座谈会<span>2022-07-23</span></a></li>
            <li><a data_url="./202207/t20220720_70826.shtml" title="市政府研究室赴我校专题调研天平智库">
            市政府研究室赴我校专题调研天平智库<span>2022-07-20</span></a></li>
            <li><a data_url="./202207/t20220720_70821.shtml" title="专家组来我校开展实验室安全现场检查">
            专家组来我校开展实验室安全现场检查<span>2022-07-19</span></a></li>
    </ul>
</div>
</body>
</html>
```

1. 技术人员想从 news.html 中爬取新闻信息并保存到 news_raw.csv，请完善代码。

```
#encoding=utf-8
import csv

from lxml import etree

# 数据采集
html = etree.parse('news.html', etree.HTMLParser(encoding="UTF-8"))
items = html.xpath(              )
for i, item in enumerate(items):
    print("------------第{}条新闻------------".format(i+1))
    data_url = item.xpath("_____")[0]
    print("新闻链接 = {}".format(data_url))
    title = item.xpath("_____")[0]
    print("新闻标题 = {}".format(title))
    pub_date = item.xpath("_____")[0]
    print("发布时间 = {}".format(pub_date))
    with open('news_raw.csv', 'a', newline="", encoding='utf-8') as f:
```

```
            csv_write = csv.writer(f)
            csv_write.writerow([data_url, title, pub_date])
```

2. 在上个习题生成的 news_raw.csv 中,"新闻链接"保存的是相对 URL 地址,技术人员想转到绝对地址(前面加 http://www.mynews.com 前缀),也想把"发布时间"的时间连接符"-"删除,最后保存到 post_clean.csv。请根据注释中的要求完善代码。

```
#encoding=utf-8
import pandas as pd

labels = ["新闻链接", "新闻标题", "发布时间"]
df = pd.read_csv('news_raw.csv', names=labels, encoding='utf-8')
print(df.head())

# 新闻链接中的"./"替换成"http://www.mynews.com/",注意"."是一个通配符,需要用"\."
  表示符号"."。
df["新闻链接"] = _____
print(df.head())

# 删除发布时间中的"-"
df["发布时间"] = _____
print(df.head())

df.to_csv("post_clean.csv", index=False)
```

三、应用题

选择一个招聘网站,爬取某城市的大数据岗位学历和薪资,用柱状图比较不同学历的平均最低工资。

能力拓展

组合图可视化招聘态势

任务目标

运用本章学习的技术,完成一个柱状图"各学历收入对比",然后把课堂完成的"各类型公司招聘岗位比例"饼图放到一个页面展示。结果如图 3-21 所示。

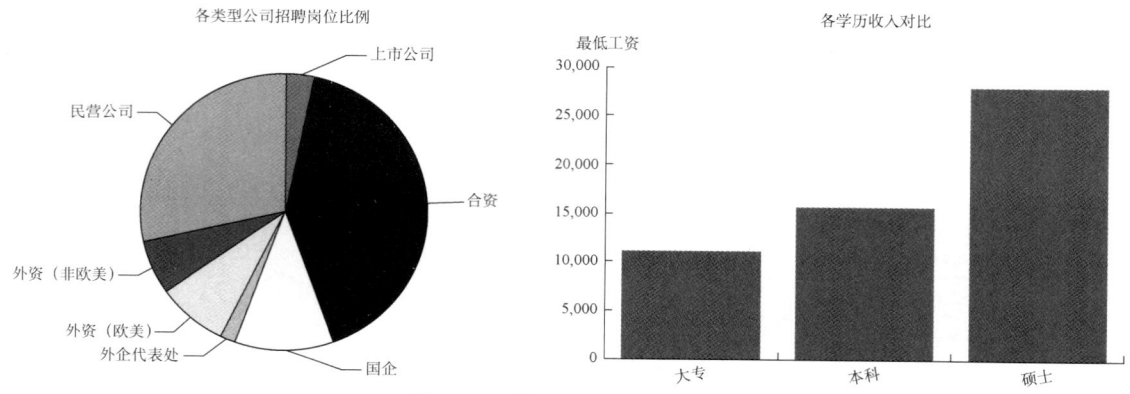

图 3-21 某地区招聘态势页面

任务分析

页面中显示有岗位的最低学历和最低工资，需要采集、清洗、分析数据，最后用柱状图可视化各学历（大专、本科、硕士）的平均最低工资。

任务实施

任务引导 1：通过 Chrome 开发者工具，从网站首页查找职位描述的 XPath 路径。

任务引导 2：通过 Chrome 开发者工具，从网站首页查找工资范围的 XPath 路径。

任务引导 3：删除"findjob_raw.csv"，完善"findjob_spider.py"，从页面爬取职位描述和工资范围。

```
# 职位描述,例：北京 | 3-4 年经验 |本科
// 待补充
if len(span_value) > 0:
    jobAttr = re.sub("\s+", "", span_value[0])
else:
    jobAttr = ""

# 工资范围, 例：1.5-2.5万/月
// 待补充
salary = span_value[0] if len(span_value) > 0 else ""

# 保存职位信息
with open('findjob_raw.csv','a', newline="", encoding='utf-8') as f:
    csv_write = csv.writer(f)
    csv_write.writerow([jobName, companyName, companyAttr, pubTime, jobAttr, salary])
```

查看"findjob_raw.csv"文件，内容如下：

```
嵌入式硬件工程师,上海大唐移动通信设备有限公司,国企|500-1000 人,06-14 发布,北京|3-4 年经验|本科,1.5-2.5万/月
模拟电路工程师,上海磐诺仪器有限公司,民营公司|150-500 人,06-14 发布,北京-昌平区|3-4 年经验|硕士,2-3.5万/月
电子工程师（仪器研发）,北京百晶生物技术有限公司,外资（非欧美）|少于 50 人,06-14 发布,北京-顺义区|3-4 年经验|本科,1-1.6万/月
--------------------------------------------------------------------------------
模拟 IC 设计工程师,北京芯动致远微电子技术有限公司,民营公司,06-14 发布,北京|1 年经验|硕士,2.5-5万/月
模拟电路资深设计工程师,辰芯半导体（深圳）有限公司,民营公司|少于 50 人,06-14 发布,北京-朝阳区|5-7 年经验|硕士,50-100万/年
FAE 现场应用工程师,北京维信诺光电技术有限公司,民营公司|50-150 人,06-14 发布,北京-海淀区|3-4 年经验|大专,0.9-1.5万/月
```

任务引导 4：完善"data_clean.py"，为 labels 添加"职位描述"和"工资范围"列。

```
labels = ["职位名称", "单位名称", "单位属性", "发布时间", "职位描述", "工资范围"]
```

任务引导 5：完善 data_clean.py，将"职位描述"字段裂变为"工作地点"列、"工作经验"列、"学历"列。

```
# 字段"职位描述"裂变成三列：工作地点，工作经验，学历。
pattern = "(?P<工作地点>.+)\|(?P<工作经验>.+)\|(?P<学历>.+)"
jobdesc_df = df["职位描述"].str.extract(pattern)
```

```
df["工作地点"] = jobdesc_df["工作地点"]
df["工作经验"] = jobdesc_df["工作经验"]
df["学历"] = jobdesc_df["学历"]
# 删除 df 的"职位描述"列
// 待补充
print(df.head())
```

运行结果如下:

```
        职位名称              单位名称         发布时间  ...  工作地点    工作经验   学历
0   嵌入式硬件工程师    上海大唐移动通信设备有限公司    06-14  ...   北京     3-4年经验  本科
1    模拟电路工程师     上海磐诺仪器有限公司      06-14  ...  北京-昌平区  3-4年经验  硕士
2  电子工程师（仪器研发）   北京百晶生物技术有限公司    06-14  ...  北京-顺义区 3-4年经验  本科
3   高级硬件工程师    罗特尼克能源科技（北京）有限公司 06-14  ...  北京-大兴区  5-7年经验  硕士
4 高级电气应用（调试）工程师  北京煜能电气有限公司      06-14  ...  北京-顺义区 3-4年经验  本科
```

任务引导 6：完善 data_clean.py，建立"最低工资"列、"最高工资"列、"单位"列。

```
# 字段"工资"裂变成三列：最低工资（数字），最高工资，单位。
// 待补充
salary_df = df["工资范围"].str.extract(pattern)
print(salary_df.head())
```

运行结果如下:

```
   最低工资  最高工资   单位
0   1.5   2.5   万/月
1   2     3.5   万/月
2   1     1.6   万/月
3   25    45    万/年
4   0.8   1     万/月
```

任务引导 7：完善 data_clean.py，建立"最低工资"列和"单位"列。

```
# 去除工资中的单位
def extract_salary(x):
    salary = ""
    if x["单位"] == "万/月":
        salary = int(eval(x["最低工资"]) * 10000)
    elif x["单位"] == "万/年":
        // 待补充
    elif x["单位"] == "千/月":
        // 待补充
    return salary

# 把 extract_salary 应用到 salary_df 的每一行，在 df 上增加"最低工资"列。
df["最低工资"] = salary_df.apply(extract_salary, axis=1)
# 删除 df 的"工资范围"列
// 待补充
```

```
print(df[["最低工资"]].head())
```

运行结果：

```
   最低工资
0  15000
1  20000
2  10000
3  20833
4   8000
```

任务引导 8：完善 data_analysis.py，按照学历统计招聘职位数量。

```
# 按要求学历统计招聘发布量
stats_stats = // 待补充
print(stats_stats)
```

运行结果如下：

```
   学历    最低工资
0  大专   11089.25
1  本科   15652.75
2  硕士   27976.00
```

任务引导 9：新建 HTML File "composite_chart.html"，引用上面产生的不同学历职位数，完善 composite_chart.html，设计"各学历收入对比"柱状图，如图 3-22 所示。

```html
<!DOCTYPE html>
<html lang="en">
<head>
    <meta charset="UTF-8">
    <title>复合图</title>
    <script src="../static/echarts.min.js"></script>
</head>
<body>
    <div id="chart2" style="float:left; width: 600px;height: 400px"></div>
    <script>
    var mychart2 = echarts.init(document.getElementById("chart2"));
    xdata = // 待补充
    ydata = // 待补充
    var option={
                title:{
                    text:'各学历收入对比',
                    x:'center',
                    textStyle:{
                        color:'red',
                        fontWeight:'bold',
                        fontSize:'20'
                    }
                },
                tooltip:{
                    trigger:'item'
                },
                xAxis:[{type:'category',data:xdata,name:'',
```

```
axisLabel:{interval:0, rotate:10}}],
                    yAxis:{type:'value',name:'最低工资'},
                    series:[{type:'bar',name: xdata, data:ydata}]
                };
        mychart2.setOption(option);
    </script>
</body>
</html>
```

图 3-22　各学历收入对比

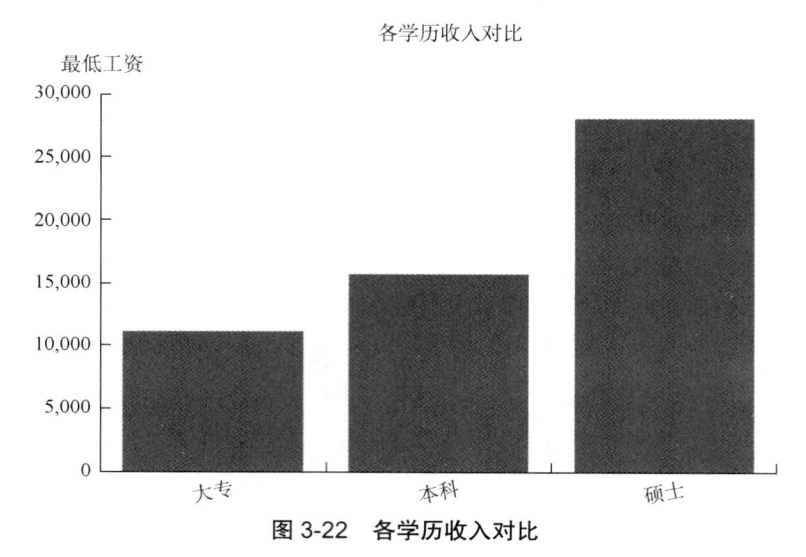

运行结果如下：

```
<!DOCTYPE html>
<html lang="en">
<head>
    <meta charset="UTF-8">
    <title>复合图</title>
    <script src="../static/echarts.min.js"></script>
</head>
<body>
    // 待补充
    // 待补充
    <script>
    var mychart1 = echarts.init(document.getElementById("chart1"));
    // 待补充

    echarts.init(document.getElementById("chart2"));
    // 待补充
    </script>
</body>
</html>
```

任务引导 10：完善 composite_chart.html，把"各学历收入对比"柱状图和"各类型公司招聘岗位比例"饼图放在一个页面，效果如图 3-21 所示。

本篇小结

入门篇是爬虫程序员学习的开始阶段。第 1 章从环境安装开始，介绍每个依赖软件的安装过程，图形化演示安装界面，让读者能够独立创建项目开发环境。第 2 章以爬取购物网站为例，介绍 Scrapy 爬虫框架的创建过程，演示开发 Scrapy 爬虫的详细步骤，穿插学习定义页面元素的 XPath 路径，结合代码阐述数据清洗和数据分析的实施过程，并且根据项目要求指导读者设计 ECharts 图表。第 3 章用 Requests 包爬取招聘网站，介绍 Requests 技术实现访问 Web 服务器和数据采集的工作过程，讲解数据清洗和分析代码，指导读者设计 ECharts 图表可视化爬取内容。第 2 章和第 3 章根据项目用到的知识技术，也安排了课后练习和能力拓展环节，进一步引导读者掌握爬虫技能，加深理解爬虫相关知识，达到独立完成网络爬虫项目的学习目标。

第二篇　网络爬虫进阶篇

第 4 章　汽车 Scrapy+MTC 实战

Scrapy 是适用于 Python 的一个快速 Web 抓取框架，用于抓取 Web 站点并从页面中提取结构化的数据。本章结合汽车网站爬虫项目，介绍网站首页，分析列表页面的网页结构，描述项目达成的目标；分析完成项目的主要步骤并分解项目到任务，挑选任务实现所采用的技术；介绍 Scrapy 相关技术，详细阐述每步操作的命令或代码，最后实现饼图可视化爬虫数据。另外，本章也提供了课后习题强化学生技能，并在本项目基础上，提供能力拓展环节，引导学生学习复合图的设计和实现。

技能要求

（1）掌握 Scrapy 爬虫框架用法。
（2）掌握 XPath 的用法。
（3）掌握读取 CSV 文件到 DataFrame 对象的方法。
（4）掌握 DataFrame 列裂变的方法。
（5）掌握 DataFrame 文字替换的方法。
（6）掌握 DataFrame 列数据类型转换的方法。
（7）掌握保存 DataFrame 对象到 CSV 文件的方法。
（8）掌握在数据库中新建数据表的方法。
（9）掌握读取 CSV 文件到 MySQL 数据表的方法。
（10）掌握 MySQL 查询数据表的方法。
（11）了解 ECharts 柱状图的绘制方法。

学习导览

本任务学习导览如图 4-1 所示。

图 4-1 学习导览图

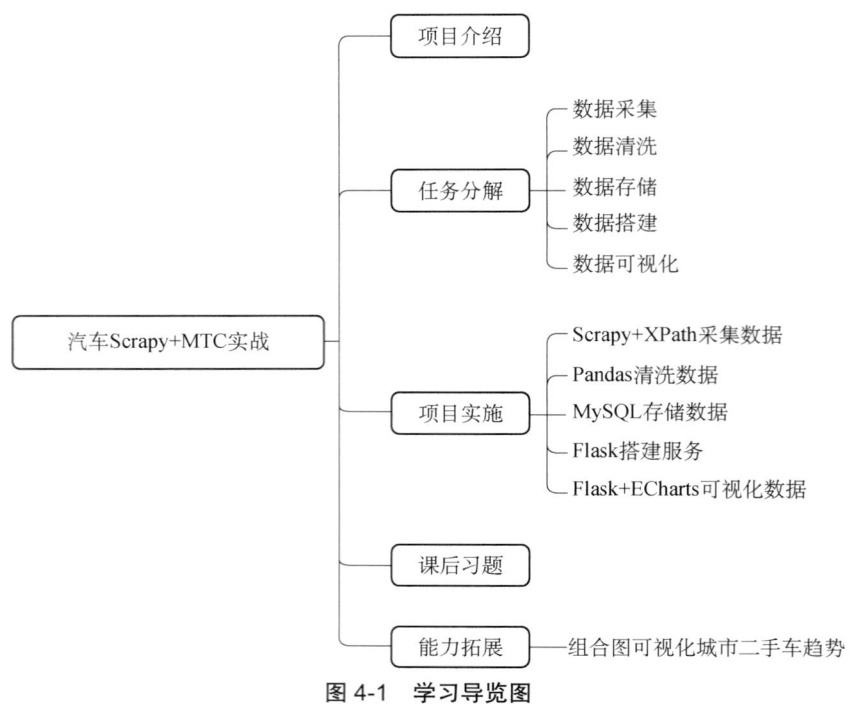

微课：汽车 Scrapy+MTC 实战-项目介绍

4.1 项目介绍

爬取某二手车网站上成都、上海、广州的信息，统计不同城市的二手车均价，统计结果以柱状图显示，效果如图 4-2 所示。

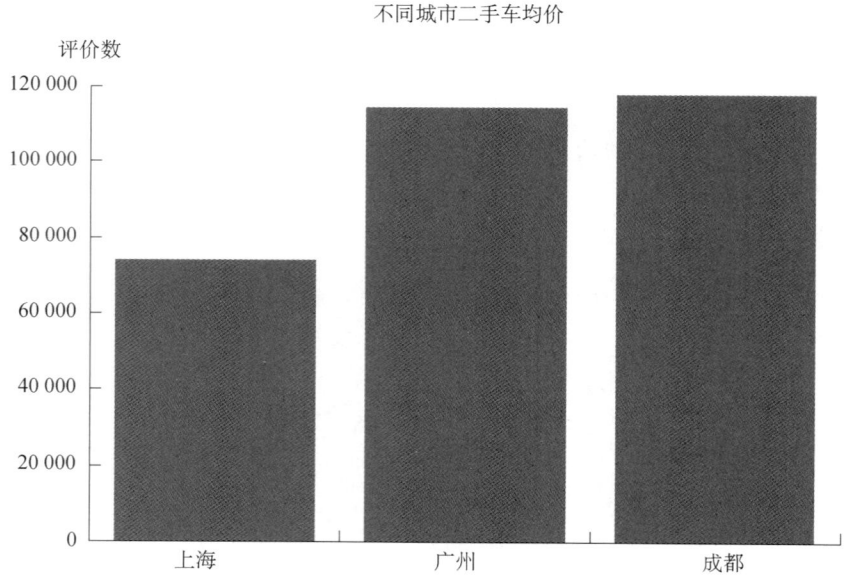

图 4-2 不同城市二手车均价柱状图

4.2 任务分解

与第 2 章类似，本章从采集网站数据开始，经过清洗和分析，最后以柱状图展示，项目可分解成以下 5 个任务：数据采集、数据清洗、数据存储、服务搭建、数据可视化。

1. 数据采集

结合目标网站分析数据的来源，找到目标字段和页面的对应关系，结果如表 4-1 所示。

表 4-1 目标字段表

字段	字段类型	数据来源	例子
车辆名称	string	列表页面	大众朗逸 2021 款 280TSI 双离合 豪华版
上牌时间	string	列表页面	2021 年
行驶里程	int	列表页面	0.20 万公里
销售城市	string	列表页面	上海
销售价格	int	列表页面	11

本任务可采用 Scrapy 技术，爬取列表页面，通过 XPath 定位需要字段后，保存到 CSV 文件。

2. 数据清洗

"车辆名称"中包含了车辆品牌，可以从中提取出车辆品牌，便于后续分析。根据"上牌时间"可以计算出车龄，"行驶里程"字段中的数据也需要去单位，再转换为数值型数据。

3. 数据存储

在 MySQL 中创建数据表，设置相应的字段，将净化后的数据导入 MySQL，通过查询语句查看导入的情况。

4. 服务搭建

本任务提供数据服务给页面层。

5. 数据可视化

如图 4-2 所示，采用 ECharts 设计实现"不同城市二手车均价"柱状图。

4.3 项目实施

4.3.1 任务 1：Scrapy+XPath 采集数据

步骤 1：转到 Tomcat 安装目录下的 bin 目录，运行"startup.bat"后，打开 Chrome，访问 http://www.mysite.com:50001/findcar/chengdu.html，打开成都地区二手车网页信息，如图 4-3 所示。如网页正常显示则表示 Tomcat 运行正常。

还可以通过 http://www.mysite.com:50001/findcar/guangzhou.html 和 http://www.mysite.com:50001/findcar/shanghai.html，访问广州和上海二手车网页信息，如图 4-4 和图 4-5 所示。

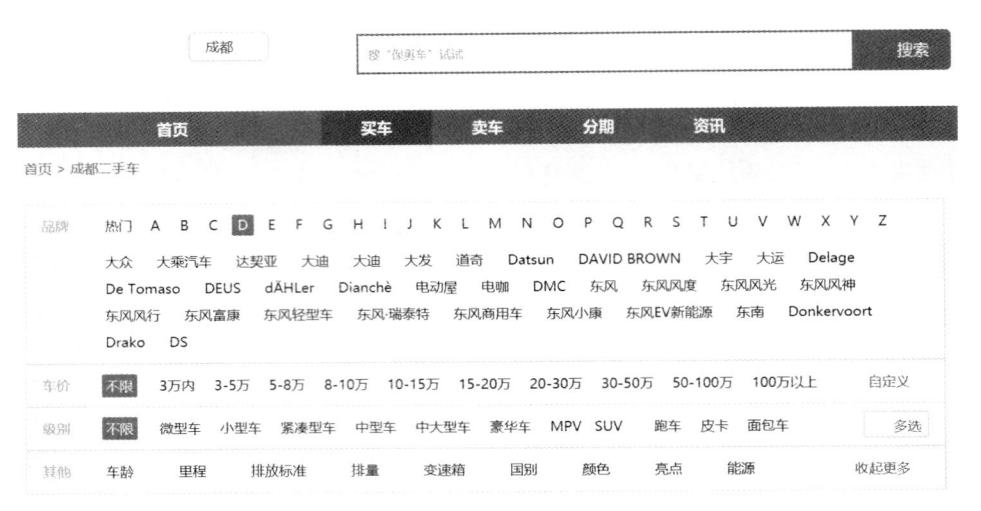

图 4-3　成都二手车信息网页

图 4-4　广州二手车信息网页

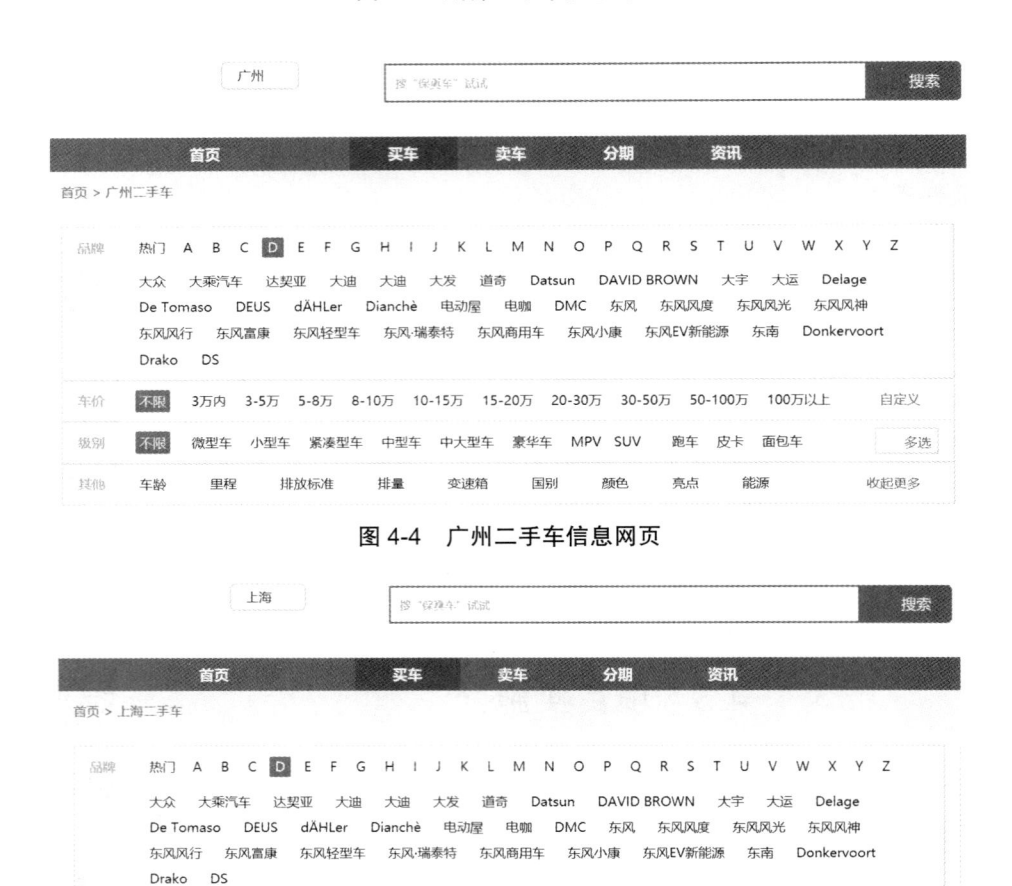

图 4-5　上海二手车信息网页

步骤2：打开网站首页，在页面任意位置单击鼠标右键，在弹出的快捷菜单中选择"检查"命令，打开"Network"选项卡，查看 HTTP 请求和返回内容，单击"Clear"按钮，清除缓存，如图 4-6 所示。

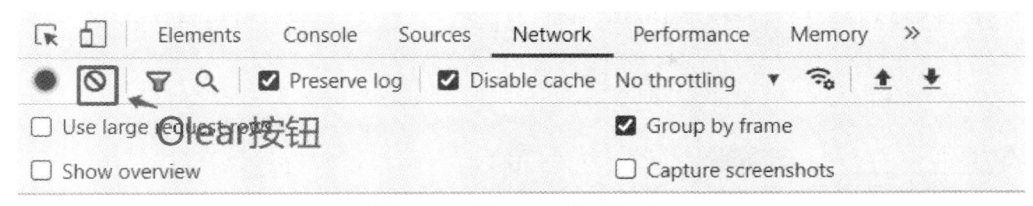

图 4-6 "Network"选项卡

按 Ctrl+R 组合键重新加载页面，再切换到"Doc"选项卡，如图 4-7 所示。

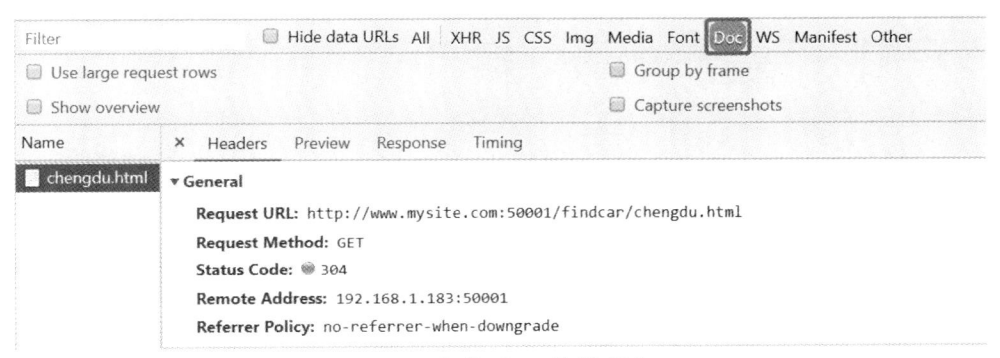

图 4-7 切换"Doc"选项卡

选择"chengdu.html"选项，查看 Request Headers，保存 User-Agent 的属性值，如图 4-8 所示。

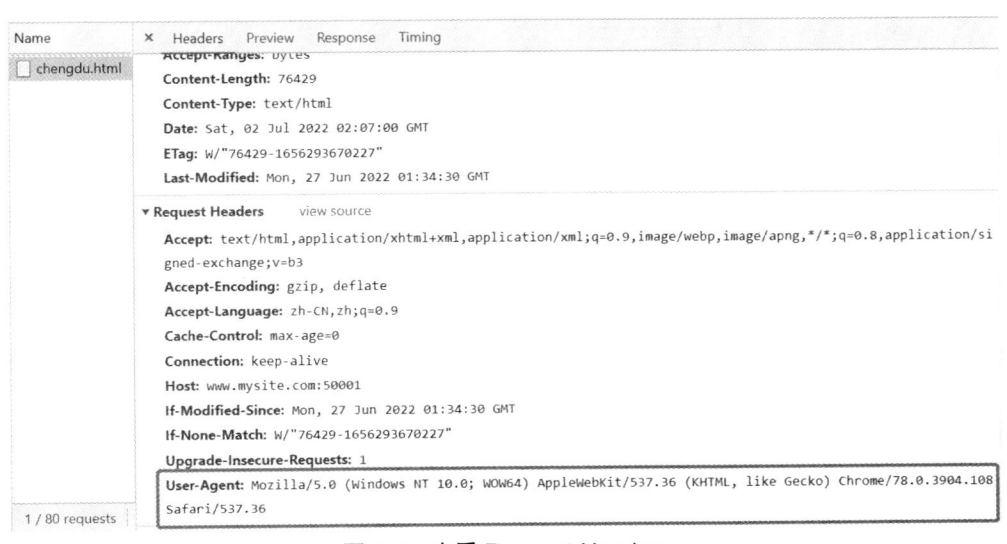

图 4-8 查看 Request Headers

步骤 3：打开网站首页（http://www.mysite.com:50001/findcar/chengdu.html），然后在页面空白区域单击鼠标右键，在弹出的快捷菜单中选择"检查"命令，在右边"Elements"选项卡查找 div 元素，对照左边窗口的显示，找到各个二手车信息 div 对应的页面元素，如图 4-9

所示。

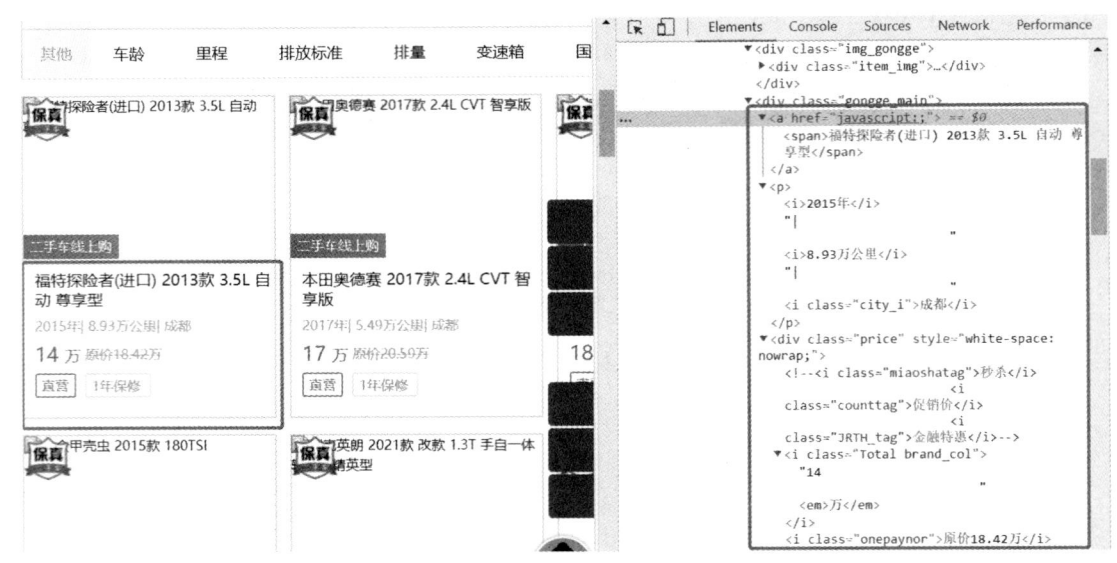

图 4-9 确定采集字段

步骤 4：将光标停留在网页中车辆名称等字段信息，然后单击鼠标右键，在弹出的快捷菜单中选择"检查"命令，查找各个对应字段的 XPath 路径，如图 4-10 所示。

图 4-10 确定采集字段对应标签位置

从图 4-10 中可以看出，从 XPath 路径"div[@class="gongge_main"]"开始，"车辆名称"字段对应的 XPath 相对路径为"/a/span/text()"。类似地，确定"上牌时间""行驶里程""销售城市""销售价格"字段的 XPath 路径。

步骤 5：打开"Anaconda Prompt"，用下面的命令转到 PyCharm 项目主目录。

```
> cd c:\PycharmProjects
```

步骤 6：用下面的命令创建 Scrapy 空项目"findcar"。

```
> scrapy startproject findcar
```

步骤 7：转到 findcar 子目录。

```
> cd c:\PycharmProjects\findcar
```

步骤 8：执行下面命令创建爬虫。其中，car_spider 是爬虫名称，mysite.com 是网站域名。

```
> scrapy genspider car_spider "www.mysite.com"
```

步骤 9：用 PyCharm 打开项目，展开目录"findcar"，项目结构如图 4-11 所示。

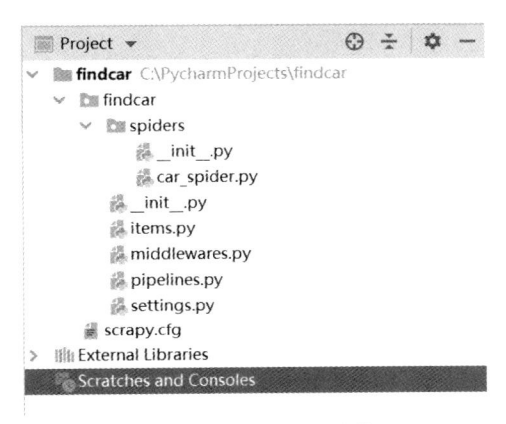

图 4-11　展开项目结构

步骤 10：在项目根目录下创建 startpoint.py 文件，如图 4-12 所示，代码如下：

```
from scrapy import cmdline
cmdline.execute('scrapy crawl car_spider'.split(' '))
```

图 4-12　创建 startpoint.py 文件并运行

运行 startpoint.py，PyCharm 控制台输出如下结果：

```
 2022-08-09 11:43:37 [scrapy.utils.log] INFO: Scrapy 2.6.1 started (bot:
findcar)
 2022-08-09 11:43:37 [scrapy.utils.log] INFO: Versions: lxml 4.3.4.0, libxml2
```

```
2.9.9, cssselect 1.1.0, parsel 1.6.0, w3lib 1.22.0, Twisted 22.4.0, Python 3.7.3
(default, Apr 24 2019, 15:29:51) [MSC v.1915 64 bit (AMD64)], pyOpenSSL 19.0.0
(OpenSSL 1.1.1c  28 May 2019), cryptography 2.7, Platform Windows-10-10.0.19041-
SP0
    2022-08-09 11:43:37 [scrapy.crawler] INFO: Overridden settings:
--------------------------------------------------------------------------------
    'robotstxt/request_count': 1,
    'scheduler/dequeued': 3,
    'scheduler/dequeued/memory': 3,
    'scheduler/enqueued': 3,
    'scheduler/enqueued/memory': 3,
    'start_time': datetime.datetime(2022, 8, 9, 3, 43, 38, 870554)}
    2022-08-09 11:43:51 [scrapy.core.engine] INFO: Spider closed (finished)
```

步骤 11：修改 "findcar/items.py"，为 FindcarItem 类添加车辆名称、上牌时间、行驶里程、销售城市、销售价格，如图 4-13 所示。

```
import scrapy
class FindcarItem (scrapy.Item):
    name = scrapy.Field()           #车辆名称
    year = scrapy.Field()           #上牌时间
    distance = scrapy.Field()       #行驶里程
    price = scrapy.Field()          #销售城市
city = scrapy.Field()               #销售价格
```

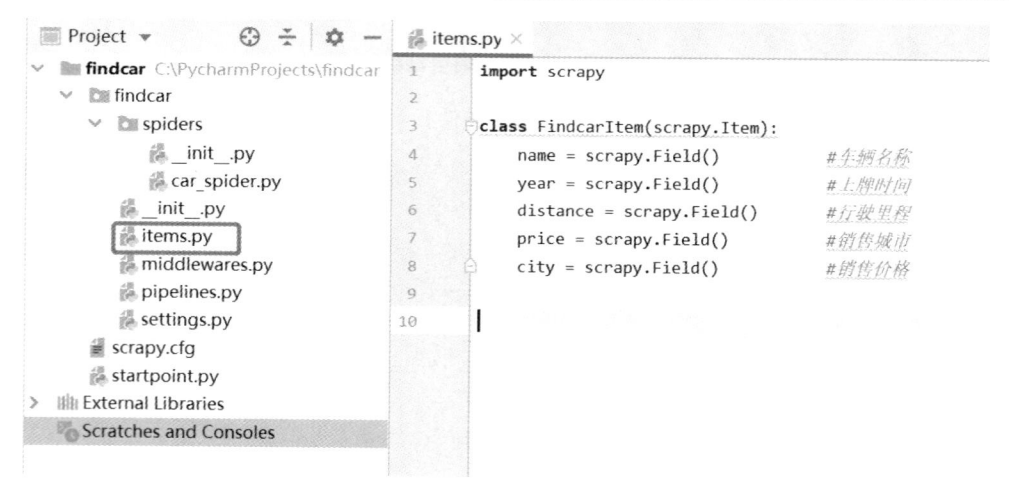

图 4-13　修改 items.py 文件

步骤 12：修改 "findcar/pipelines.py"，在 FindcarPipeline 类中实现 process_item 方法。

```
import csv
with open('./data.csv', mode='a', encoding='utf-8', newline='') as f:
    writer = csv.writer(f)
    writer.writerow(['车辆名称','上牌时间','行驶里程','销售城市','销售价格'])

class FindcarPipeline:
    def process_item(self, item, spider):
        with open('./data.csv', mode='a', encoding='utf-8', newline='') as f:
            writer = csv.writer(f)
```

```
writer.writerow([item["name"],item["year"],item["distance"],item["city"],
    item["price"]])
```

步骤 13：在 findcar/settings.py 中，反注释 ITEM_PIPELINES，启用 findcar.pipelines，如图 4-14 所示。

```
ITEM_PIPELINES = {
    'carcrawl.pipelines.CarcrawlPipeline': 300,
}
```

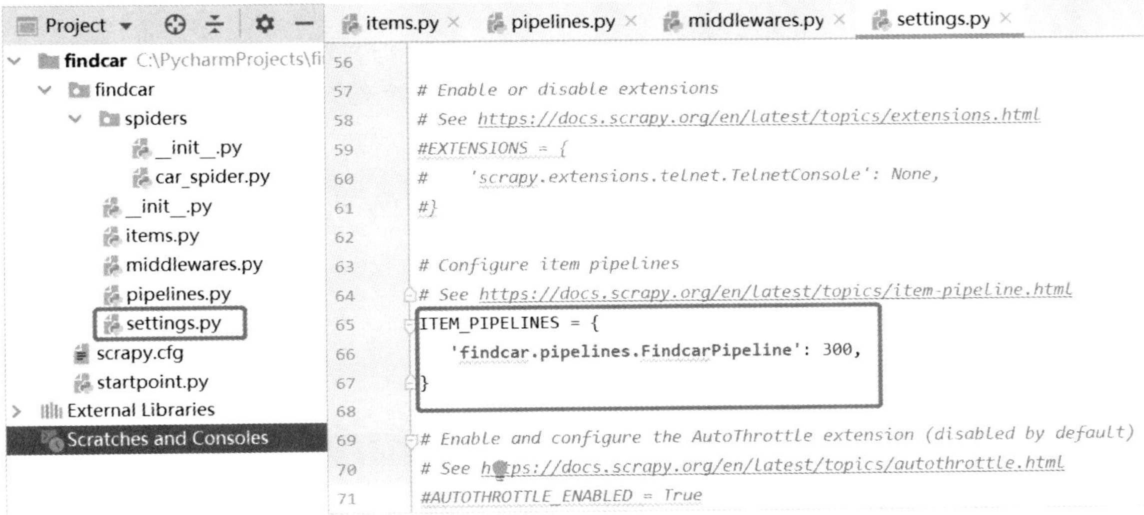

图 4-14 修改 setting.py 文件

步骤 14：在 findcar/settings.py 中，继续反注释 DEFAULT_REQUEST_HEADERS 部分，设置 User-Agent。cookie 和 referer 为空，不需要设置。

```
DEFAULT_REQUEST_HEADERS = {
    'Accept': 'Mozilla/5.0 (Windows NT 10.0; WOW64) AppleWebKit/537.36 (KHTML,
like Gecko) Chrome/78.0.3904.108 Safari/537.36',
    'Accept-Language': 'en',
}
```

步骤 15：修改 findcar/car_spider.py，爬取数据。

```
import scrapy
from findcar.items import FindcarItem
item = FindcarItem()

class CarSpiderSpider(scrapy.Spider):
    name = 'car_spider'
    allowed_domains = ['www.mysite.com']
    start_urls =
['http://www.mysite.com:50001/findcar/chengdu.html','http://www.mysite.com:5000
1/findcar/shanghai.html','http://www.mysite.com:50001/findcar/guangzhou.html']

    def parse(self, response):
        car_info_list = response.xpath('//div[@class="gongge_main"]')
```

```python
for car in car_info_list:
    name = car.xpath('./a/span/text()').extract()
    year = car.xpath('./p/i[1]/text()').extract()
    distance = car.xpath('./p/i[2]/text()').extract()
    city = car.xpath('./p/i[3]/text()').extract()
    price = car.xpath('./div[1]/i/text()').extract()

    item['name'] = name[0]
    item['year'] = year[0]
    item['distance'] = distance[0]
    item['city'] = city[0]
    item['price'] = price[0].strip()
    yield item
```

运行 startpoint.py 文件，在项目根目录中多了一个 CSV 文件，如图 4-15 所示。

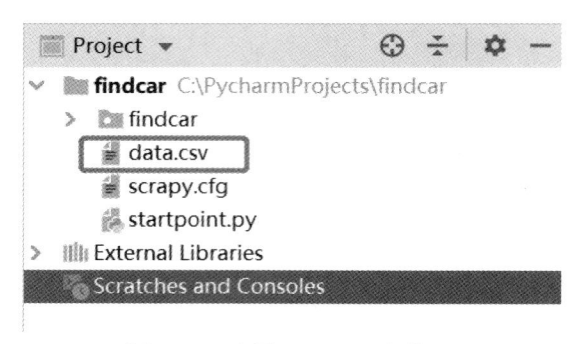

图 4-15　查看 data.csv 文件

4.3.2　任务 2：Pandas 清洗数据

步骤 1：在项目根目录下依次选择"New"→"Python File"，创建 data_clean.py。读取 data.csv 文件到 DataFrame 对象。利用 read_csv() 读取数据，进行数据清洗。

```python
import pandas as pd
pd.set_option('display.width',None)          #不限制显示的宽度
pd.set_option('display.unicode.east_asian_width', True)   #设置数据对齐
df = pd.read_csv('data.csv',encoding='utf-8')
print(df.head())
```

运行 data_clean.py，PyCharm 控制台输出如下结果：

```
     车辆名称                                    上牌时间   行驶里程    销售城市  销售价格
0    大众朗逸 2021 款 280TSI 双离合 豪华版              2021年   0.20万公里   上海    11
1    福特探险者(进口) 2013 款 3.5L 自动 尊享型           2015年   8.93万公里   成都    14
2    起亚智跑 2018 款 2.0L 手自一体 两驱 智享豪华版        2020年   5.39万公里   广州     9
3    林肯冒险家 2020 款 2.0T 两驱 尊享版               2020年   0.98万公里   上海    23
```

4	大众途昂 2020 款 380TSI 四驱 豪华版 国 VI	2020 年	2.50 万公里	上海 27

> **pd.set_option()有什么用**
>
> 通过 Pandas 的使用，可以交互式地展示与分析表格（DataFrame）。而表格的格式就显得尤为重要了，因为大部分时候如果直接展示表格，格式并不是很友好。利用 pd.set_option() 就可以修改 Pandas，比如默认情况下，Pandas 是不能超出屏幕的显示范围的，一旦表的行数很多，就会截断中间的行只显示一部分，此时可以通过设置 display.max_rows 来控制显示的最大行数。

步骤 2：从车辆名称中提取车辆品牌。车辆名称中包含了车辆品牌，通过 str.split()函数可以提取字符串中的信息。

```
df['车辆品牌'] = df['车辆名称'].str.split(" ",expand=True)[0]
print(df.head())
```

运行"data_clean.py"，PyCharm 控制台输出如下结果：

```
    车辆名称                              上牌时间    行驶里程   销售城市  销售价格  车辆品牌
0  大众朗逸 2021 款 280TSI 双离合 豪华版         2021 年  0.20 万公里  上海    11    大
众朗逸
1  福特探险者(进口) 2013 款 3.5L 自动 尊享型       2015 年  8.93 万公里  成都    14    福
特探险者(进口)
2  起亚智跑 2018 款 2.0L 手自一体 两驱 智享豪华版   2020 年  5.39 万公里  广州    9     起
亚智跑
3  林肯冒险家 2020 款 2.0T 两驱 尊享版          2020 年  0.98 万公里  上海    23    林
肯冒险家
4  大众途昂 2020 款 380TSI 四驱 豪华版 国 VI 2020 年  2.50 万公里  上海    27
大众途昂
```

步骤 3：根据上牌时间计算车龄。

```
from datetime import datetime
now = datetime.now()
year = now.year
df['上牌时间'] = df['上牌时间'].str.replace("年","")
df['上牌时间'] = df['上牌时间'].astype("int")
df['车龄'] = year - df['上牌时间']
print(df.head())
```

运行"data_clean.py"，PyCharm 控制台输出如下结果：

```
    车辆名称                              上牌时间  行驶里程   销售城市 销售价格 车辆品牌   车龄
0  大众朗逸 2021 款 280TSI 双离合 豪华版         2021  0.20 万公里 上海    11    大众朗
逸     1
1  福特探险者(进口) 2013 款 3.5L 自动 尊享型       2015  8.93 万公里 成都    14  福特探
险者(进口)  7
2  起亚智跑 2018 款 2.0L 手自一体 两驱 智享豪华版   2020  5.39 万公里 广州    9   起亚智跑
2
3  林肯冒险家 2020 款 2.0T 两驱 尊享版          2020  0.98 万公里 上海    23   林肯冒
险家     2
```

| | 4 | 大众途昂 2020 款 380TSI 四驱 豪华版 国 VI | 2020 年 | 2.50 万公里 | 上海 | 27 | 大众途昂 2 |

Pandas 的常用字符串函数

在 Pandas 中，通过 DataFrame 来存储文件中的内容，其中最常见的数据类型就是字符串。针对字符串，Pandas 提供了一系列的函数，以提高操作效率。这些函数可以方便地对某一列字符串类型的数据进行操作，Pandas 中字符串处理函数以 str 开头，常见的 str 函数如表 4-2 所示。

表 4-2　常见 str 函数

str 函数	功能
str.lower	将字符串全部变成小写
str.upper	将字符串全部变成大写
str.split	将字符串按照某个分隔符进行拆分
str.replace	对字符串进行替换

步骤 4：将行驶里程的单位去掉，再转换为数值型数据。

```
def change(x):
    if "万公里" in x:
        x = x.replace("万公里","")
        x = float(x)*10000
        x = int(x)
    else:
        x = x.replace("百公里内","0")
        x = int(x)
    return x
df['行驶里程'] = df['行驶里程'].apply(change)
pd.set_option('display.max_rows',None)
print(df.head())
```

运行"data_clean.py"，PyCharm 控制台输出如下结果：

	车辆名称	上牌时间	行驶里程	销售城市	销售价格	车辆品牌	车龄
0	大众朗逸 2021 款 280TSI 双离合 豪华版	2021 年	2000	上海	11	大众朗逸	1
1	福特探险者(进口) 2013 款 3.5L 自动 尊享型	2015 年	89300	成都	14	福特探险者(进口)	7
2	起亚智跑 2018 款 2.0L 手自一体 两驱 智享豪华版	2020 年	53900	广州	9	起亚智跑	2
3	林肯冒险家 2020 款 2.0T 两驱 尊享版	2020 年	9800	上海	23	林肯冒险家	2
4	大众途昂 2020 款 380TSI 四驱 豪华版 国 VI	2020 年	25000	上海	27	大众途昂	2

步骤 5：删除多余字段，调整字段排列顺序。

```
df = df.drop(axis = 1,labels=['车辆名称','上牌时间'])
df = df[['销售城市','车辆品牌','车龄','行驶里程','销售价格']]
print(df.head())
```

运行 data_clean.py，PyCharm 控制台输出如下结果：

```
  销售城市        车辆品牌    车龄    行驶里程    销售价格
0   上海         大众朗逸     1      2000      11
1   成都      福特探险者(进口)  7     89300     14
2   广州         起亚智跑     2     53900      9
3   上海         林肯冒险家    2      9800     23
4   上海         大众途昂     2     25000     27
```

步骤 6：保存清洗数据，将清洗后的数据保存到 data_clean.csv 文件。

```
df.to_csv("data_clean.csv",header=False, index=True)
```

运行 "data_clean.py"，在项目中可以找到一个新文件 "data_clean.py"，如图 4-16 所示。

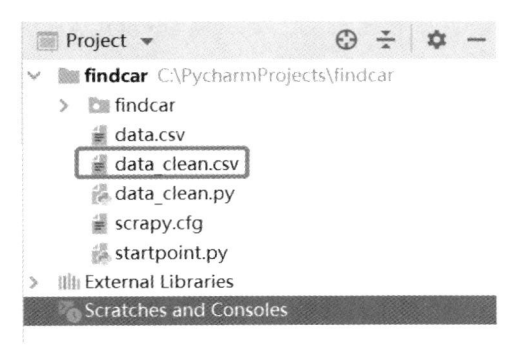

图 4-16　查看 data_clean.csv 文件

4.3.3　任务 3：MySQL 存储数据

下面要转到 MySQL Command Line Client，把净化后的数据导入 MySQL。

步骤 1：创建数据库 cardb，如图 4-17 所示。

```
drop database if exists cardb;
create database cardb;
```

图 4-17　创建数据库

步骤 2：创建表 carinfo，如图 4-18 所示。

```
use cardb;
drop table if exists carinfo;
create table carinfo (id int,city varchar(200),\
                car_brand varchar(200), car_year int,car_distance int,\
                car_price int,primary key(id))\
                charset= utf8;
```

```
mysql> use cardb;
Database changed
mysql> drop table if exists carinfo;
Query OK, 0 rows affected, 1 warning (0.01 sec)

mysql> create table carinfo (id int,city varchar(200), \
    -> car_brand varchar(200), car_year int,car_distance int,\
    -> car_price int,primary key(id))\
    -> charset= utf8;
Query OK, 0 rows affected (0.03 sec)
```

图 4-18　创建数据表

MySQL 常用命令

MySQL 是一个关系型数据库管理系统，由瑞典 MySQL AB 公司开发，属于 Oracle 旗下产品。MySQL 是最流行的关系型数据库管理系统之一，MySQL 所使用的 SQL 语言是用于访问数据库的最常用标准化语言。MySQL 常用命令，如表 4-3 所示。

表 4-3　MySQL 常用命令

MySQL 常用命令	功能
show databases;	显示所有数据库
use dbname;	打开数据库
create database name;	创建数据库
use databasename;	进入数据库
drop database name;	直接删除数据库
show tables;	显示表
drop table table_name;	删除表
select * from table_name;	查询表的所有数据

步骤 3：在 PyCharm 中选择"data_clean.csv"选项，单击鼠标右键，在弹出的快捷菜单中选择"Copy Path"命令，复制文件的绝对路径（Absolute Path），如图 4-19 所示。

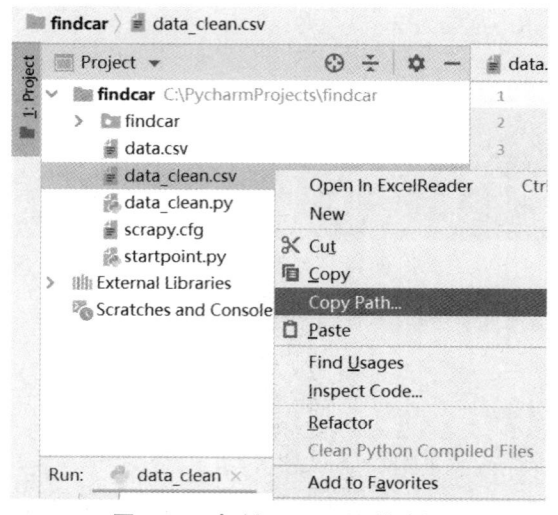

图 4-19　复制 Python 文件路径

步骤 4：将 data_clean.csv 文件导入 carinfo 表中，如图 4-20 所示。这里要将"data_clean.csv"绝对路径中的"\"换成"\\"，因为"\"在 MySQL 中是转义符。

```
load data local infile "C:\\PycharmProjects\\findcar\\data_clean.csv" \
into table carinfo \
character set utf8 fields terminated by ',' optionally enclosed by '"' \
lines terminated by '\r\n' ignore 1 lines \
(id,city,car_brand,car_year,car_distance,car_price);
```

图 4-20　导入 Python 文件数据

步骤 5：执行 select 语句，检查前 5 条记录，如图 4-21 所示。

```
select * from carinfo limit 5;
```

图 4-21　查询数据表前 5 行数据

4.3.4　任务 4：Flask 搭建服务

Flask 是一个微型的利用 Python 开发的 Web 框架，基于 Werkzeug WSGI 工具箱和 Jinja2 模板引擎。下面采用 Flask 搭建 MTC 应用，M 代表 Model（模型）、T 代表模板 Template（模板）、C 代表 Controller（控制器）。

（微课：汽车 Scrapy+MTC 实战-Flask 搭建服务）

步骤 1：在项目根目录下依次选择"New"→"Python Package"，创建 app 包。

步骤 2：在 app 包下依次选择"New"→"Python Package"，创建 views 包。

步骤 3：在 app 目录下依次选择"New"→"Directory"，创建目录 static，然后把 echarts.min.js 复制到 app/static 目录下。

步骤 4：在 app 包下依次选择"New"→"Python File"，创建"extensions.py"，定义 db 变量和 config_extensions 方法。

```
from flask_sqlalchemy import SQLAlchemy
db = SQLAlchemy()
def config_extensions(app):
    db.init_app(app)
```

步骤 5：在 app/views 包下依次选择"New"→"Python File"，创建"main.py"，定义 blueprint

变量。

```
from flask import Blueprint
blueprint = Blueprint("main", __name__)
```

步骤 6：完善 app/views/__init__.py，定义 DEFAULT_BLUEPRINT 变量。

```
from app.views.main import blueprint
DEFAULT_BLUEPRINT = (
    (blueprint, "")
)
```

步骤 7：完善 app/__init__.py，定义 Config 类、config_blueprint 方法、create_app 方法。

```
from flask import Flask
from app.extensions import config_extensions
from app.views import blueprint
class Config:
    SQLALCHEMY_COMMIT_ON_TEARDOWN = True
    SQLALCHEMY_TRACK_MODIFICATIONS = False
    SQLALCHEMY_DATABASE_URI = "mysql+pymysql://root:123456@127.0.0.1:3306/cardb?charset=utf8"

def config_blueprint(app):
    app.register_blueprint(blueprint, url_prefix="")

def create_app(config):
    app = Flask(__name__)
    app.config.from_object(config)
    config_extensions(app)
    config_blueprint(app)

    return app
```

检查用户名、密码和端口，确认输入值和安装 MySQL 时的一致。

步骤 8：在 app 包下依次选择 "New" → "Python File"，创建 manager.py。

```
from flask_script import Manager, Server
from app import create_app, Config

if __name__ == '__main__':
    app = create_app(Config)
    manager = Manager(app)
    manager.add_command('runserver', Server(host='127.0.0.1', use_debugger=True, use_reloader=True))
    manager.run()
```

利用鼠标右键单击 manager.py，在弹出的快捷菜单中选择 "Run Manager" 命令，运行程序，PyCharm 控制台输出如下结果：

```
usage: manager.py [-?] {runserver,shell} ...

positional arguments:
  {runserver,shell}
    runserver        Runs the Flask development server i.e. app.run()
```

```
    shell          Runs a Python shell inside Flask application context.

optional arguments:
 -?, --help         show this help message and exit
```

依次选择"Run"→"Edit Configurations"选项，如图 4-22 所示。

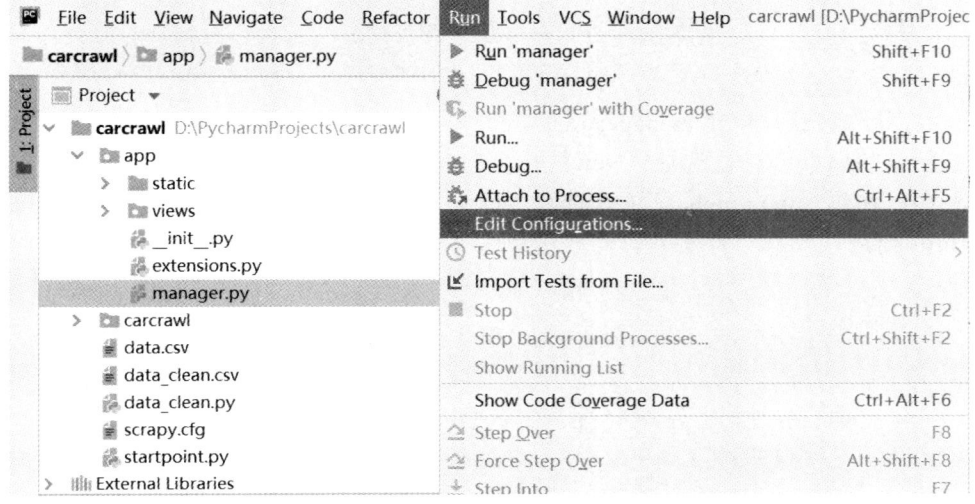

图 4-22　编辑 manager.py 文件

在打开的"Run/Debug Configuration"窗口中，"Name"框中选中"manager"，在"Parameters"框中，输入"runserver"，如图 4-23 所示。

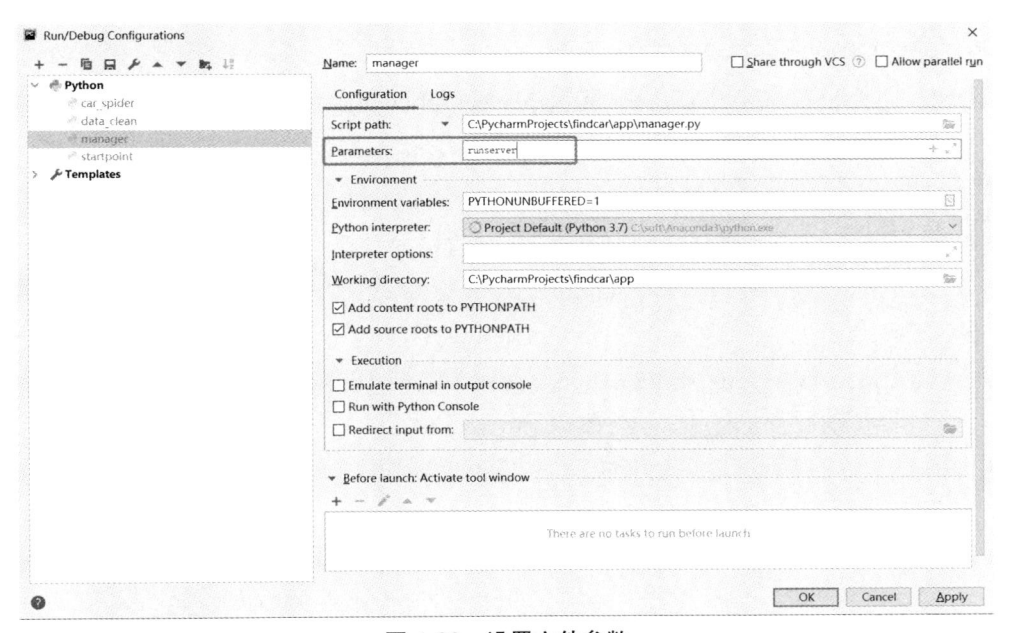

图 4-23　设置文件参数

再次鼠标右键单击"manager.py"，在弹出的快捷菜单中选择"Run Manager"命令，运行程序。PyCharm 控制台输出如下结果，则表示 Flask 配置成功。

```
 * Serving Flask app "app" (lazy loading)
 * Environment: production
   WARNING: This is a development server. Do not use it in a production
deployment.
   Use a production WSGI server instead.
 * Debug mode: on
 * Restarting with stat
 * Debugger is active!
 * Debugger PIN: 263-346-767
 * Running on http://127.0.0.1:5000/ (Press CTRL+C to quit)
```

单击"停止"按钮，停止 manager 运行。

步骤9：在 app 包下依次选择"New"→"Python Package"，创建包"models"。

步骤10：在包 app/models 下依次选择"New"→"Python File"，创建"entities.py"，定义 Carinfo 类。

```
from app.extensions import db

class Carinfo(db.Model):
    __tablename__ = 'carinfo'
    id = db.Column(db.String(20), primary_key=True)
    city = db.Column(db.String(200))
    car_brand = db.Column(db.String(20))
    car_year = db.Column(db.Integer)
    car_distance = db.Column(db.Integer)
    car_price = db.Column(db.Integer)
```

步骤11：完善 app/models/__init__.py，开放 Carinfo 类。

```
from .entities import Carinfo
```

步骤12：完善 app/views/main.py，定义 get_car_price_by_city 和 def api_city_price 方法。

```
from flask import Blueprint, jsonify, render_template
from sqlalchemy import func, or_
from app.extensions import db
from app.models import Carinfo

blueprint = Blueprint("main", __name__)

def get_car_price_by_city():
    rows = db.session.query(Carinfo.city, func.avg(Carinfo.car_price))\
        .group_by(Carinfo.city).all()
    x = []
    y = []
    for row in rows:
        x.append(row[0])
        y.append((int)(row[1]))

    return x, y

@blueprint.route("/api/city_price")
def api_city_price():
    x, y = get_car_price_by_city()
    return jsonify([x, y])
```

步骤13：运行"app/manager.py"，打开 Chrome 浏览器，访问 http://127.0.0.1:5000/api/city_price，从服务器返回 3 个不同城市销售价格数据的列表，表示 Flask 连接数据库正常，如图 4-24 所示。

```
[
    [
        "\u4e0a\u6d77",
        "\u5e7f\u5dde",
        "\u6210\u90fd"
    ],
    [
        73913,
        114680,
        118085
    ]
]
```

图 4-24　在浏览器查看统计结果

Flask 框架

　　Flask 是一个使用 Python 编写的轻量级 Web 应用框架，较同类型的其他框架更为灵活、轻便。Flask 可以很好地结合 MTC 模式进行开发，开发人员分工合作，在短时间内就可以完成功能丰富的中小型网站或 Web 服务的实现。此外，Flask 还有很强的定制性，用户可以根据自己的需求添加相应的功能，实现功能的丰富与扩展，其强大的插件库可以让用户开发出功能强大的网站。

　　Flask 主要包括 Werkzeug 和 Jinja2 两个核心函数库，它们分别负责业务处理和安全方面的功能，这些基础函数为 Web 项目开发过程提供了丰富的基础组件。Werkzeug 库十分强大，功能比较完善，支持 URL 路由请求集成，一次可以响应多个用户的访问请求。Jinja2 库支持自动 HTML 转移功能，能够很好地控制外部黑客的脚本攻击。系统运行速度很快，页面加载过程会将源码进行编译形成 Python 字节码，从而实现模板的高效运行。

　　Flask 的基本模式为在程序里将一个视图函数分配给一个 URL，每当用户访问这个 URL 时，系统就会执行给该 URL 分配好的视图函数，获取函数的返回值并将其显示到浏览器上，其工作过程如图 4-25 所示。

```
Client  --Request-->  WSGI       --Call-->   Application
        <--Response-- Werkzeug   <--Return--
```

图 4-25　Flask 框架工作过程

　　IT 运维的基本点为安全、稳定、高效，运维自动化的目的就是提高运维效率，Flask 开发快捷的特点正好符合运维的高效性需求。在项目迭代开发的过程中，所需要实现的运维功能以及扩展会逐渐增多，针对这一特点更需要使用易扩展的 Flask 框架。另外，由于每个公司对运维的需求不同，所要实现的功能也必须有针对性地来设计，Flask 可以很好地完成这个任务。

4.3.5 任务 5：Flask+ECharts 可视化数据

有了 Flask 提供的数据，采用 ECharts 框架的柱状图对比不同城市的二手车均价。

步骤 1：完善 app/views/main.py，定义 get_car_price_by_city 方法。

```python
from flask import Blueprint, jsonify, render_template
from sqlalchemy import func, or_

from app.extensions import db
from app.models import Carinfo

blueprint = Blueprint("main", __name__)

def get_car_price_by_city():
    rows = db.session.query(Carinfo.city, func.avg(Carinfo.car_price))\
        .group_by(Carinfo.city).all()
    x = []
    y = []
    for row in rows:
        x.append(row[0])
        y.append((int)(row[1]))

    return x, y

@blueprint.route("/city_price")
def city_price ():
    x, y = get_car_price_by_city()
    return render_template('single_chart.html',x_data = x, y_data = y)
```

步骤 2：在 app 包下依次选择"New"→"Directory"，创建 templates 目录。

步骤 3：在 templates 目录下打开"New HTML File"，创建"single_chart.html"，如图 4-26 所示。

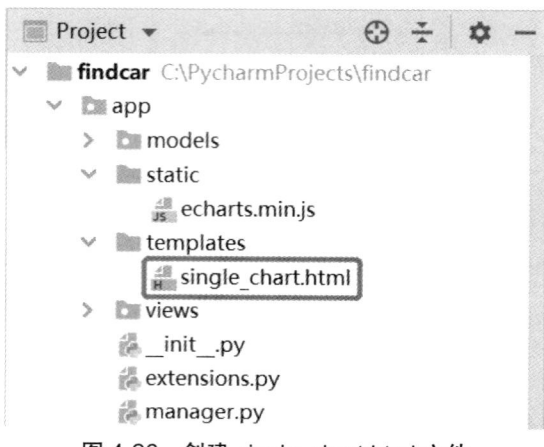

图 4-26 创建 single_chart.html 文件

步骤4：修改 single_chart.html 的代码。

```
<!DOCTYPE html>
<html lang="en">
<head>
    <meta charset="UTF-8">
    <title>单图</title>
</head>
<body>

</body>
</html>
```

步骤5：在 single_chart.html 中引入依赖的 JS 文件。

```
<!DOCTYPE html>
<html lang="en">
<head>
    <meta charset="UTF-8">
    <title>单图</title>
    <script src="../static/echarts.min.js"></script>
</head>
<body>

</body>
</html>
```

步骤6：完善 single_chart.html，定义 div 元素和编写 JS 代码。JS 代码中引用数据分析产生的数据，实例化 ECharts 图表对象，然后传给 div 元素显示。

```
<!DOCTYPE html>
<html lang="en">
<head>
    <meta charset="UTF-8">
    <title>单图</title>
    <script src="../static/echarts.min.js"></script>
</head>
<body>
    <div id="chart1" style="float:left; width: 600px;height: 400px"></div>
</body>
</html>
<script>
    var mychart1 = echarts.init(document.getElementById("chart1"));
    var xdata =[{%for i in x_data%} "{{i}}", {%endfor%}];
    var ydata =[{%for i in y_data%} "{{i}}", {%endfor%}];
    var option={
                title:{
                    text:'不同城市二手车均价',
                    x:'center',
                    textStyle:{
                        color:'red',
                        fontWeight:'bold',
                        fontSize:'20'
```

```
                    }
                },
                tooltip:{
                    trigger:'axis'
                },
                xAxis:[{type:'category',data:xdata,name:'',
axisLabel:{interval:0, rotate:10}}],
                yAxis:{type:'value',name:'评价数'},
                series:[{type:'bar',name: xdata, data:ydata}]
            };
        mychart1.setOption(option);
  </script>
```

步骤 7：打开 Chrome 浏览器，访问 http://127.0.0.1:5000/city_price，可视化结果如图 4-27 所示。

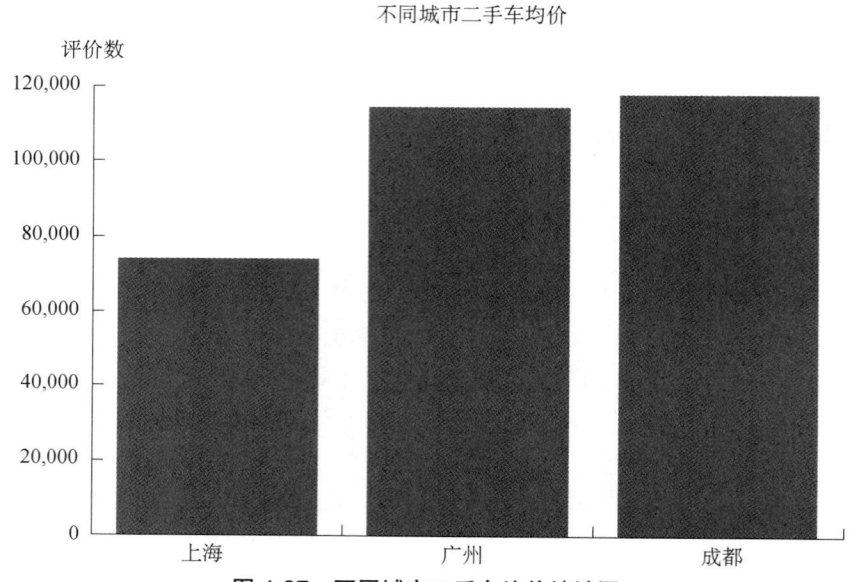

图 4-27　不同城市二手车均价统计图

课后习题

一、选择题

1. 在 Anaconda Prompt 中，要转到某个目录，如 C 盘的"myprojects"，可以使用（　　）。
   A. Anaconda c:\myprojects　　　　B. cd c:\myprojects
   C. python c:\myprojects　　　　　D. cmd c:\myprojects

2. 在 Anaconda Prompt 中新建一个 Scrapy 爬虫项目"car"，可以使用（　　）。
   A. scrapy car　　　　　　　　　　B. startproject car
   C. scrapy startproject car　　　　D. startproject scrapy car

3. 在 Scrapy 的 spider 文件中，设置爬虫的初始 URL，一般使用（　　）。
   A. name　　　　　　　　　　　　B. allowed_domains
   C. start_urls　　　　　　　　　　D. response

4. 在 XPath 中，要找到属性值等于 go 的 div 标签，可以使用（　　　）。
A. div[@class="go"]　　　　　　　　B. div[@class!="go"]
C. div[@class=="go"]　　　　　　　 D. div[class="go"]

5. 在 DataFrame 中，选取数据 df 的前 3 行，可以使用（　　　）。
A. df.top(3)　　　　　　　　　　　 B. df.head(3)
C. df.limit(3)　　　　　　　　　　　D. df(3)

6. 去掉 DataFrame 中的某一列中的字符"年"，可以使用（　　　）。
A. str.replace("","年")　　　　　　　B. str.replace("年",)
C. str.replace("年"="")　　　　　　　D. str.replace("年","")

7. 在 MySQL 中，查询数据表 car 的前 10 行，可以使用（　　　）。
A. select * from car limit 10;　　　　B. select car from * limit 10;
C. select * limit 10 from car;　　　　D. select car limit 10 from *;

8. 在利用 ECharts 绘制柱状图时，textStyle 的参数 fontSize 用于控制（　　　）。
A. 文字的颜色　　　　　　　　　　 B. 文字的大小
C. 文字的字形　　　　　　　　　　 D. 文字的间隔

二、填空题

下面是 car.json，完成程序填空。

```
[
    {
        "title": "特斯拉-Model Y 2001 款 后轮驱动版",
        "pic": "./image/1.jpg",
        "basic": "2001 年/0.92 万公里/郑州",
        "price": "28.58/8.57"
    },
    {
        "title": "奥迪-奥迪 A7L 2019 款 30 周年年型 70 TFSI 进取型",
        "pic": "./image/2.jpg",
        "basic": "2019 年/2.49 万公里/郑州",
        "price": "18.18/5.45"
    },
    {
        "title": "沃尔沃-沃尔沃 XC20 2018 款 T1 四驱智逸版",
        "pic": "./image/3.jpg",
        "basic": "2018 年/44.29 万公里/郑州",
        "price": "22.00/6.60"
    },
    {
        "title": "宝马-宝马 1 系新能源 2000 款 里程升级版 130Le 豪华套装",
        "pic": "./image/4.jpg",
        "basic": "2000 年/7.01 万公里/郑州",
        "price": "33.98/10.19"
    },
    {
        "title": "理想汽车-理想 ONE 2020 款 增程 2 座版",
        "pic": "./image/5.jpg",
        "basic": "2021 年/4.88 万公里/郑州",
        "price": "32.98/9.89"
```

```
        }
]
```

网页截图如图 4-28 所示。

图 4-28 网页截图

技术人员想爬取 car.json 中的生产时间、行驶里程、城市、价格、车辆名称等信息，请完善代码。

```
#encoding=utf-8
import json
import re

with open("car.json", encoding="utf-8") as f:
    result = json.load(f)
for info in result:
basic = info['basic']
year = re.split(_____)[0]      # 生产时间
distance = re.split(_____)[1]# 行驶里程
city = re.split(_____)[2]       # 城市
price = info['price']
price = _____        #价格
title = _____            #车辆名称
print("生产时间：{}，行驶里程：{}，城市：{}，价格：{}，车辆名称：{}"
        .format(year, distance, city, price, title))
```

三、应用题

选择一个二手车网站，爬取不同地区二手车的数据，用柱状图显示不同地区二手车价格。

能力拓展

组合图可视化城市二手车趋势

任务目标

运用本章学习的技术，完成两个柱状图"不同城市二手车平均车龄"和"不同城市二手车

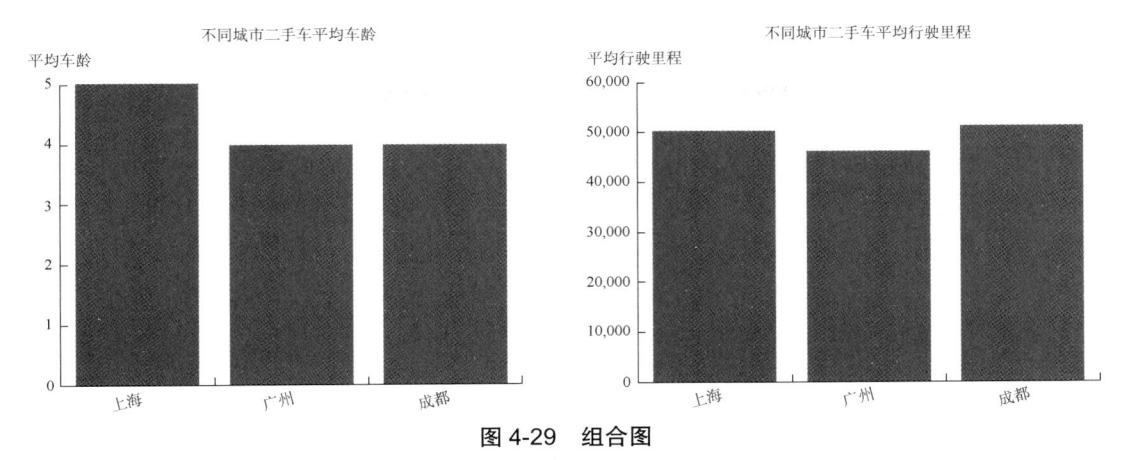

平均行驶里程",将两个图放在一个页面显示。结果如图4-29所示。

图4-29 组合图

任务分析

在app/views/main.py文件中,修改统计函数,利用分组方法计算不同城市二手车平均车龄和不同城市二手车平均行驶里程,最后用复合图的方式绘制两张图。

任务实施

任务引导1:在templates目录下打开"New HTML File",创建"composite_chart.html",如图4-30所示。

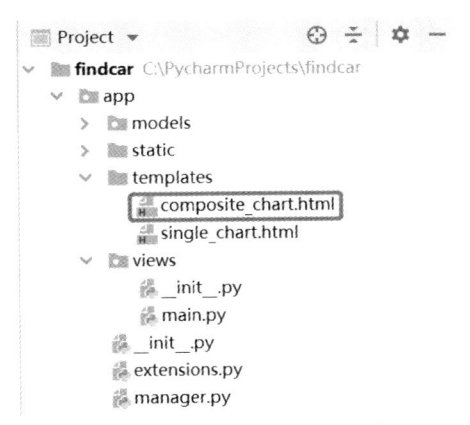

图4-30 templates目录结构

任务引导2:在app/views/main.py中,添加代码。定义get_car_year_distance_by_city方法,用来计算不同城市二手车平均车龄和不同城市二手车平均行驶里程。

```
def get_car_year_distance_by_city():
    #不同城市二手车平均车龄,结果存放在rows1中
    rows1 =   // 待补充
    #不同城市二手车平均行驶里程,结果存放在rows2中
    rows2 =   // 待补充
    x1 = []
    y1 = []
    for row in rows1:
        x1.append(row[0])
        y1.append((int)(row[1]))
```

```
        x2 = []
        y2 = []
        for row in rows2:
            x2.append(row[0])
            y2.append((int)(row[1]))
        return x1,y1,x2,y2

    @blueprint.route("/city_year_distance")
    def city_price ():
        x1, y1,x2,y2 = get_car_year_distance_by_city()
        return  render_template('composite_chart.html',x1_data = x1, y1_data = y1,x2_data = x2, y2_data = y2)
```

任务引导 3：修改 app/templates/composite_chart.html 代码。

```
<!DOCTYPE html>
<html lang="en">
<head>
    <meta charset="UTF-8">
    <title>复合图</title>
    <script src="../static/echarts.min.js"></script>
</head>
<body>
    <div id="chart1" style="float:left; width: 600px;height: 400px"></div>
    <div id="chart2" style="float:left; width: 600px;height: 400px"></div>
<script>
    var mychart1 = echarts.init(document.getElementById("chart1"));
    // 待补充
    mychart1.setOption(option);
    var mychart2 = echarts.init(document.getElementById("chart2"));
// 待补充
    mychart2.setOption(option);
</script>
</body>
</html>
```

任务引导 4：打开 Chrome 浏览器，访问 http://127.0.0.1:5000/city_year_distance。绘制的两张图如图 4-31、图 4-32 所示。

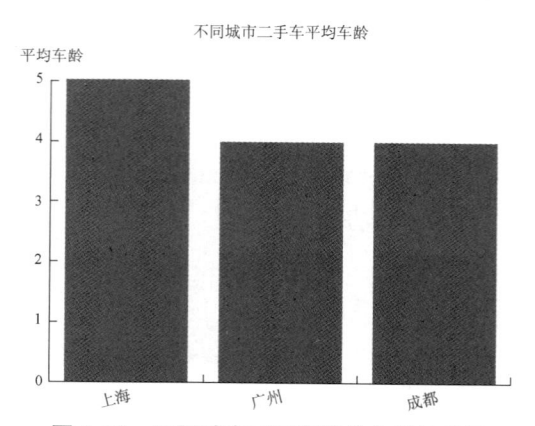

图 4-31　不同城市二手车平均车龄柱状图

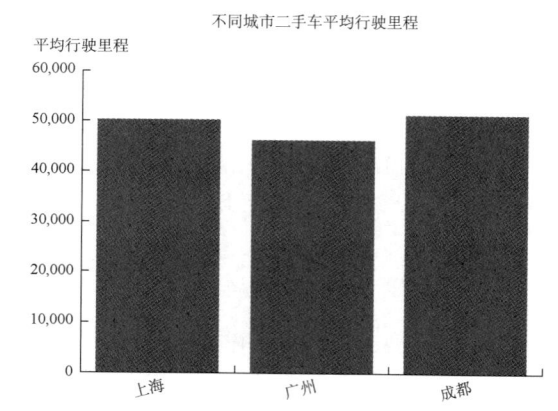

图 4-32　不同城市二手车平均行驶里程柱状图

第 5 章　旅游 Requests+MTC 实战

Requests 是一个非常优秀的爬虫工具，操作简单，扩展方便，是比较流行的爬虫框架。本章结合旅游网站爬虫项目，首先介绍网站首页，分析如何通过网页找到 JSON 数据以及如何通过 JSON 数据爬取需要的字段；然后，分析完成项目的主要步骤，并分解项目到任务，挑选任务实现所采用的技术；接着介绍相关技术，详细阐述每步操作的命令或代码，最后实现柱状图可视化爬虫数据。另外，也提供了课后习题强化学生技能，并在本项目基础上，提供能力拓展环节，引导学生学习复合图的设计和实现。

技能要求

（1）掌握 Requests 爬虫用法。
（2）掌握 JSON 数据爬取方法。
（3）掌握读取 CSV 文件到 DataFrame 对象的方法。
（4）掌握 DataFrame 列裂变的方法。
（5）掌握 DataFrame 文字替换的方法。
（6）掌握 DataFrame 列数据类型转换的方法。
（7）掌握保存 DataFrame 对象到 CSV 文件的方法。
（8）掌握在数据库中新建数据表的方法。
（9）掌握读取 CSV 文件到 MySQL 数据表的方法。
（10）掌握 MySQL 查询数据表的方法。
（11）了解 ECharts 柱状图。

学习导览

本任务学习导览如图 5-1 所示。

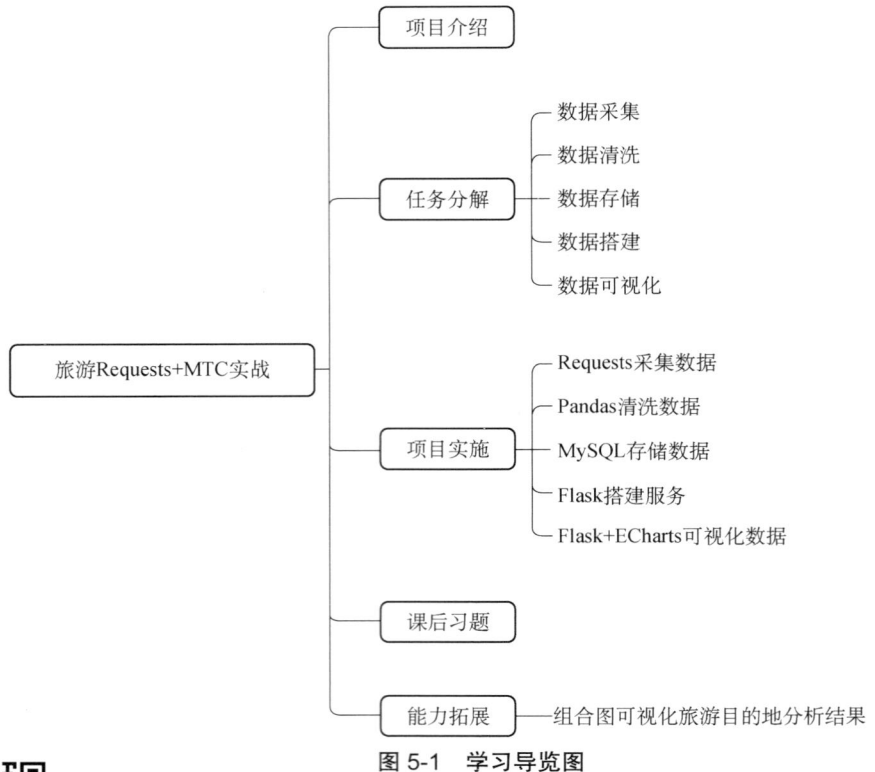

```
                           ┌─ 项目介绍
                           │
                           │              ┌─ 数据采集
                           │              ├─ 数据清洗
                           ├─ 任务分解 ───┼─ 数据存储
                           │              ├─ 数据搭建
                           │              └─ 数据可视化
                           │
    旅游Requests+MTC实战 ──┤              ┌─ Requests采集数据
                           │              ├─ Pandas清洗数据
                           ├─ 项目实施 ───┼─ MySQL存储数据
                           │              ├─ Flask搭建服务
                           │              └─ Flask+ECharts可视化数据
                           │
                           ├─ 课后习题
                           │
                           └─ 能力拓展 ─── 组合图可视化旅游目的地分析结果
```

图 5-1　学习导览图

5.1　项目介绍

爬取某旅游网站从哈尔滨出发的旅游线路，统计不同旅游类型平均购买人数，统计结果以柱状图显示，效果如图 5-2 所示。

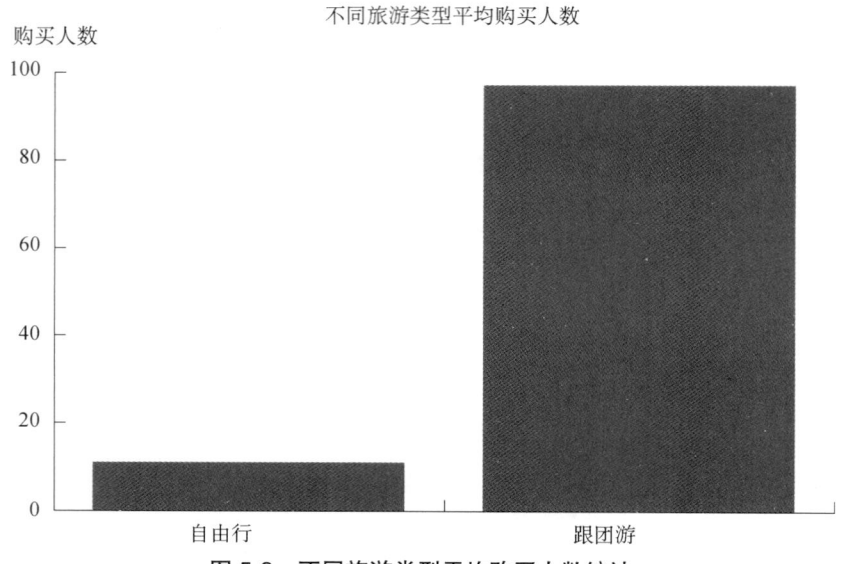

图 5-2　不同旅游类型平均购买人数统计

5.2 任务分解

与第 2 章类似，本项目从采集网站数据开始，经过清洗和分析，最后以饼图和柱状图展示，项目可分解成 4 个任务：数据采集、数据清洗、数据分析、服务搭建、数据可视化。

1. 数据采集

结合目标网站分析数据的来源，找到目标字段和页面的对应关系，结果如表 5-1 所示。

表 5-1 目标字段表

字段	字段类型	数据来源	例子
线路标题	string	JSON 数据	黔南 6 天 5 夜 跟团游
线路名称	string	JSON 数据	黔南 6 天 5 夜 跟团游, 'name': 网红梵净山·全景贵州六日游 ✔ 真纯玩 ✔ 宿 2 景区内 ✔ 头等舱车 20 人团 ✔ 豪华住宿 ✔ 黄果树瀑布 ✔ 荔波小七孔 ✔ 西江苗寨 ✔ 镇远古镇+机票
已购人数	int	JSON 数据	33
线路时间	string	JSON 数据	6 月 16 日...8 月 31 日多团期

该任务采用 Requests 技术，找到 JSON 数据的连接，通过 JSON 数据中采集所需要的字段后，保存到 CSV 文件。

2. 数据清洗

采集到的数据没有直接包含目的地字段，但是线路名称中包含该信息，可以通过字符串拆分的方法将目的地信息从线路名称中抽取出来。而已购人数是字符串类型，需要将多余文字去掉，再转换为整型格式。

3. 数据存储

在 MySQL 中创建数据表，设置相应的字段，将净化后的数据导入 MySQL，通过查询语句查看导入的情况。

4. 服务搭建

该任务主要提供数据服务给页面层。

5. 数据可视化

该任务主要提供数据服务给页面层。

5.3 项目实施

（微课：旅游 Requests+MTC 实战-数据采集）

5.3.1 任务 1：Requests 采集数据

下面以爬取某旅游网站为例，介绍 Requests 配合 XPath 采集旅游销售数据的详细步骤。

步骤 1：转到 Tomcat 安装目录下的 bin 目录，运行 startup.bat 后，打开 Chrome 浏览器，访问 http:// www.mysite.com:50001/gotrip/go.html，如果显示网站首页，则表示 Tomcat 运行正常，如图 5-3 所示。

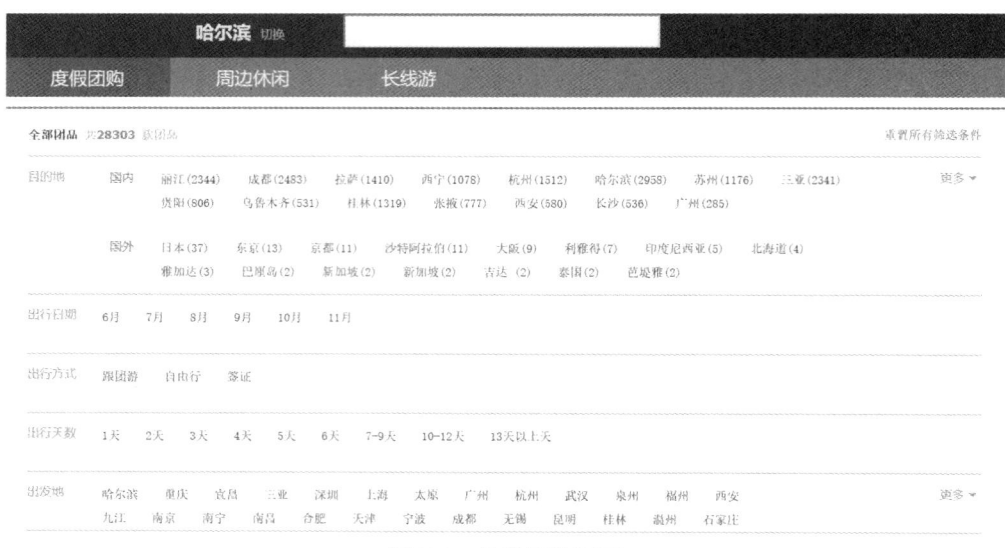

图 5-3 旅游网站页面

步骤 2：打开网站首页，在页面任意位置单击鼠标右键，在弹出的快捷菜单中选择"检查"命令，选择"Network"选项卡，查看 HTTP 请求和返回内容，如图 5-4 所示。

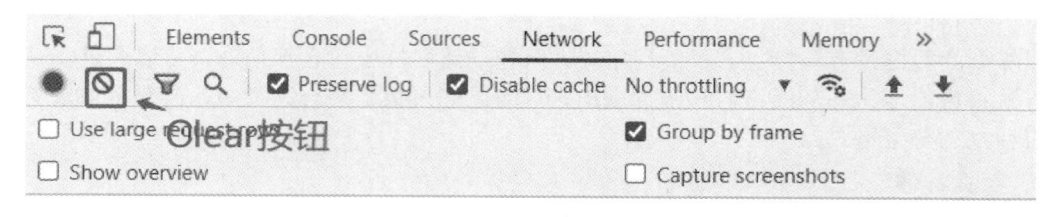

图 5-4 "Network"选项卡

单击"Clear"按钮，清除缓存，然后在左面页面窗口中任意位置单击鼠标右键，在弹出的快捷菜单中选择"重新加载"命令，再切换到"Doc"选项卡，如图 5-5 所示。

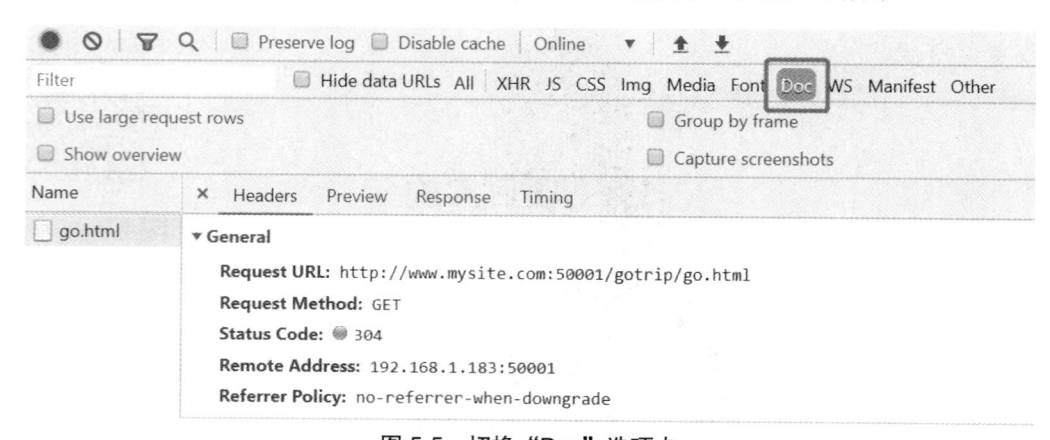

图 5-5 切换"Doc"选项卡

选择"go.html"选项，查看 Request Headers，保存 User-Agent 的属性值，如图 5-6 所示。

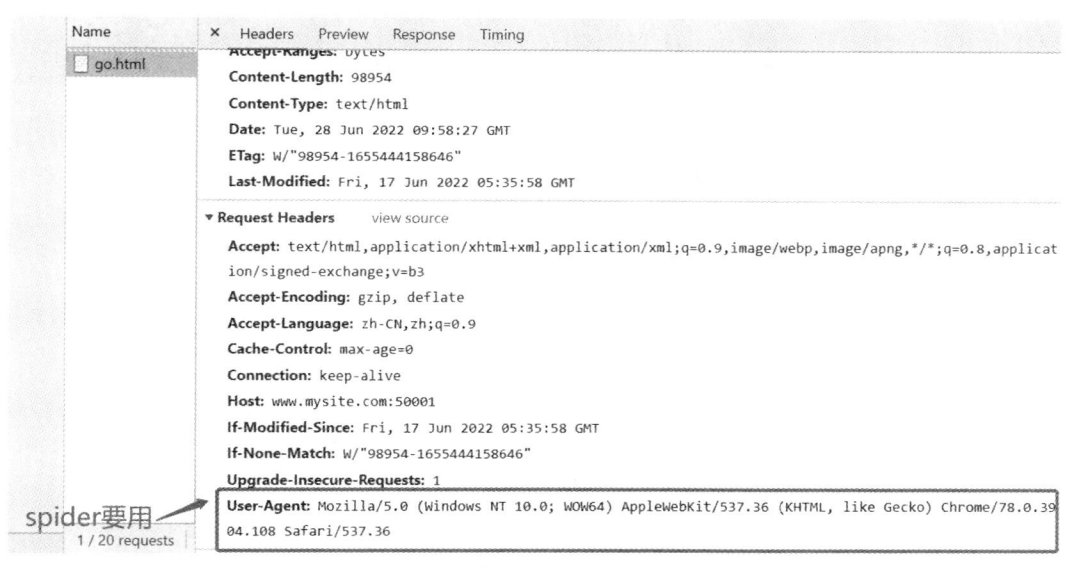

图 5-6　查看 Request Headers

切换到"XHR"选项卡，查看 JSON 数据，JSON 数据的 URL 地址为：http://www.mysite.com:50001/gotrip/json/go.json，如图 5-7 所示。

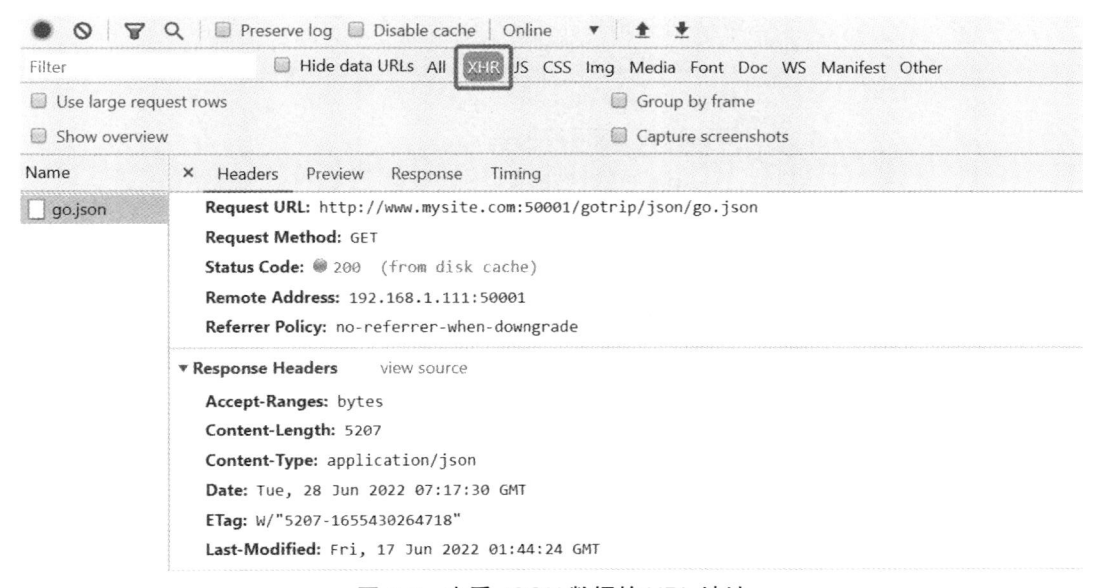

图 5-7　查看 JSON 数据的 URL 地址

> **什么是 XHR**
>
> XHR 是 XML Http Request 的简称，表示在后台与服务器交换数据，这意味着能够在不加载整个网页的状况下，对网页某部分的内容进行更新。XHR 是 Ajax 的一种用法，而 Ajax 并非一门语言，只是一种不需要加载整个网页，只更新局部内容的技术。

步骤 3：打开 PyCharm，依次选择"File"→"New Project"，在打开的"Create Pjoject"窗口中创建 PyCharm 项目"gotrip"，手工填写项目路径，选择 Anaconda 编译器（python.exe），

如图 5-8 所示。

图 5-8　创建空项目

单击"Create"按钮,打开"Open Project"窗口,如图 5-9 所示。

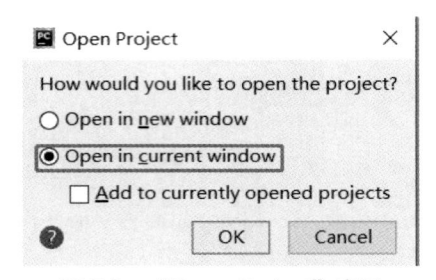

图 5-9　"Open Project"窗口

单击"OK"按钮,创建空项目 gotrip,如图 5-10 所示。

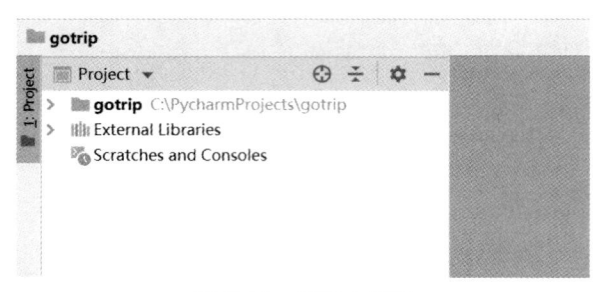

图 5-10　空爬虫项目

步骤 4:在项目根目录下依次选择"New"→"Python File",创建 data_spider.py,起始 URL 地址指向网站首页,headers 的"User-Agent"值使用上面 Request Headers 复制过来的内容。

```
import requests
import pprint
import csv
```

```
Headers = {
    'user-agent': 'Mozilla/5.0 (Windows NT 10.0; WOW64) AppleWebKit/537.36 (KHTML, like Gecko) Chrome/78.0.3904.108 Safari/537.36'
}
```

步骤 5：利用 get 请求获取网页的 JSON 数据。

```
import requests
import pprint
import csv

Headers = {
    'user-agent': 'Mozilla/5.0 (Windows NT 10.0; WOW64) AppleWebKit/537.36 (KHTML, like Gecko) Chrome/78.0.3904.108 Safari/537.36'
}

url = 'http://www.mysite.com:50001/gotrip/json/go.json'
result = requests.get(url,headers=Headers).json()
print(result)
```

运行"data_spider.py"，PyCharm 控制台输出如下结果：

```
[{'title': '黔南 6天5夜 跟团游', 'name': '网红梵净山·全景贵州六日游✔真纯玩✔宿2景区内✔头等舱车 20 人团✔豪华住宿✔黄果树瀑布✔荔波小七孔✔西江苗寨✔镇远古镇+机票', 'pic': './image/1.jpg', 'type': '跟团游', 'cash': '3929', 'time': '6月16日...8月31日多团期', 'buy': '33人已购'},
------------------------------------------------------------
{'title': '三亚 5天4夜 自由行', 'name': '「官方自营」「亲子😊情侣优选」三亚丽禾温德姆酒店，精选雅致房 4 晚🎁黄金地段、国际连锁🌍坐拥 15000 平米商业广场', 'pic': './image/15.jpg', 'type': '自由行', 'cash': '983', 'time': '天天', 'buy': '0人已购'}]
```

步骤 6：修改 JSON 数据的格式。

从结果中可以看出，结果是一个列表，但是所有数据显示在一行，不利于观察数据，将"print(result)"修改为"pprint.pprint(result)"，可以优化 JSON 数据的格式。

```
import requests
import pprint
import csv

Headers = {
    'user-agent': 'Mozilla/5.0 (Windows NT 10.0; WOW64) AppleWebKit/537.36 (KHTML, like Gecko) Chrome/78.0.3904.108 Safari/537.36'
}

url = 'http://www.mysite.com:50001/gotrip/json/go.json'
result = requests.get(url,headers=Headers).json()
pprint.pprint(result)
```

运行 data_spider.py，PyCharm 控制台输出如下结果：

```
[{'buy': '33人已购',
  'cash': '3929',
```

```
       'name': '网红梵净山·全景贵州六日游✔真纯玩✔宿 2 景区内✔头等舱车 20 人团✔豪华住宿✔
黄果树瀑布✔荔波小七孔✔西江苗寨✔镇远古镇+机票',
       'pic': './image/1.jpg',
       'time': '6月16日...8月31日多团期',
       'title': '黔南 6 天 5 夜 跟团游',
       'type': '跟团游'},
------------------------------------------------------------------------
 {'buy': '0 人已购',
  'cash': '983',
  'name': '「官方自营」「亲子🐷情侣优选」三亚丽禾温德姆酒店,精选雅致房 4 晚🐷黄金地段、
国际连锁🐷坐拥 15000 平米商业广场',
  'pic': './image/15.jpg',
  'time': '天天',
  'title': '三亚 5 天 4 夜 自由行',
  'type': '自由行'}
]
```

> ### 函数 pprint 模块有什么用
>
> pprint 模块提供打印任何 Python 数据结构的类和方法。pprint 包含一个"美观打印机",用于生成数据结构的一个美观视图。格式化工具会生成数据结构的一些表示,不仅可以由解释器正确地解析,而且便于人类阅读。

步骤 7:利用 for 循环读取每一个数据。

因为 JSON 数据是列表格式的,而列表是可迭代的,所以可以利用 for 循环读出每一条数据,为了查看方便,可用 break 只显示第一条数据。将代码 "pprint.pprint(result)" 修改如下:

```
import requests
import pprint
import csv

Headers = {
    'user-agent': 'Mozilla/5.0 (Windows NT 10.0; WOW64) AppleWebKit/537.36
(KHTML, like Gecko) Chrome/78.0.3904.108 Safari/537.36'
}
url = 'http://www.mysite.com:50001/gotrip/json/go.json'
result = requests.get(url,headers=Headers).json()
for info in result:
    pprint.pprint(info)
    break
```

运行 spider.py,PyCharm 控制台输出如下结果:

```
{'buy': '33 人已购',
 'cash': '3929',
 'name': '网红梵净山·全景贵州六日游✔真纯玩✔宿 2 景区内✔头等舱车 20 人团✔豪华住宿✔
黄果树瀑布✔荔波小七孔✔西江苗寨✔镇远古镇+机票',
 'pic': './image/1.jpg',
 'time': '6月16日...8月31日多团期',
 'title': '黔南 6 天 5 夜 跟团游',
```

```
'type': '跟团游'}
```

步骤 8：提取字段信息。

将要提取的信息存入对应的变量中，代码如下：

```
import requests
import pprint
import csv

Headers = {
    'user-agent': 'Mozilla/5.0 (Windows NT 10.0; WOW64) AppleWebKit/537.36 (KHTML, like Gecko) Chrome/78.0.3904.108 Safari/537.36'
}

url = 'http://www.mysite.com:50001/gotrip/json/go.json'
result = requests.get(url,headers=Headers).json()
for info in result:
    title = info['title']   # 线路标题
    name = info['name']     # 线路名称
    type = info['type']     # 线路类型
    buy = info['buy']       # 已购人数
    print(title,name,type,buy)
```

运行"data_spider.py"，PyCharm 控制台输出如下结果：

黔南 6天5夜 跟团游 网红梵净山·全景贵州六日游 ✔ 真纯玩 ✔ 宿2景区内 ✔ 头等舱车20人团 ✔ 豪华住宿 ✔ 黄果树瀑布 ✔ 荔波小七孔 ✔ 西江苗寨 ✔ 镇远古镇+机票 跟团游 33 人已购

三亚 5天4夜 自由行 「官方自营」「亲子😊情侣优选」三亚丽禾温德姆酒店，精选雅致房4晚🏨黄金地段、国际连锁🏨坐拥15000平米商业广场 自由行 0 人已购

可以看到，一共爬取第 1 页的 15 条数据。

步骤 9：设置循环翻页。

通过观察，可以发现网站除了"go.html"包含了 go.json 数据以外，类似地，go2.html 包含了 go2.json，go3.html 包含了 go3.json，等等。所以，可以设置 for 循环，用来爬取不同页面的 JSON 数据。

```
import requests
import pprint
import csv

Headers = {
    'user-agent': 'Mozilla/5.0 (Windows NT 10.0; WOW64) AppleWebKit/537.36 (KHTML, like Gecko) Chrome/78.0.3904.108 Safari/537.36'
}

page_list = ['','2','3','4','5']
for page in page_list:
    url = 'http://www.mysite.com:50001/gotrip/json/go{}.json'.format(page)
    result = requests.get(url,headers=Headers).json()
    for info in result:
        # pprint.pprint(info)
```

```
            title = info['title']    # 线路标题
            name = info['name']      # 线路名称
            type = info['type']      # 线路类型
            buy = info['buy']        # 已购人数
            print(title,name,type,buy)
```

运行"data_spider.py"，PyCharm 控制台输出如下结果：

黔南 6天5夜 跟团游 网红梵净山·全景贵州六日游✔真纯玩✔宿2景区内✔头等舱车20人团✔豪华住宿✔黄果树瀑布✔荔波小七孔✔西江苗寨✔镇远古镇+机票 跟团游 33人已购

三亚 3天2夜 自由行 「好货预售」三亚海棠湾红树林度假酒店聆海泳池一居别墅2晚|豪车接送+网红体验 自由行 0人已购

可以看出，共爬取第 1 页到第 5 页的 75 条数据。

步骤 10：保存数据。

首先，利用 open()函数新建一个空文件，添加相应字段名称"线路标题""线路名称""线路类型""已购人数"，再将爬取的数据存入相应的字段。

```
import requests
import pprint
import csv

Headers = {
    'user-agent': 'Mozilla/5.0 (Windows NT 10.0; WOW64) AppleWebKit/537.36 (KHTML, like Gecko) Chrome/78.0.3904.108 Safari/537.36'
}

with open('./data.csv', mode='a', encoding='utf-8', newline='') as f:
    f.truncate(0)
    writer = csv.writer(f)
    writer.writerow(['线路标题','线路名称', '线路类型','已购人数'])
    f.close()

page_list = ['','2','3','4','5']
for page in page_list:
    url = 'http://www.mysite.com:50001/gotrip/json/go{}.json'.format(page)
    result = requests.get(url,headers=Headers).json()
    for info in result:
        # pprint.pprint(info)
        title = info['title']    # 线路标题
        name = info['name']      # 线路名称
        type = info['type']      # 线路类型
        buy = info['buy']        # 已购人数

        with open('./data.csv', mode='a', encoding='utf-8', newline='') as f:
            writer = csv.writer(f)
            writer.writerow([title,name,type,buy])
```

在项目中，多了一个 CSV 文件，如图 5-11 所示。

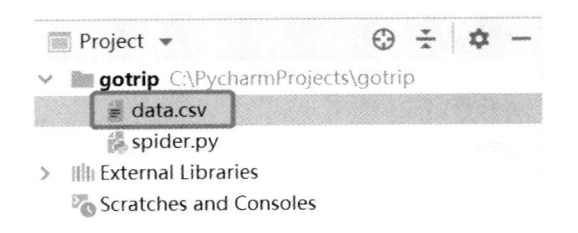

图 5-11　查看 data.csv 文件

步骤 11：查看保存数据。

双击打开"data.csv"，可以在 CSV 文件中查看爬取的数据。

```
线路标题,线路名称,线路类型,已购人数
黔南 6 天 5 夜 跟团游,网红梵净山·全景贵州六日游✔真纯玩✔宿 2 景区内✔头等舱车 20 人团✔豪
华住宿✔黄果树瀑布✔荔波小七孔✔西江苗寨✔镇远古镇+机票,跟团游,33 人已购
---------------------------------------------------------------
三亚 3 天 2 夜 自由行,「好货预售」三亚海棠湾红树林度假酒店聆海泳池一居别墅 2 晚 | 豪车接送+网
红体验,自由行,0 人已购
```

5.3.2　任务 2：Pandas 清洗数据

data.csv 包含 75 条记录，接下来，采用 Pandas 完成数据清洗任务。

步骤 1：在项目根目录下依次选择"New"→"Python File"，创建"data_clean.py"，如图 5-12 所示。

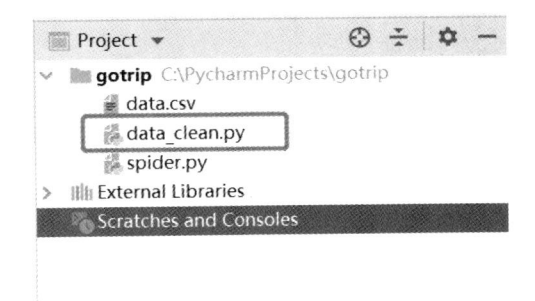

图 5-12　查看 data_clean 文件

步骤 2：读入 data.csv 数据，并转换为 DataFrame 类型。

```python
import pandas as pd
pd.set_option('display.width',None)          #不限制显示宽度
pd.set_option('display.unicode.east_asian_width', True)   #设置数据对齐
df = pd.read_csv('data.csv', encoding='utf-8')
print(df.head())
```

运行"data_clean.py"，PyCharm 控制台输出如下结果：

```
     线路标题           线路名称        线路类型       已购人数
0  黔南 6 天 5 夜 跟团游  网红梵净山·全景贵州六日游✔真纯玩✔宿 2 景区内✔头等舱车 20
人团✔豪华住宿✔黄果树瀑布✔荔波...      跟团游      33 人已购
1  黔南 6 天 5 夜 跟团游  网红梵净山·全景贵州六日游✔真纯玩✔宿 2 景区内✔壹号座驾 15
```

```
人团✔豪华住宿✔黄果树瀑布✔荔波...         跟团游        2人已购
   2    呼伦贝尔  7天6夜 跟团游    呼伦贝尔7天摄影全景游|越野车穿越大草原·蓬蓬车穿越油菜花
海·森林火车穿越大兴安岭纯玩七日游...    跟团游      643人已购
   3    张家界  3天2夜 自由行    中旅自营|高档酒店|玩转张家界|探险天门山|寻觅阿凡达|专车
接送|3日自由行......             自由行       29人已购
   4    呼伦贝尔  5天4夜 跟团游    呼伦贝尔5日游一单一团-穿越草原-大兴安岭-根河冷极村-室韦俄
罗斯民族乡+机票......                跟团游       2人已购
```

步骤3：从已购人数中提取人数，并转换为整型格式。

```
#利用str.replace()函数将"已购人数"字段中多余的文字删除，并将结果转换为整型
df['已购人数'] = df['已购人数'].str.replace("人已购","")
df['已购人数'] = df['已购人数'].astype("int")
print(df.head())
```

运行"data_clean.py"，PyCharm控制台输出如下结果：

```
   线路标题       线路名称        线路类型    已购人数
0  黔南  6天5夜 跟团游    网红梵净山·全景贵州六日游✔真纯玩✔宿2景区内✔头等舱车20
人团✔豪华住宿✔黄果树瀑布✔荔波...         跟团游        33
1  黔南  6天5夜 跟团游    网红梵净山·全景贵州六日游✔真纯玩✔宿2景区内✔壹号座驾15
人团✔豪华住宿✔黄果树瀑布✔荔波...         跟团游         2
2  呼伦贝尔  7天6夜 跟团游    呼伦贝尔7天摄影全景游|越野车穿越大草原·蓬蓬车穿越油菜花
海·森林火车穿越大兴安岭纯玩七日游...    跟团游       643
3  张家界  3天2夜 自由行    中旅自营|高档酒店|玩转张家界|探险天门山|寻觅阿凡达|专车
接送|3日自由行......             自由行        29
4  呼伦贝尔  5天4夜 跟团游    呼伦贝尔5日游一单一团-穿越草原-大兴安岭-根河冷极村-室韦
俄罗斯民族乡+机票......               跟团游         2
```

步骤4：从线路标题中提取目的地。

```
df['目的地'] = df['线路标题'].str.split(" ",expand=True)[0]
print(df[['线路类型','已购人数','目的地']].head())
```

运行"data_clean.py"，PyCharm控制台输出如下结果：

```
  线路类型  已购人数   目的地
0 跟团游    33   黔南
1 跟团游     2   黔南
2 跟团游   643   呼伦贝尔
3 自由行    29   张家界
4 跟团游     2   呼伦贝尔
```

函数 str.split()有什么用？

str.split()方法可以实现将DataFrame中的一列数据按照字符串进行分割，然后以列表形式进行输出，expand=True表示将分割后的数据扩充成新的一列。

步骤5：从线路标题中提取旅游天数。

```
df['旅游时间'] = df['线路标题'].str.split(" ",expand=True)[1]
df['旅游天数'] = df['旅游时间'].str.split("天",expand=True)[0]
df['旅游天数'] = df['旅游天数'].astype("int")
```

```
print(df[['线路类型','已购人数','目的地','旅游天数']].head())
```

运行"data_clean.py",PyCharm 控制台输出如下结果:

```
  线路类型  已购人数  目的地  旅游天数
0  跟团游    33   黔南    6
1  跟团游     2   黔南    6
2  跟团游   643  呼伦贝尔   7
3  自由行    29   张家界   3
4  跟团游     2  呼伦贝尔   5
```

步骤 6:删除多余字段。

```
df = df.drop(axis = 1,labels=['线路名称','旅游时间'])
print(df.head())
```

运行"data_clean.py",PyCharm 控制台输出如下结果:

```
        线路标题        线路类型  已购人数   目的地  旅游天数
0   黔南 6天5夜 跟团游      跟团游    33    黔南    6
1   黔南 6天5夜 跟团游      跟团游     2    黔南    6
2  呼伦贝尔 7天6夜 跟团游    跟团游   643  呼伦贝尔   7
3  张家界 3天2夜 自由行     自由行    29   张家界   3
4  呼伦贝尔 5天4夜 跟团游    跟团游     2  呼伦贝尔   5
```

步骤 7:完善"data_clean.py",保存清洗后的数据。

```
df.to_csv("data_clean.csv",header=False, index=True)
```

运行"data_clean.py",在项目中可以找到一个新文件"data_clean.csv",如图 5-13 所示。

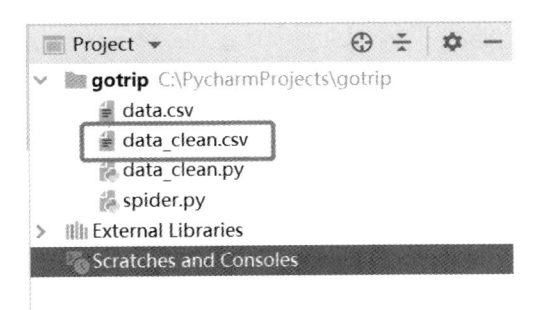

图 5-13　查看 data_clean.csv 文件

5.3.3 任务 3:MySQL 存储数据

下面转到 MySQL Command Line Client,把净化后的数据导入 MySQL。

步骤 1:创建数据库 tripdb,如图 5-14 所示。

```
drop database if exists tripdb;
create database tripdb;
```

(微课:旅游 Requests+MTC 实战-存储数据)

图 5-14 创建数据库

步骤 2：创建表 tripinfo，如图 5-15 所示。

```
use tripdb;
drop table if exists tripinfo;
create table tripinfo (id int,trip_title varchar(200),\
            trip_type varchar(200), trip_buy int,\
            destination varchar(200), day int, primary_key(id))\
            charset= utf8;
```

图 5-15 创建数据表

步骤 3：在 PyCharm 中选择 "data_clean.csv" 选项，利用鼠标右键单击，在弹出的快捷菜单中，选择 "Copy Path" 命令，复制文件的绝对路径（Absolute Path），如图 5-16 所示。

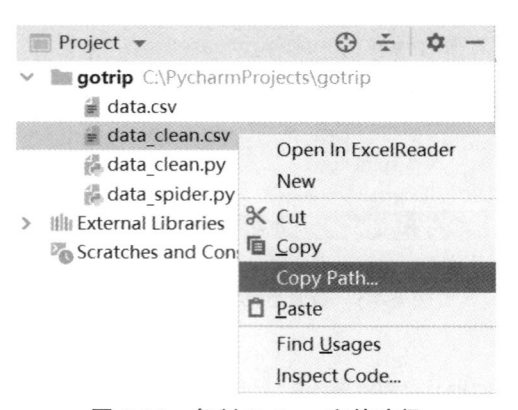

图 5-16 复制 Python 文件路径

步骤 4：将 data_clean.csv 导入 tripinfo 表中，如图 5-17 所示。其中，data_clean.csv 的绝对路径中的 "\" 要换成 "\\"，因为 "\" 在 MySQL 中是转义符。

```
load data local infile "C:\\PycharmProjects\\gotrip\\data_clean.csv" \
into table tripinfo \
character set utf8 fields terminated by ',' optionally enclosed by '"' \
lines terminated by '\r\n' ignore 1 lines \
(id, trip_title, trip_type, trip_buy,destination, day);
```

```
mysql> load data local infile "C:\\PycharmProjects\\gotrip\\data_clean.csv" \
    -> into table tripinfo \
    -> character set utf8 fields terminated by ',' optionally enclosed by '"' \
    -> lines terminated by '\r\n' ignore 1 lines \
    -> (id, trip_title, trip_type, trip_buy, destination, day);
Query OK, 74 rows affected (0.01 sec)
Records: 74  Deleted: 0  Skipped: 0  Warnings: 0
```

图 5-17 导入 Python 文件数据

步骤 5：执行 select 语句，检查前 5 条记录，如图 5-18 所示。

```
select * from tripinfo limit 5;
```

```
mysql> select * from tripinfo limit 5;
+----+---------------------+-----------+----------+-------------+-----+
| id | trip_title          | trip_type | trip_buy | destination | day |
+----+---------------------+-----------+----------+-------------+-----+
|  1 | 黔南 6天5夜 跟团游    | 跟团游     |        2 | 黔南         |   6 |
|  2 | 呼伦贝尔 7天6夜 跟团游| 跟团游     |      643 | 呼伦贝尔     |   7 |
|  3 | 张家界 3天2夜 自由行  | 自由行     |       29 | 张家界       |   3 |
|  4 | 呼伦贝尔 5天4夜 跟团游| 跟团游     |        2 | 呼伦贝尔     |   5 |
|  5 | 呼伦贝尔 4天3夜 跟团游| 跟团游     |      198 | 呼伦贝尔     |   4 |
+----+---------------------+-----------+----------+-------------+-----+
5 rows in set (0.00 sec)
```

图 5-18 查询数据表前 5 行数据

5.3.4 任务 4：Flask 搭建服务

下面采用 Flask 搭建 MTC 应用。

步骤 1：在项目根目录下依次选择"New"→"Python Package"，创建 app 包。

步骤 2：在 app 包下依次选择"New"→"Python Package"，创建 views 包。

步骤 3：在 app 包下依次选择"New"→"Directory"，创建目录 static，然后把 echarts.min.js 复制到 app/static 目录。

步骤 4：在 app 包下依次选择"New"→"Python File"，创建 extensions.py，定义 db 变量和 config_extensions 方法。

（微课：旅游 Requests+MTC 实战-Flask 搭建服务）

```
from flask_sqlalchemy import SQLAlchemy
db = SQLAlchemy()
def config_extensions(app):
    db.init_app(app)
```

步骤 5：在 app/views 包下依次选择"New"→"Python File"，创建 main.py，定义 blueprint 变量。

```
from flask import Blueprint

blueprint = Blueprint("main", __name__)
```

步骤 6：完善"app/views/__init__.py"，定义 DEFAULT_BLUEPRINT 变量。

```
from app.views.main import blueprint

DEFAULT_BLUEPRINT = (
```

```
        (blueprint, "")
)
```

步骤 7：完善"app/__init__.py"，定义 Config 类、config_blueprint 方法、create_app 方法。

```
from flask import Flask
from app.extensions import config_extensions
from app.views import blueprint

class Config:
    SQLALCHEMY_COMMIT_ON_TEARDOWN = True
    SQLALCHEMY_TRACK_MODIFICATIONS = False
    SQLALCHEMY_DATABASE_URI="mysql+pymysql://root:123456@127.0.0.1:3306/tripdb?charset=utf8"

def config_blueprint(app):
    app.register_blueprint(blueprint, url_prefix="")

def create_app(config):
    app = Flask(__name__)
    app.config.from_object(config)
    config_extensions(app)
    config_blueprint(app)

    return app
```

检查用户名、密码和端口，确认输入值和安装 MySQL 时的一致。

步骤 8：在 app 包下依次选择"New"→"Python File"，创建"manager.py"。

```
from flask_script import Manager, Server
from app import create_app, Config

if __name__ == '__main__':
    app = create_app(Config)
    manager = Manager(app)
    manager.add_command('runserver', Server(host='127.0.0.1', use_debugger=True, use_reloader=True))
    manager.run()
```

利用鼠标右键单击"manager.py"，在弹出的快捷菜单中选择"Run Manager"命令，运行程序，PyCharm 控制台输出如下结果：

```
usage: manager.py [-?] {runserver,shell} ...

positional arguments:
  {runserver,shell}
    runserver         Runs the Flask development server i.e. app.run()
    shell             Runs a Python shell inside Flask application context.

optional arguments:
  -?, --help          show this help message and exit
```

依次选择"Run"→"Edit Configurations"，如图 5-19 所示。

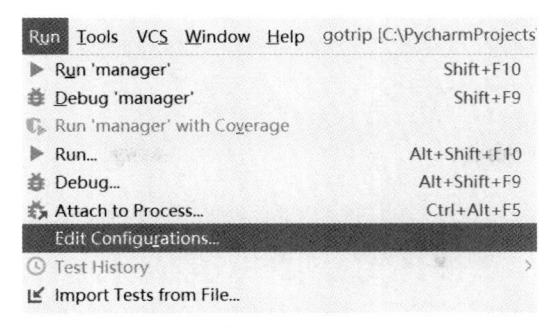

图 5-19　编辑 manager.py 文件

在打开的窗口中选中"manager",在"Parameters"框中输入"runserver",如图 5-20 所示。

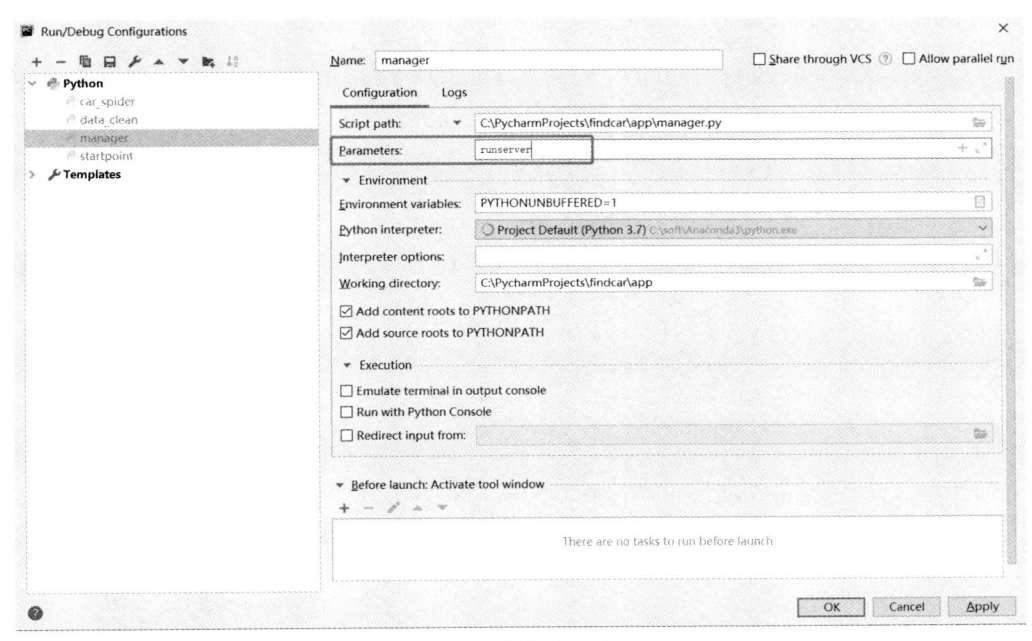

图 5-20　设置文件参数

再次利用鼠标右键单击"manager.py",在弹出的快捷菜单中选择"Run Manager"命令,运行程序。如 PyCharm 控制台输出如下结果,则表示 Flask 配置成功。

```
 * Serving Flask app "app" (lazy loading)
 * Environment: production
   WARNING: This is a development server. Do not use it in a production deployment.
   Use a production WSGI server instead.
 * Debug mode: on
 * Restarting with stat
 * Debugger is active!
 * Debugger PIN: 648-506-830
 * Running on http://127.0.0.1:5000/ (Press CTRL+C to quit)
```

单击"停止"按钮,停止 manager 运行。

步骤 9:在 app 包下依次选择"New"→"Python Package",创建包 models。

步骤 10:在包 app/models 下依次选择"New"→"Python File",创建"entities.py",定

义 Tripinfo 类。

```python
from app.extensions import db

class Tripinfo(db.Model):
    __tablename__ = 'tripinfo'
    id = db.Column(db.String(20), primary_key=True)
    trip_title = db.Column(db.String(200))
    trip_type = db.Column(db.String(200))
    trip_buy = db.Column(db.Integer)
    destination = db.Column(db.String(200))
    day = db.Column(db.Integer)
```

步骤 11：完善"app/models/__init__.py"，开放 Tripinfo 类。

```python
from .entities import Tripinfo
```

步骤 12：完善"app/views/main.py"，定义 get_buy_by_trip_type 和 api_type_buy 方法。

```python
from flask import Blueprint, jsonify, render_template
from sqlalchemy import func, or_

from app.extensions import db
from app.models import Tripinfo

blueprint = Blueprint("main",__name__)

def get_buy_by_trip_type ():
    rows = db.session.query(Tripinfo.trip_type, func.avg(Tripinfo.trip_buy))\
        .group_by(Tripinfo.trip_type).all()
    x = []
    y = []
    for row in rows:
        x.append(row[0])
        y.append((int)(row[1]))

    return x, y

@blueprint.route("/api/type_buy")
def api_type_buy ():
    x, y = get_buy_by_trip_type ()
    return jsonify([x, y])
```

步骤 13：运行"app/manager.py"，打开 Chrome 浏览器，访问 http://127.0.0.1:5000/api/type_buy，从服务器返回包含不同数据的列表，表示 Flask 连接数据库正常，如图 5-21 所示。

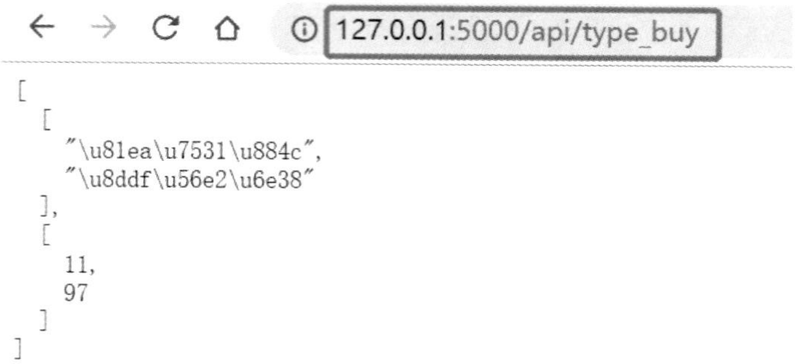

图 5-21 在浏览器查看统计结果

5.3.5 任务 5：Flask+ECharts 可视化数据

有了 Flask 提供的数据，下面采用 ECharts 框架的柱状图对比不同旅游类型的平均已购人数。

步骤 1：完善 app/views/main.py，定义 get_buy_by_trip_type 方法。

```python
from flask import Blueprint, jsonify, render_template
from sqlalchemy import func, or_

from app.extensions import db
from app.models import Tripinfo

blueprint = Blueprint("main", __name__)

def get_buy_by_trip_type ():
    rows = db.session.query(Tripinfo.trip_type, func.avg(Tripinfo.trip_buy))\
        .group_by(Tripinfo.trip_type).all()
    x = []
    y = []
    for row in rows:
        x.append(row[0])
        y.append((int)(row[1]))

    return x, y

@blueprint.route("/api/type_buy")
def api_type_buy ():
    x, y = get_buy_by_trip_type ()
    return render_template('single_chart.html',x_data = x, y_data = y)
```

步骤 2：在 app 包下依次选择 "New" → "Directory"，创建 templates 目录。

步骤 3：在 templates 目录下依次选择 "New HTML File"，创建 "single_chart.html"，如图 5-22 所示。

图 5-22　创建 single_chart.html 文件

步骤 4：修改 single_chart.html 的代码。

```
<!DOCTYPE html>
<html lang="en">
<head>
    <meta charset="UTF-8">
    <title>单图</title>
</head>
<body>

</body>
</html>
```

步骤 5：在 single_chart.html 中引入依赖的 JS 文件。

```
<!DOCTYPE html>
<html lang="en">
<head>
    <meta charset="UTF-8">
    <title>单图</title>
    <script src="../static/echarts.min.js"></script>
</head>
<body>

</body>
</html>
```

步骤 6：完善 single_chart.html，定义 div 元素和编写 JS 代码。JS 代码中引用数据分析产生的数据，实例化 ECharts 图表对象，然后传给 div 元素显示。

```
<!DOCTYPE html>
<html lang="en">
<head>
    <meta charset="UTF-8">
    <title>单图</title>
    <script src="../static/echarts.min.js"></script>
</head>
<body>
    <div id="chart1" style="float:left; width: 600px;height: 400px"></div>
</body>
</html>
<script>
    var mychart1 = echarts.init(document.getElementById("chart1"));
    var xdata =[{%for i in x_data%} "{{i}}", {%endfor%}];
    var ydata =[{%for i in y_data%} "{{i}}", {%endfor%}];
    var option={
                title:{
                    text:'不同旅游类型平均购买人数',
                    x:'center',
                    textStyle:{
                        color:'red',
                        fontWeight:'bold',
                        fontSize:'20'
                    }
                },
```

```
            tooltip:{
                trigger:'axis'
            },
            xAxis:[{type:'category',data:xdata,name:'', axisLabel:{interval:0,
rotate:10}}],
            yAxis:{type:'value',name:'购买人数'},
            series:[{type:'bar',name: xdata, data:ydata}]
        };
    mychart1.setOption(option);
</script>
```

步骤 7：打开 Chrome 浏览器，访问 http://127.0.0.1:5000/api/type_buy，可视化结果如图 5-2 所示。

课后习题

一、选择题

1. 在"Network"选项卡中，为了查看"User-Agent"的信息，可以单击（　　）。
   A. Headers　　　　　B. Preciew　　　　　C. Response　　　　　D. Timing
2. 使用添加方式写入 CSV 文件数据，可以在 open()函数中使用（　　）。
   A. mode='r'　　　　　B. mode='rw'　　　　C. mode='a'　　　　　D. mode='w'
3. 在 Pandas 中，pd.set_option('display.width',None)表示（　　）。
   A. 不限制显示行数　　B. 不限制显示宽度　　C. 不限制显示列数　　D. 设置数据对齐
4. 在 Pandas 中，拆分字符串，可以使用函数（　　）。
   A. strip()　　　　　　B. replace()　　　　　C. find()　　　　　　D. split ()
5. 在 Pandas 中，head()表示选取开始某几行，其默认参数为（　　）。
   A. 1　　　　　　　　B. 2　　　　　　　　C. 5　　　　　　　　D. 10
6. 在 Pandas 中，将 DataFrame 的某一列强制转换为整型数据，可以使用（　　）。
   A. aschange("int")　　B. type("int")　　　　C. change("int")　　　D. astype("int")
7. 在将数据保存为 CSV 文件时，如果要将自动索引保存为一列，可以使用（　　）。
   A. index=False　　　　B. index=True　　　　C. index=Yes　　　　D. index=No
8. 在 ECharts 中，一般将 echarts.min.js 放置在（　　）目录的下面。
   A. app
   B. app/static
   C. app/templates
   D. app/templates/single_chart_1

二、填空题

下面是 trip.html 的源代码，完成下面的程序填空。

```
    <!DOCTYPE html>
<html lang="en">
<head>
    <meta charset="UTF-8">
    <title>Title</title>
</head>
<body>
<div class="el">
    <p class="t1 ">
        <em  class="check"  name="delivery_em"  onclick="checkboxClick(this)">
```

```html
</em>
        <input class="checkbox" type="checkbox" name="delivery_jobid" value="111939527" jt="0" style="display:none">
        <span>
            <a target="_blank" title="自由行" href="https://www.findcar.com/car.html?s=01&amp;t=0" onmousedown="">
                自由行
            </a>
        </span>
    </p>
    <span class="t2">
        <a target="_blank" title="中旅自营 | 高档酒店 | 玩转张家界 | 探险天门山 | 寻觅阿凡达 | 专车接送 | 3日自由行……"
            href="https://jobs.51job.com/all/co5430541.html">探险天门山
        </a>
    </span>
    <span class="t3">江苏-苏州</span>
    <span class="t4">29 </span>
    <span class="t5">张家界</span>
</div>
</body>
</html>
```

技术人员想爬取 trip.html 中的旅游类型、线路名称、出发地、已购人数、目的地等信息，请完善代码。

```python
#encoding=utf-8
import re
from lxml import etree
html = etree.parse('trip.html', etree.HTMLParser(encoding="UTF-8"))

#提取 class 为"el"的 div      #提取 class 为"el"的 div
trip_info = html.xpath(_____)[0]

trip_type = trip_info.xpath(_____)[0].strip()     # 旅游类型
trip_title = trip_info.xpath(_____) [0].strip()   # 线路名称
area = trip_info.xpath(_____) [0]
departure = re.split(_____) [0]      # 出发地
buy = trip_info.xpath(_____) [0]     # 已购人数
destination = trip_info.xpath(_____) [0]    # 目的地
print("旅游类型：{},线路名称：{},出发地：{},已购人数：{},目的地：{}"
    .format(trip_type, trip_title, departure, buy, destination))
```

三、应用题

选择一个旅游网站，爬取数据，用柱状图比较 Top5 的旅行社。

能力拓展

组合图可视化旅游目的地分析结果

任务目标

运用本章学习的技术，完成两个柱状图"不同目的地平均旅游天数"和"不同目的地平均

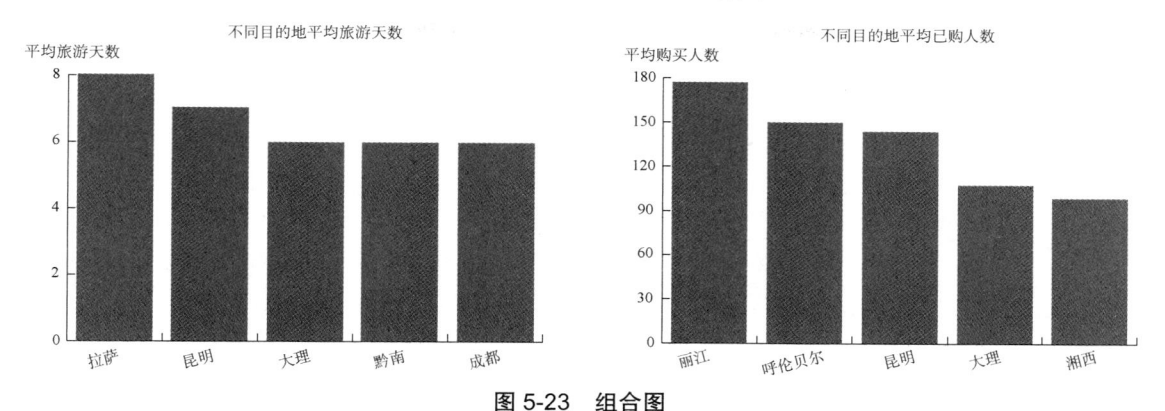

已购人数",将两个图放在一个页面显示。结果如图 5-23 所示。

图 5-23　组合图

任务分析

在 app/views/main.py 文件中,修改统计函数,计算不同目的地平均旅游天数和不同目的地平均购买人数,最后用复合图的方式绘制两张图。

任务实施

任务引导 1:在 templates 目录下依次选择"New"→"HTML File",创建"composite_chart.html",如图 5-24 所示。

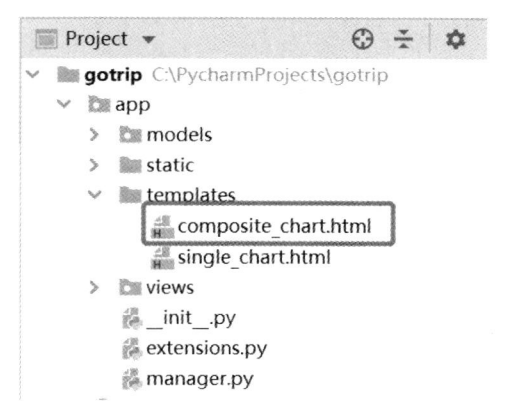

图 5-24

任务引导 2:在 app/views/main.py 中,添加代码。定义 get_day_buy_by_destination 方法,用来计算不同目的地平均旅游天数 Top5 和不同目的地平均购买人数 Top5。

```
from flask import Blueprint, jsonify, render_template
from sqlalchemy import *

from app.extensions import db
from app.models import Tripinfo

blueprint = Blueprint("main", __name__)

def get_day_buy_by_destination():
    #不同目的地平均旅游天数 Top5,结果存放在 rows1 中
```

```
        rows1 = // 待补充
        #不同目的地平均购买人数 Top5，结果存放在 rows2 中
        rows2 = // 待补充
        x1 = []
        y1 = []
        for row in rows1:
            x1.append(row[0])
            y1.append((int)(row[1]))
        x2 = []
        y2 = []
        for row in rows2:
            x2.append(row[0])
            y2.append((int)(row[1]))

        return x1,y1,x2,y2

@blueprint.route("/destination_day_buy")
def city_price ():
    x1, y1,x2,y2 = get_day_buy_by_destination()
    return  render_template('composite_chart.html',x1_data = x1, y1_data = y1,x2_data = x2, y2_data = y2)
```

任务引导 3：修改 app/templates/composite_chart.html 代码。

```
<!DOCTYPE html>
<html lang="en">
<head>
    <meta charset="UTF-8">
    <title>复合图</title>
    <script src="../static/echarts.min.js"></script>
</head>
<body>
    <div id="chart1" style="float:left; width: 600px;height: 400px"></div>
    <div id="chart2" style="float:left; width: 600px;height: 400px"></div>
<script>
    var mychart1 = echarts.init(document.getElementById("chart1"));
    // 待补充
    mychart1.setOption(option);
    var mychart2 = echarts.init(document.getElementById("chart2"));
// 待补充
    mychart2.setOption(option);
</script>
</body>
</html>
```

任务引导 4：打开 Chrome 浏览器，访问 http://127.0.0.1:5000/destination_day_buy。绘制的两张图如图 5-25、图 5-26 所示。

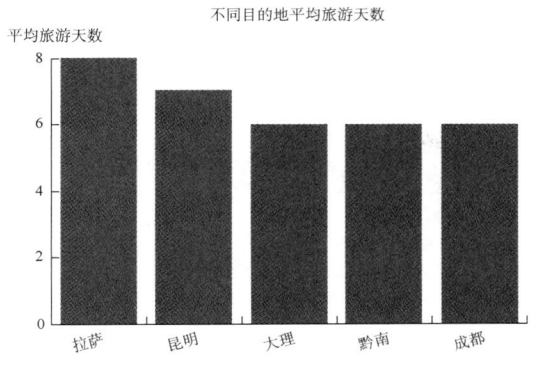

图 5-25　不同目的地平均旅游天数柱状图 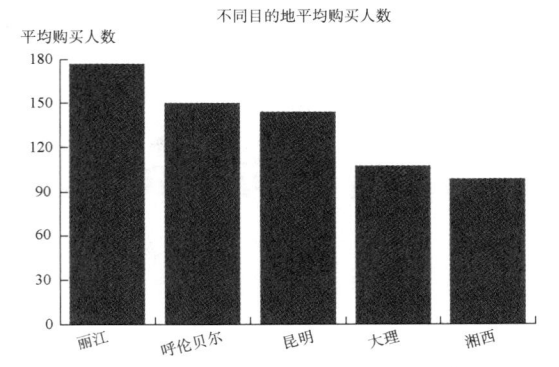　　　　图 5-26　不同目的地平均购买人数柱状图

第 6 章　房产 Requests+Parsel+MTC 项目实战

Parsel 是一个 Python 的第三方库，可以解析 HTML 和 XML，并支持使用 XPath 和 CSS 选择器对内容进行提取和修改，同时还融合了正则表达式的提取功能。本章结合房产网站爬虫项目，首先通过查看网页源代码，分析租房页面的网页结构，描述项目达成的目标；然后分析完成项目的主要步骤，并分解项目到任务，挑选任务实现所采用的技术；接着介绍相关技术，详细阐述每步操作的命令或代码，最后实现柱状图可视化爬虫数据。另外，也提供了课后习题强化学生技能，并在本项目基础上，提供能力拓展环节，引导学生学习组合图的设计和实现。

技能要求

（1）掌握 Requests+Parsel 爬虫用法。
（2）掌握 XPath 语法格式。
（3）掌握读取 CSV 文件到 DataFrame 对象的方法。
（4）掌握 DataFrame 去重去空的方法。
（5）掌握 DataFrame 列裂变的方法。
（6）掌握将 DataFrame 对象保存到 CSV 文件的方法。
（7）掌握文件导入 MySQL 数据库的方法。
（8）掌握 Flask 搭建数据可视化服务。
（9）了解 ECharts 柱状图和折线图。

学习导览

本任务学习导览如图 6-1 所示。

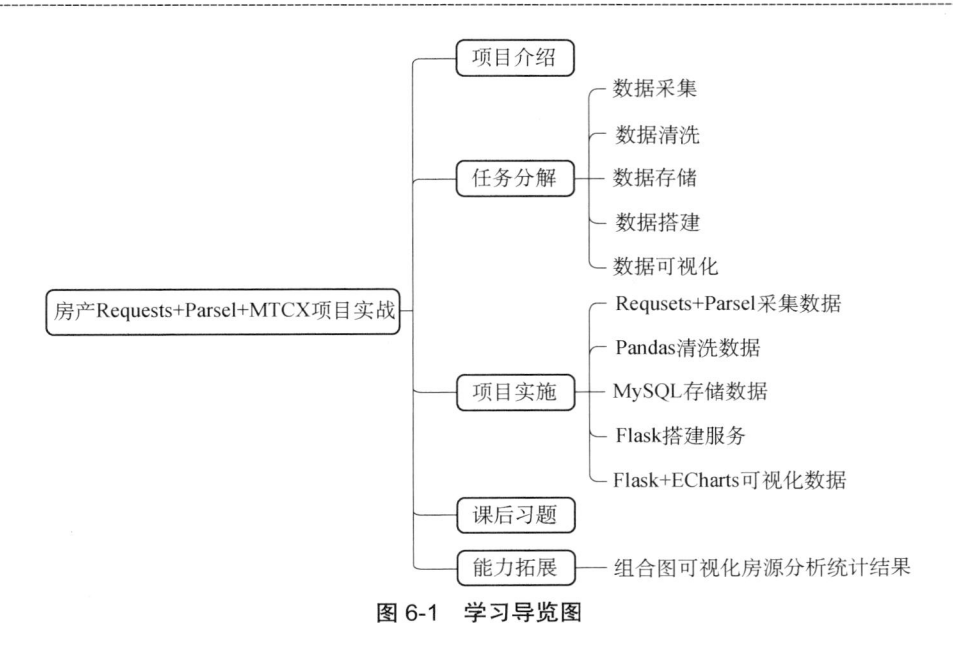

第 6 章 房产 Requests+Parsel+MTC 项目实战

```
房产Requests+Parsel+MTCX项目实战 ──┬── 项目介绍
                                  ├── 任务分解 ──┬── 数据采集
                                  │              ├── 数据清洗
                                  │              ├── 数据存储
                                  │              ├── 数据搭建
                                  │              └── 数据可视化
                                  ├── 项目实施 ──┬── Requsets+Parsel采集数据
                                  │              ├── Pandas清洗数据
                                  │              ├── MySQL存储数据
                                  │              ├── Flask搭建服务
                                  │              └── Flask+ECharts可视化数据
                                  ├── 课后习题
                                  └── 能力拓展 ── 组合图可视化房源分析统计结果
```

图 6-1 学习导览图

6.1 项目介绍

爬取某房产网站的租房页面的"区域找房"专栏，按照区域分组显示房源数，分组结果以柱状图显示，最终效果如图 6-2 所示。

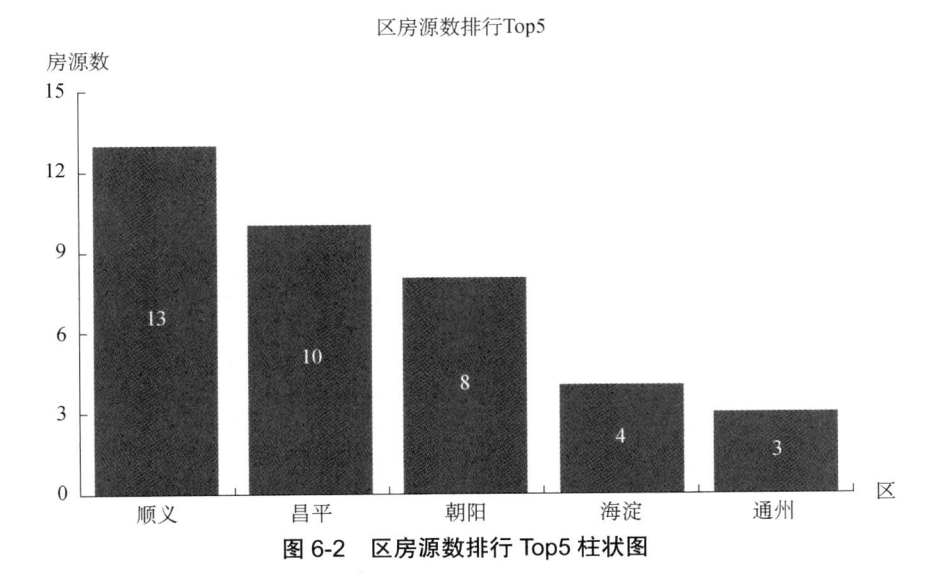

微课：房产 Requests+Parsel+MTC 项目介绍

区房源数排行Top5

顺义 13 昌平 10 朝阳 8 海淀 4 通州 3

图 6-2 区房源数排行 Top5 柱状图

6.2 任务分解

与前几个项目类似，本项目从采集网站数据开始，经过清洗和分析，最后以图表形式展

143

示，项目可分解成 5 个任务：数据采集、数据清洗、数据存储、服务搭建、数据可视化。

1. 数据采集

结合目标网站分析数据的来源，爬取租房页面的标题、区域、房屋类型、房屋结构、面积、朝向、交通距离和价格，找到目标字段和页面的对应关系，结果如表 6-1 所示。

表 6-1 目标字段表

字段	字段类型	数据来源	例子
标题	String	租房页面	城家公寓北京回龙观霍营地铁站店 2 楼
区域	String	租房页面	昌平-回龙观
房屋类型	String	租房页面	公寓
房屋结构	String	租房页面	一居室 C 房东直租+免中介费+整租房型
面积	Number	租房页面	14
朝向	String	租房页面	朝北
交通距离	String	租房页面	距离 8 号线霍营地铁站 724 米
价格	Number	租房页面	3800

该任务采用 Requests+Parsel 技术，爬取租房页面，通过 XPath 定位需要的字段后，将数据保存到 CSV 文件。

2. 数据清洗

多次爬取后 CSV 文件存在重复数据，需要删除重复行。租房页面的"面积"和"价格"数据不是 Number 类型的，故需要删除单位。

3. 数据存储

本任务要将清洗后的数据保存到 MySQL 数据库。

4. 服务搭建

本任务要提供数据服务给页面层。

5. 数据可视化

如图 6-2 所示，采用 ECharts 设计实现"区房源数排行 Top5"柱状图。

6.3 项目实施

6.3.1 任务 1：Requests+Parsel 采集数据

微课：数据采集

下面以爬取某房产网站为例，介绍 Requests 配合 Parsel 采集租房数据的详细步骤。

步骤 1：转到 Tomcat 安装目录下的 bin 目录，运行 startup.bat 后，打开 Chrome，访问 http://www.mysite.com:50001/findhouse/index1.html，如显示网站页面，如图 6-3 所示，则表示 Tomcat 运行正常。

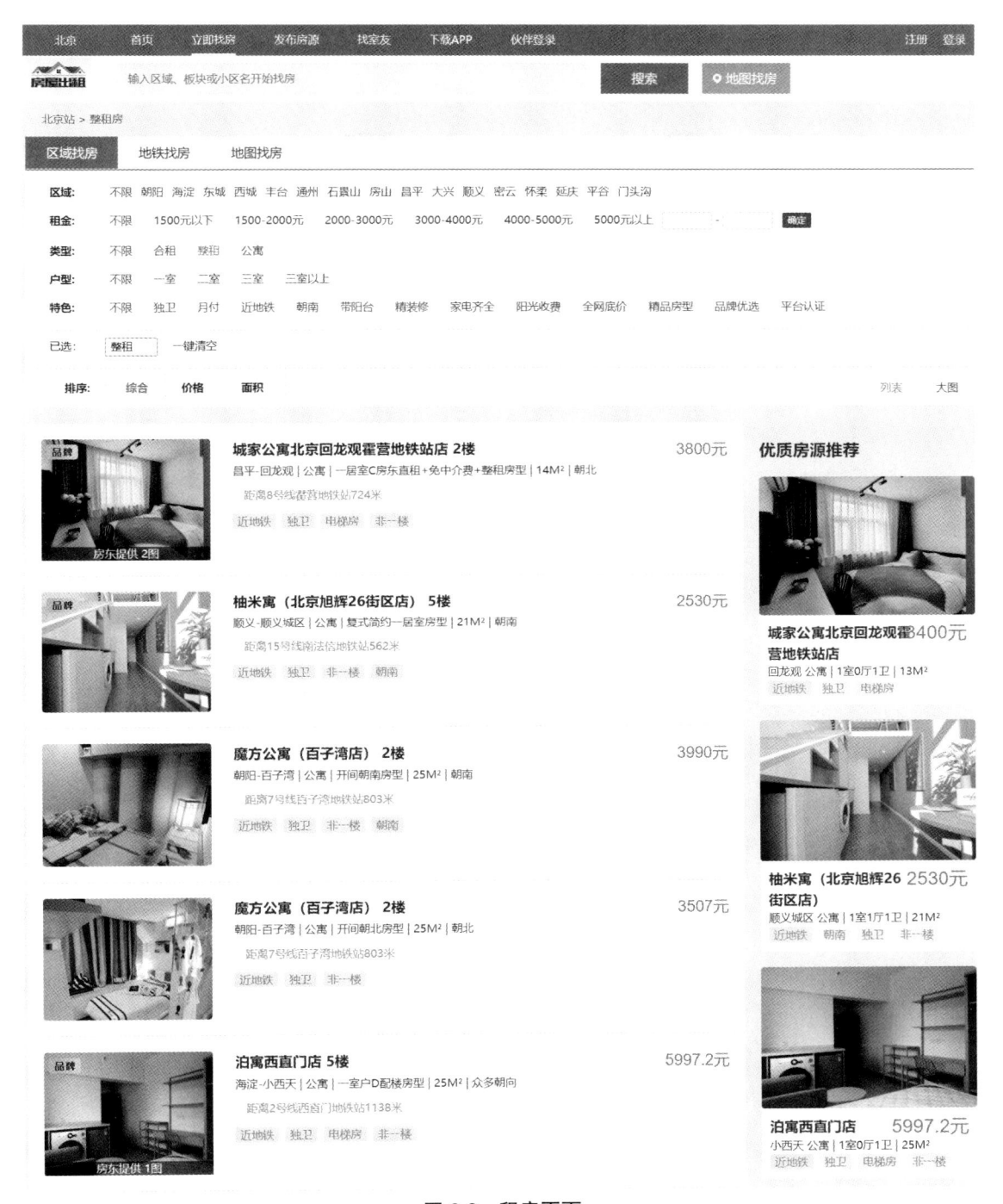

图 6-3　租房页面

步骤 2：打开 PyCharm，依次选择"File"→"New Project"，在打开的窗口中创建 PyCharm 项目"rent-house"，手工填写项目路径，选择 Anaconda 编译器（python.exe），如图 6-4 所示。

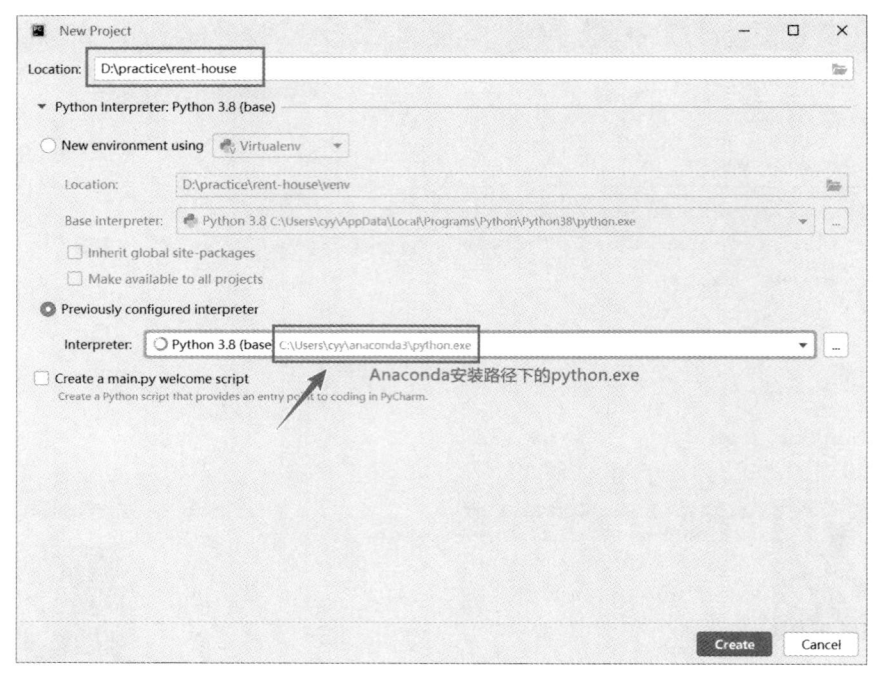

图 6-4 创建空项目

单击"Create"按钮,创建空项目 rent-house,如图 6-5 所示。

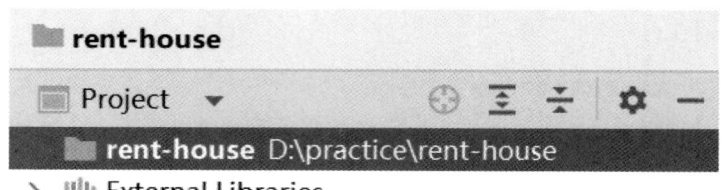

图 6-5 空爬虫项目 rent-house

步骤 3:打开网站页面(http://www.mysite.com:50001/findhouse/index1.html),在页面任意位置单击鼠标右键,在弹出的快捷菜单中选择"检查"命令,选择"Network"选项卡,如图 6-6 所示,查看 HTTP 请求和返回内容。

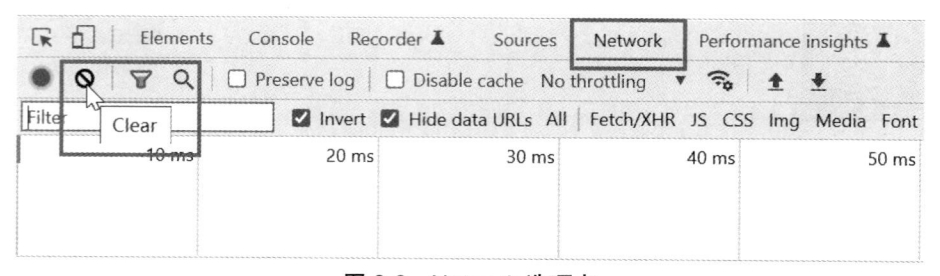

图 6-6 Network 选项卡

单击"Clear"按钮,清除缓存,同时按下 Ctrl+R 组合键,重新加载页面。切换到"Doc"选项卡后,左侧选择"index1.html"选项,查看 Request Headers,如图 6-7 所示,保存 User-

Agent、cookie（如果有的话）、referer（如果有的话）3个属性值。

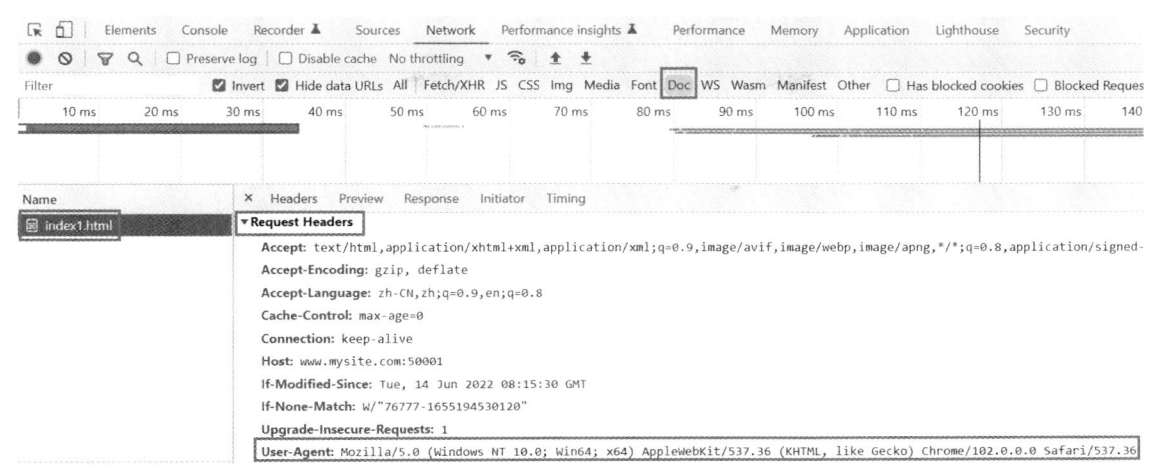

图 6-7　Request Headers 查看

步骤 4：在项目根目录下依次选择"New"→"Python File"，创建 spider.py。在 spider.py 中，定义 get_page 函数，headers 的"User-Agent"值使用上面 Request Headers 复制过来的内容。

```
# -*- coding: UTF-8 -*-
import csv
import random
import re
from time import sleep

import requests
from cxml import etree
from parsel import Selector
from requests.utils import get_encodings_from_content


# 获取网页源码
def get_page(url):
    # 设置请求头信息
    headers = {
        'Cookie': '',
        'User-Agent': 'Mozilla/5.0 (Windows NT 10.0; Win64; x64) AppleWebKit/537.36 (KHTML, like Gecko) Chrome/102.0.0.0 Safari/537.36'
    }
    # 发送 get 请求
    html = requests.get(url, headers=headers)
    # 查看编码方式
    encoding = get_encodings_from_content(html.text)
    # 打印网页内容
    html_doc = html.content.decode(encoding[0])
    # 返回网页源码
    return html_doc
```

步骤 5：打开网站页面（http://www.mysite.com:50001/findhouse/index1.html），将光标停留

在第 1 条租房信息，然后单击鼠标右键，在弹出的快捷菜单中选择"检查"命令，查看租房信息的 XPath 路径，查看过程如图 6-8 所示。

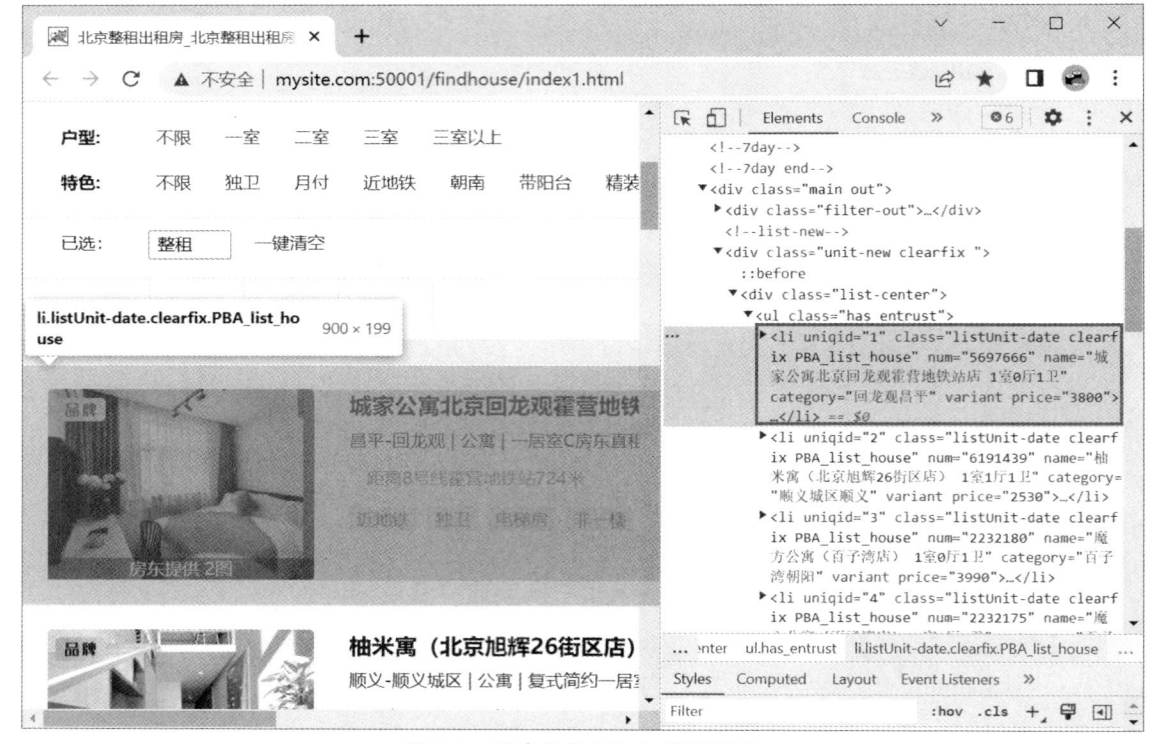

图 6-8 租房信息 XPath 路径查找

从图 6-8 可以看出，一对 li 标签对应一条租房信息，先使用 CSS 选择器获取到所有 class 为 "listUnit-date" 的 li 标签，再依次遍历这个 li 标签，获取 li 标签中租房的各项信息。

Parsel 使用介绍

Parsel 由 Scrapy 团队开发，可以解析 HTML 和 XML，并支持使用 XPath 和 CSS 选择器对内容进行提取和修改，使用方法如下。

（1）导入 Parsel 库的 Selector 类：from parsel import Selector。

（2）使用 Selector 类，初始化一个 Selector 对象，如：selector = Selector(html)。

（3）在 Selector 对象中，使用 CSS 和 XPath 方法分别传入 CSS 选择器和 XPath 进行内容提取，如：获取到所有 class 为 listUnit-date 的 li 标签，可以写成：node_list = selector.css("li.listUnit-date")。

（4）使用 get()或 getall()，将 css()函数查询到的结果转换为字符串或者列表。

- get() 是将 css() 查询到的第一个结果转换为字符串。
- getall() 是将 css() 查询到的结果转换为 Python 的列表。

步骤 6：在当前页面，将光标停留在第 1 条租房信息中间的文本信息块部分，然后单击鼠标右键，在弹出的快捷菜单中选择"检查"命令，查找房屋信息块的 XPath 路径，如图 6-9

所示。

```
▼<li uniqid="1" class="listUnit-date clearfix PBA_list_house" num="5697666" name="城家公寓北京回龙观霍营地铁
  站店 1室0厅1卫" category="回龙观昌平" variant price="3800">
   ::before
  ▶<div class="pro-pic li phoneNum">…</div>
  ▼<div class="pro-text">
    ▼<div class="list-pic-title">
      ▼<h3>
         <a href="javascript:;" title="城家公寓北京回龙观霍营地铁站店 2楼"> 城家公寓北京回龙观霍营地铁站店 2楼
         </a> == $0
         <!-- <span>回龙观</span> -->
       </h3>
       <!-- <span class="price"><em>¥</em>3800</span> -->
       <!-- <span class="room-time">1970-01-01 发布</span> -->
     </div>
    ▶<p class="list-pic-ps">…</p>
```

图 6-9　房屋信息块 XPath 路径查找

从图 6-9 可以看出，房屋文本信息块在 li 标签中 class 为“pro-text”的 div 标签中，房屋文本信息块对应的 CSS 选择器为“.pro-text”。

步骤 7：在当前页面，将光标停留在第 1 条租房信息的标题部分，然后单击鼠标右键，在弹出的快捷菜单中选择“检查”命令，查找标题的 XPath 路径，如图 6-10 所示。

```
▼<li uniqid="1" class="listUnit-date clearfix PBA_list_house" num="5697666" name="城家公寓北京回龙观霍营地铁
  站店 1室0厅1卫" category="回龙观昌平" variant price="3800">
   ::before
  ▶<div class="pro-pic li phoneNum">…</div>
  ▼<div class="pro-text">
    ▼<div class="list-pic-title">
      ▼<h3>
         <a href="javascript:;" title="城家公寓北京回龙观霍营地铁站店 2楼"> 城家公寓北京回龙观霍营地铁站店 2楼
         </a> == $0
         <!-- <span>回龙观</span> -->
       </h3>
       <!-- <span class="price"><em>¥</em>3800</span> -->
       <!-- <span class="room-time">1970-01-01 发布</span> -->
     </div>
    ▶<p class="list-pic-ps">…</p>
```

图 6-10　标题 XPath 路径查找

从图 6-10 可以看出，标题在 class 为“list-pic-title”的 div 标签中，具体可定位到 h3 标签下的 a 标签。标题对应的 CSS 选择器为“.list-pic-title h3 a::text”。

步骤 8：在当前页面，将光标停留在第 1 条租房信息的详细信息部分，然后单击鼠标右键，在弹出的快捷菜单中选择“检查”命令，查找详细信息的 XPath 路径，如图 6-11 所示。

```
▼<li uniqid="1" class="listUnit-date clearfix PBA_list_house" num="5697666" name="城家公寓北京回龙观霍营地铁站店 1室0厅1卫" category="回龙观昌平" va
   ::before
  ▶<div class="pro-pic li phoneNum">…</div>
  ▼<div class="pro-text">
    ▼<div class="list-pic-title">
      ▼<h3>
         <a href="javascript:;" title="城家公寓北京回龙观霍营地铁站店 2楼"> 城家公寓北京回龙观霍营地铁站店 2楼 </a>
         <!-- <span>回龙观</span> -->
       </h3>
       <!-- <span class="price"><em>¥</em>3800</span> -->
       <!-- <span class="room-time">1970-01-01 发布</span> -->
     </div>
  ▼<p class="list-pic-ps">
     <!--
                              <span class="list-house-title" title="回龙观">
                                <img src="//js.baletoo.cn/static/pc/images/quyu.png" data-
     rjs="//js.baletoo.cn/static/pc/images/mac/zhaofang/quyu_mac.png"/>
                                回龙观                              </span>
                              -->
    ▼<span>
       <!-- <img src="//js.baletoo.cn/static/pc/images/fangyuan.png" data-rjs="//js.baletoo.cn/static/pc/images/mac/zhaofang/shouye_mac.png"/>
                              -->
       " 昌平-回龙观 | 公寓 | 一居室C房东直租+免中介费+整租房型 | 14M² | 朝北 " == $0
     </span>
```

图 6-11　详细信息 XPath 路径查找

从图 6-11 中可以看出，详细信息在 class 为 "list-pic-ps" 的 p 标签下的 span 标签中。详细信息对应的 CSS 选择器为 ".list-pic-ps span::text"。

步骤 9：详细信息中见包含区域、房屋类型、房屋结构、面积和朝向，使用 split() 进行切分得到具体的分项信息，朝向信息缺失的则使用空字符串赋值。

步骤 10：类似上述步骤，查找离公共交通距离和价格的 XPath 路径，得到离公共交通距离的 CSS 选择器为 ".list-pic-ad::text"，价格的 CSS 选择器为 ".price-items div span::text"。

步骤 11：在 spider.py 中增加 parse_page 函数，初始化 parsel.Selector() 对象，获取到所有 class 为 "listUnit-date" 的 li 标签，从 li 标签中提取出租房的标题、区域、房屋类型、房屋结构、面积、朝向、交通距离和价格信息。将 8 个字段信息组合成字典，保存租房信息至 house_raw.csv 文件中。

```python
# 爬取数据
def parse_page(url):
    # 获取网页源码
    html = get_page(url)

    # 暂停1~3秒的整数秒，时间区间：[1, 3]
    sleep(random.randint(1, 3))

    # 初始化 parsel.Selector() 对象
    selector = Selector(html)

    # 获取到所有 class 为 listUnit-date 的 li 标签
    node_list = selector.css("li.listUnit-date")

    # 打印获取到的标签数量
    print(len(node_list))

    # 遍历 li 标签，获取 li 标签中租房的各项信息
    for node in node_list:
        # 房屋信息块
        info = node.css(".pro-text")
        # 标题
        title = info.css(".list-pic-title h3 a::text").get().strip()

        # 详细信息
        detail = info.css(".list-pic-ps span::text").getall()
        detail[1] = re.sub("\\s+", " ", detail[1])
        contents = detail[1].split("|")
        # 区域
        district = contents[0].strip()
        # 房屋类型
        house_type = contents[1].strip()
        # 房屋结构
        structure = contents[2].strip()
        # 面积
        area = contents[3].strip()
        # 朝向
        if (len(contents) < 5):
            direction = ""
```

```python
        else:
            direction = contents[-1].strip()

        # 离公共交通距离
        distance = info.css(".list-pic-ad::text").getall()
        # 替换连续空格到单个空格
        if (len(distance) == 0):
            distance = ""
        if (len(distance) == 1):
            distance = re.sub("\\s+", " ", distance[0].strip())
        if (len(distance) == 2):
            distance = re.sub("\\s+", " ", distance[1].strip())

        # 价格
        price = node.css(".price-items div span::text").get()

        # 组合成字典
        dict = {
            '标题': title,
            '区域': district,
            '房屋类型': house_type,
            '房屋结构': structure,
            '面积': area,
            '朝向': direction,
            '交通距离': distance,
            '价格': price
        }

        # 保存商品信息
        with open('house_raw.csv', 'a', newline="", encoding='utf-8') as f:
            csv_write = csv.writer(f)
            csv_write.writerow([title, district, house_type, structure, area, direction, distance, price])
```

步骤12：在 spider.py 中定义主函数，设置爬取网站的起始页。

```python
if __name__ == '__main__':
    # 获取起始页源码
    base_url = "http://www.mysite.com:50001/findhouse/index1.html"
    parse_page(base_url)
```

步骤13：运行 spider.py，应该在项目根目录下看到文件"house_raw.csv"。打开"house_raw.csv"，看到如下结果：

城家公寓北京回龙观霍营地铁站店 2 楼,昌平-回龙观,公寓,一居室 C 房东直租+免中介费+整租房型,14M²,朝北,距离 8 号线霍营地铁站 724 米,3800 元
　　柚米寓（北京旭辉 26 街区店） 5 楼,顺义-顺义城区,公寓,复式简约一居室房型,21M²,朝南,距离 15 号线南法信地铁站 562 米,2530 元
　　魔方公寓（百子湾店） 2 楼,朝阳-百子湾,公寓,开间朝南房型,25M²,朝南,距离 7 号线百子湾地铁站 803 米,3990 元
　　魔方公寓（百子湾店） 2 楼,朝阳-百子湾,公寓,开间朝北房型,25M²,朝北,距离 7 号线百子湾地铁站 803 米,3507 元
　　泊寓西直门店 5 楼,海淀-小西天,公寓,一室户 D 配楼房型,25M²,众多朝向,距离 2 号线西直门地铁站

1138 米,5997.2 元
　　泊寓西直门店 2 楼,海淀-小西天,公寓,一室户 A 房型,15M²,众多朝向,距离 2 号线西直门地铁站 1138 米,4756.4 元
　　泊寓西直门店 8 楼,海淀-小西天,公寓,一室户 D 房型,24M²,众多朝向,距离 2 号线西直门地铁站 1138 米,6514.2 元
　　泊寓(亦庄店)　　1 楼,通州-次渠,公寓,LOFT 房型,24M²,众多朝向,距离亦庄线经海路地铁站 652 米,2600 元
　　泊寓西直门店 2 楼,海淀-小西天,公寓,COUPLE 房型,35M²,众多朝向,距离 2 号线西直门地铁站 1138 米,6930 元
　　柚米寓(北京旭辉 26 街区店)　　8 楼,顺义-顺义城区,公寓,飘窗复式中户型房型,30M²,朝北,距离 15 号线南法信地铁站 562 米,3380 元
　　柚米寓(北京旭辉 26 街区店)　　3 楼,顺义-顺义城区,公寓,双窗复式两居室房型,50M²,朝东,距离 15 号线南法信地铁站 562 米,4490 元
　　泊寓成寿寺社区 3 楼,丰台-宋家庄,公寓,standard 房型,29M²,朝东,距离 14 号线东段方庄地铁站 821 米,4558 元
　　城家公寓北京回龙观霍营地铁站店　　1 楼,昌平-回龙观,公寓,一居室 A 房东直租+免中介费+整租房型,13M²,众多朝向,距离 8 号线霍营地铁站 724 米,3400 元
　　泊寓(亦庄店)　　2 楼,通州-次渠,公寓,Studio 房型,20M²,朝南,距离亦庄线经海路地铁站 652 米,2800 元
　　泊寓(亦庄店)　　5 楼,通州-次渠,公寓,StudioL 房型,25M²,朝北,距离亦庄线经海路地铁站 652 米,3100 元

上面结果显示 15 条记录,恰好是 1 页数据,接下来继续增强爬虫功能,让它具有翻页爬取功能。

步骤 14:打开起始页,滑动页面到底端,将光标停留在最后一页的页码"5",然后单击鼠标右键,在弹出的快捷菜单中选择"检查"命令,查看页码"5"的 XPath 路径为"//span[@class="pageBtnWrap"]/a[last()-1]/text()",通过对多页网址进行分析,找到网址的规律:index+数字序列,如图 6-12 所示。

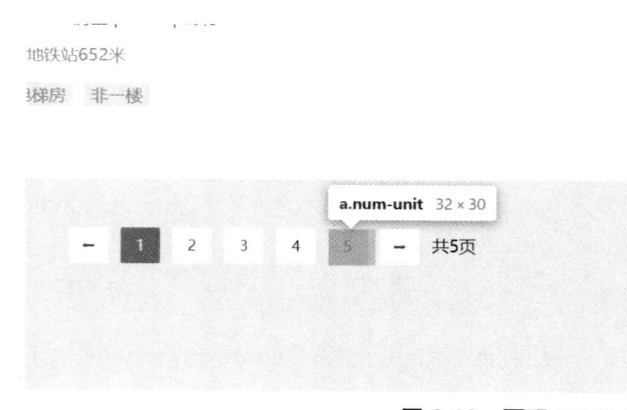

图 6-12　页码 XPath 路径查找

步骤 15:修改 spider.py,使爬虫具有翻页爬取功能。

```
if __name__ == '__main__':
    # 获取起始页源码

    base_url = "http://www.mysite.com:50001/findhouse/index1.html"
    # parse_page(base_url)
    # 爬取多页
    for i in range(1,6):
```

```
current_url = f"http://www.mysite.com:50001/findhouse/index{i}.html"
parse_page(current_url)
```

> **Python 中 f 字符串的用法**
>
> 要在字符串中插入变量的值,可在字符串左引号前加上字母 f,再将要插入的变量放在大括号{}内,如:f"http://www.mysite.com:50001/findhouse/index{i}.html"。

运行"spider.py",打开"house_raw.csv"。打开文件,看到如下结果:

```
城家公寓北京回龙观霍营地铁站店  2 楼,昌平-回龙观,公寓,一居室 C 房东直租+免中介费+整租房型,14M²,朝北,距离 8 号线霍营地铁站 724 米,3800 元
柚米寓(北京旭辉 26 街区店)  5 楼,顺义-顺义城区,公寓,复式简约一居室房型,21M²,朝南,距离 15 号线南法信地铁站 562 米,2530 元
魔方公寓(百子湾店)  2 楼,朝阳-百子湾,公寓,开间朝南房型,25M²,朝南,距离 7 号线百子湾地铁站 803 米,3990 元
魔方公寓(百子湾店)  2 楼,朝阳-百子湾,公寓,开间朝北房型,25M²,朝北,距离 7 号线百子湾地铁站 803 米,3507 元
泊寓西直门店  5 楼,海淀-小西天,公寓,一室户 D 配楼房型,25M²,众多朝向,距离 2 号线西直门地铁站 1138 米,5997.2 元
-------------------------------------------------
柚米寓(北京旭辉 26 街区店)  9 楼,顺义-顺义城区,公寓,地铁直达望京房型,48M²,朝东,距离 15 号线南法信地铁站 562 米,4200 元
柚米寓(北京旭辉 26 街区店)  4 楼,顺义-顺义城区,公寓,白领单身公寓房型,20M²,朝南,距离 15 号线南法信地铁站 562 米,2601 元
柚米寓(北京旭辉 26 街区店)  1 楼,顺义-顺义城区,公寓,过道窗户型房型,24M²,朝东,距离 15 号线南法信地铁站 562 米,2575 元
柚米寓(北京旭辉 26 街区店)  4 楼,顺义-顺义城区,公寓,温馨复式一居房型,27M²,朝西,距离 15 号线南法信地铁站 562 米,3308 元
柚米寓(北京旭辉 26 街区店)  5 楼,顺义-顺义城区,公寓,空港朝北开间房型,21M²,朝北,距离 15 号线南法信地铁站 562 米,2662 元
```

6.3.2 任务 2:Pandas 清洗数据

本项目任务 1 的输出结果显示 91 条记录,其中前 15 条是重复数据,需要删除。另外,字段"面积"和"价格"单位需要删除。接下来,采用 Pandas 完成数据清洗任务。

步骤 1:在项目根目录下依次选择"New"→"Python File",创建"data_clean.py",读入 house_raw.csv 到 DataFrame 类型。

```
# -*- coding: UTF-8 -*-
import pandas as pd

# 读入 csv 文件到 Dataframe 对象
labels = ['标题', '区域', '房屋类型', '房屋结构', '面积', '朝向', '交通距离', '价格']
df = pd.read_csv("house_raw.csv", names=labels, encoding='utf-8')
print(df.shape)
print(df.head())
```

运行"data_clean.py",PyCharm 控制台输出如下结果:

```
         标题            区域       房屋类型  ...   朝向         交通距离         价格
0  城家公寓北京回龙观霍营地铁站店 2 楼  昌平-回龙观   公寓  ...   朝北    距离 8 号线霍营地铁
站 724 米   3800 元
1   柚米寓（北京旭辉 26 街区店）5 楼  顺义-顺义城区  公寓  ...   朝南   距离 15 号线南法信地
铁站 562 米   2530 元
2      魔方公寓（百子湾店）2 楼    朝阳-百子湾   公寓  ...   朝南   距离 7 号线百子湾地铁站 803 米
3990 元
3      魔方公寓（百子湾店）2 楼    朝阳-百子湾   公寓  ...   朝北   距离 7 号线百子湾地铁站 803 米
3507 元
4       泊寓西直门店 5 楼        海淀-小西天   公寓  ...   众多朝向  距离 2 号线西直门地铁站 1138 米
5997.2 元
```

步骤 2：完善"data_clean.py"，删除重复记录，剔除缺失值。

```
# 去重
df = df.drop_duplicates()
# 剔除缺失值
df = df.dropna()
print(df.shape)
```

运行"data_clean.py"，PyCharm 控制台输出如下结果：

```
(42, 8)
```

步骤 3：完善 data_clean.py，从"标题"列抽取出小区和楼层。

```
# 标题裂变为 2 列
df['小区'] = df['标题'].apply(lambda x: x.split(' ')[0])
df['小区'] = df['小区'].str.replace('(.*?)', '')
df['楼层'] = df['标题'].apply(lambda x: x.split(' ')[1])
print(df[["小区", "楼层"]].head())
```

运行"data_clean.py"，PyCharm 控制台输出如下结果：

```
          小区                      楼层
0  城家公寓北京回龙观霍营地铁站店         2 楼
1  柚米寓                              5 楼
2  魔方公寓                           2 楼
3  魔方公寓                           2 楼
4  泊寓西直门店                       5 楼
```

步骤 4：完善"data_clean.py"，从"区域"列抽取出区和域。

```
# 区域裂变为 2 列
df['区'] = df['区域'].apply(lambda x: x.split('-')[0])
df['域'] = df['区域'].apply(lambda x: x.split('-')[1])
print(df[["区", "域"]].head())
```

运行"data_clean.py"，PyCharm 控制台输出如下结果：

```
     区      域
0  昌平    回龙观
1  顺义    顺义城区
2  朝阳    百子湾
3  朝阳    百子湾
4  海淀    小西天
```

步骤 5：完善"data_clean.py"，去除"面积"和"价格"字段的单位后缀。

```python
# 去除单位
df['面积'] = df['面积'].apply(lambda x: x[:-2])
df['价格'] = df['价格'].apply(lambda x: x[:-1])
print(df[["面积", "价格"]].head())
```

运行"data_clean.py",PyCharm 控制台输出如下结果:

```
   面积    价格
0  14   3800
1  21   2530
2  25   3990
3  25   3507
4  25   5997.2
```

步骤 6:完善"data_clean.py",去除多余列并更新索引。

```python
# 去除多余列
df = df.drop(['标题', '区域'], axis=1)
# 更新索引
df = df.reset_index(drop=True)
df.index = df.index + 1
print(df.shape)
print(df.head())
```

运行"data_clean.py",PyCharm 控制台输出如下结果:

```
(42, 10)
  房屋类型      房屋结构                面积     朝向   ...      小区                楼层
区    域
1    公寓     一居室C房东直租+免中介费+整租房型    14     朝北   ...   城家公寓北京回
龙观霍营地铁站店        2楼          昌平    回龙观
2    公寓     复式简约一居室房型          21     朝南   ...                柚米
寓                5楼          顺义    顺义城区
3    公寓     开间朝南房型              25     朝南   ...              魔方公
寓                2楼          朝阳    百子湾
4    公寓     开间朝北房型              25     朝北   ...              魔方公
寓                2楼          朝阳    百子湾
5    公寓     一室户D配楼房型            25     众多朝向 ...                泊寓
西直门店            5楼          海淀    小西天
```

> **index 索引值设置成从 1 开始**
>
> Pandas 的 DataFrame 的 index 索引起始值默认为 0,为了与 MySQL 中存储的数据主键 id 列保持一致,需要将 index 索引值设置成从 1 开始。

步骤 7:完善"data_clean.py",保存清洗后的数据。

```python
# 保存为 CSV 文件
df.to_csv("house_clean.csv", index_label=True)
```

6.3.3 任务 3:MySQL 存储数据

下面要转到 MySQL,把净化后的数据导入 MySQL。

步骤 1:使用 Navicat 软件,创建数据库"house",如图 6-13 所示。

图 6-13 创建数据库 house

> **Navicat**
>
> Navicat 是一套可创建多个连接的数据库管理工具，用以方便管理 MySQL、Oracle、SQL Server、MariaDB 和 MongoDB 等不同类型的数据库。

步骤 2：打开 house 数据库，新建查询后创建表 house_info。

```
CREATE TABLE house_info (id INT,house_type VARCHAR(20),structure VARCHAR(20),
area INT,direction VARCHAR(20),distance VARCHAR(50),price INT,addr VARCHAR(20),
floor VARCHAR(20), district VARCHAR(20),road VARCHAR(20),PRIMARY KEY (id) )
charset = utf8;
```

步骤 3：在 PyCharm 中选择"clean.csv"选项，使用鼠标右键单击，在弹出的快捷菜单中选择"Absolute Path"命令，复制文件的绝对路径，如图 6-14 所示。如果 clean.csv 绝对路径中包含中文路径，要把文件复制到绝对路径只包含中文的位置，然后选中文件，单击鼠标，右键在弹出的快捷菜单中选择"属性"→"安全"→"对象名称"，复制文件绝对路径。

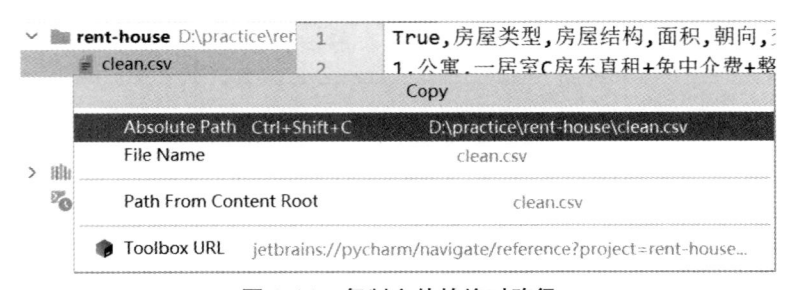

图 6-14 复制文件的绝对路径

步骤 4：将清洗后的 CSV 文件导入 house_info 表中，如图 6-15 所示，路径中的"\"要换成"\\"，因为"\"在 MySQL 中是转义符。

```
LOAD DATA LOCAL INFILE "D:\\practice\\rent-house\\house_clean.csv" INTO TABLE
house_info CHARACTER
    SET utf8 FIELDS TERMINATED BY ',' OPTIONALLY ENCLOSED BY '"' LINES TERMINATED
BY '\r\n' IGNORE 1 LINES ( id, house_type, structure, area, direction, distance,
price, addr, floor, district, road );
```

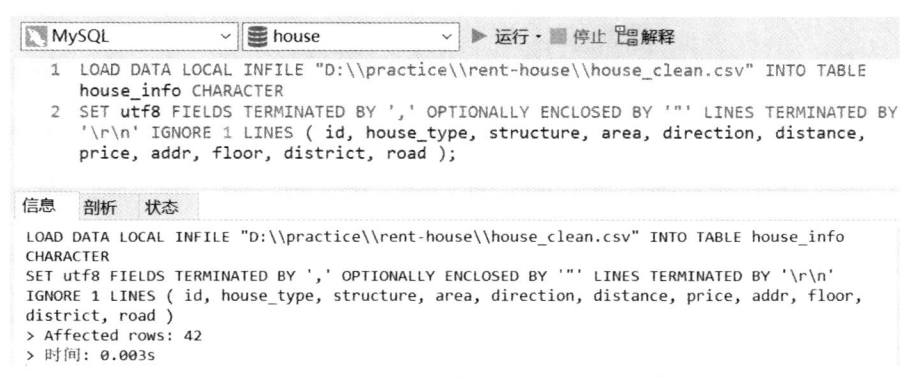

图 6-15　导入 CSV 文件到 house_info 表

步骤 5：执行 select 语句，检查前 5 条记录。

```
select * from house_info limit 5;
```

运行结果如图 6-16 所示。

图 6-16　检查数据导入结果

6.3.4　任务 4：Flask 搭建服务

数据存入 MySQL 数据库后，采用 Flask 搭建 MTC 应用。

步骤 1：在项目的根目录下依次选择"New"→"Python Package"，创建 app 包。

步骤 2：在 app 包下依次选择"New"→"Python Package"，创建 views 包。

步骤 3：在 app 包下依次选择"New"→"Directory"，创建目录 static，然后把 echarts.min.js 复制到 app/static 目录下，当前项目结构如图 6-17 所示。

图 6-17 项目结构

步骤 4：在 app 包下依次选择"New"→"Python File"，创建 extensions.py，定义 db 变量和 config_extensions 方法。

```
# -*- coding: UTF-8 -*-
from flask_sqlalchemy import SQLAlchemy

db = SQLAlchemy()


def config_extensions(app):
    db.init_app(app)
```

步骤 5：在 app/views 包下依次选择"New"→"Python File"，创建 main.py，定义 blueprint 变量。

```
# -*- coding: UTF-8 -*-
from flask import Blueprint

blueprint = Blueprint("main", __name__)
```

步骤 6：完善 app/views/__init__.py，定义 DEFAULT_BLUEPRINT 变量。

```
# -*- coding: UTF-8 -*-
from app.views.main import blueprint

DEFAULT_BLUEPRINT = (
    (blueprint, ""),
)
```

步骤 7：完善 app/__init__.py，定义 Config 类、config_blueprint 方法、create_app 方法。

```
# -*- coding: UTF-8 -*-
from flask import Flask

from app.extensions import config_extensions
from app.views import blueprint



class Config:
```

```
    SQLALCHEMY_COMMIT_ON_TEARDOWN = True
    SQLALCHEMY_TRACK_MODIFICATIONS = False
    SQLALCHEMY_DATABASE_URI                                                  =
"mysql+pymysql://root:123456@127.0.0.1:3306/house?charset=utf8"

def config_blueprint(app):
    app.register_blueprint(blueprint, url_prefix="")


def create_app(config):
    app = Flask(__name__)
    app.config.from_object(config)
    config_extensions(app)
    config_blueprint(app)

    return app
```

检查用户名、密码和端口，确认输入值和安装的 MySQL 一致，确认连接地址中的数据库名称与 MySQL 中创建的数据库名称一致。

步骤 8：在 app 包下依次选择 "New" → "Python File"，创建 manager.py。

```
# -*- coding: UTF-8 -*-
from flask_script import Manager, Server

from app import create_app, Config

if __name__ == '__main__':
    app = create_app(Config)
    manager = Manager(app)
    manager.add_command('runserver', Server(host='127.0.0.1', use_debugger=True, use_reloader=True))
    manager.run()
```

利用鼠标右键单击 manager.py，在弹出的快捷菜单中选择 "Run Manager" 命令，运行程序，控制台如图 6-18 所示结果。

```
positional arguments:
  {runserver,shell}
    runserver           Runs the Flask development server i.e. app.run()
    shell               Runs a Python shell inside Flask application context.

optional arguments:
  -?, --help            show this help message and exit

Process finished with exit code 2
```

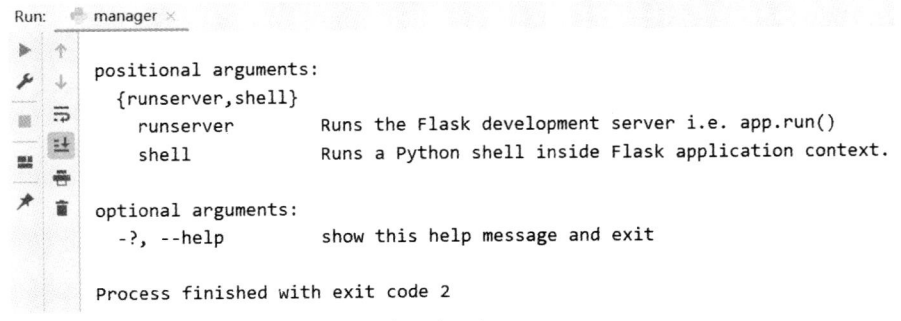

图 6-18　第一次运行 manager.py

在菜单中依次选择 "Run" → "Edit Configuration"，选中 "manager"，在 "Parameters" 框中填写 "runserver"。再次利用鼠标右键单击 "manager.py"，在弹出的快捷菜单中选择 "Run Manager" 命令，运行程序。控制台出现如图 6-19 所示结果，代表 Flask 配置成功。

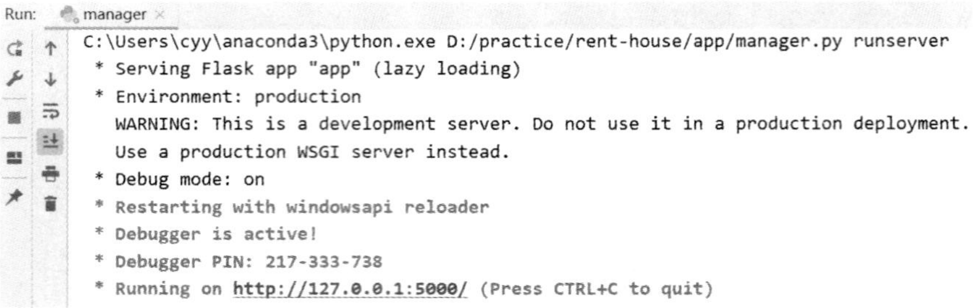

```
Run:   manager
       C:\Users\cyy\anaconda3\python.exe D:/practice/rent-house/app/manager.py runserver
        * Serving Flask app "app" (lazy loading)
        * Environment: production
          WARNING: This is a development server. Do not use it in a production deployment.
          Use a production WSGI server instead.
        * Debug mode: on
        * Restarting with windowsapi reloader
        * Debugger is active!
        * Debugger PIN: 217-333-738
        * Running on http://127.0.0.1:5000/ (Press CTRL+C to quit)
```

图 6-19 Flask 配置成功

单击"停止"按钮，停止 manager 运行。

步骤 9：在 app 包下依次选择"New"→"Python Package"，创建包 models。

步骤 10：在包 app/models 下依次选择"New"→"Python File"，创建 entities.py，定义 House 类。

```python
# -*- coding: UTF-8 -*-
from app.extensions import db

# 定义 House 类
class House(db.Model):
    __tablename__ = 'house_info'
    id = db.Column(db.Integer, primary_key=True)
    # 楼层
    floor = db.Column(db.String(20))
    # 租金
    price = db.Column(db.Integer)
    # 区
    district=db.Column(db.String(20))
```

步骤 11：完善 app/models/__init__.py，开放 House 类。

```python
# -*- coding: UTF-8 -*-
from .entities import House
```

步骤 12：完善 app/views/main.py，定义 get_house_num_by_district 和 api_house_num 方法。

```python
# -*- coding: UTF-8 -*-
from flask import Blueprint, jsonify
from sqlalchemy import func, text

from app.extensions import db
from app.models import House

blueprint = Blueprint("main", __name__)
def get_house_num_by_district():
    rows = db.session.query(House.district, func.count().label('count')).group_by('district').order_by(
        text('count desc')).limit(5)

    x = []
    y = []
    for row in rows:
```

```
        x.append(row[0])
        y.append(row[1])

    return x, y

@blueprint.route("/api/house_num")
def api_house_num():
    x, y = get_house_num_by_district()
    return jsonify([x, y])
```

步骤 13：运行"app/manager.py",打开 Chrome 浏览器,访问 http://127.0.0.1:5000/api/house_num,从服务器返回租房数据的列表,表示 Flask 连接数据库正常,如图 6-20 所示。

图 6-20　Flask 连接数据库正常

6.3.5　任务 5：Flask+ECharts 可视化数据

有了 Flask 提供的数据,采用 ECharts 框架的柱状图完成区房源数的统计显示。

步骤 1：完善 app/views/main.py,增加定义 house_num 方法。

```
# -*- coding: UTF-8 -*-
from flask import Blueprint, jsonify, render_template
from sqlalchemy import func, text

from app.extensions import db
from app.models import House

blueprint = Blueprint("main", __name__)

def get_house_num_by_district():
    rows = db.session.query(House.district, func.count(1).label('count')).group_by('district').order_by(
        text('count desc')).limit(5)

    x = []
    y = []
```

```python
    for row in rows:
        x.append(row[0])
        y.append(row[1])

    return x, y


@blueprint.route("/api/house_num")
def api_house_num():
    x, y = get_house_num_by_district()
    return jsonify([x, y])


@blueprint.route("/house_num")
def house_num():
    x, y = get_house_num_by_district()

    return render_template('single_chart.html', x_data=x, y_data=y)
```

步骤 2：在 app 包下依次选择"New"→"Directory"，创建 templates 目录。

步骤 3：在 templates 目录下依次选择"New"→"HTML File"，创建 single_chart.html。

```html
<!DOCTYPE html>
<html lang="en">
<head>
    <meta charset="UTF-8">
    <title>单图</title>
</head>
<body>

</body>
</html>
```

步骤 4：在 single_chart.html 中引入依赖的 JS 文件。

```html
<!DOCTYPE html>
<html lang="en">
<head>
    <meta charset="UTF-8">
    <title>单图</title>
    <script src="../static/echarts.min.js"></script>
</head>
<body>

</body>
</html>
```

步骤 5：完善 single_chart.html，定义 div 元素和编写 JS 代码。JS 代码中引用数据分析产生的数据，实例化 ECharts 图表对象，然后传给 div 元素显示。

```html
<!DOCTYPE html>
<html lang="en">
<head>
```

```html
    <meta charset="UTF-8">
    <title>单图</title>
    <script src="../static/echarts.min.js"></script>
</head>
<body>
<!-- 为 ECharts 准备一个定义了宽高的 DOM>
<div id="chart1" style="width: 650px;height:400px;"></div>
<script type="text/javascript">
    // 基于准备好的 dom, 初始化 ECharts 实例
    var myChart1 = echarts.init(document.getElementById('chart1'));

    var xdata =[{%for i in x_data%} "{{i}}", {%endfor%}];
    var ydata =[{%for i in y_data%} "{{i}}", {%endfor%}];

    // 指定图表的配置项和数据
    var option = {
      title: {
        text: '区房源数排行 Top5'
      },
      tooltip: {},
      xAxis: {
        name:'区',
        data: xdata,
        axisLabel:{interval:0, rotate:0}
      },
      yAxis: {
          name:'房源数'
      },
      series: [
        {
          name: '房源数',
          type: 'bar',
          data: ydata.map(item=>parseFloat(item)),
          label:{
              show:true,
              textStyle:{
                  fontSize:14,
                  color:'white'
              }
          }
        }
      ]
    };

    // 使用刚指定的配置项和数据显示图表。
    myChart1.setOption(option);
</script>

</body>
</html>
```

打开 Chrome 浏览器, 访问 http://127.0.0.1:5000/house_num, 可视化结果如图 6-2 所示。

课后习题

一、选择题

1. 以下哪些是爬虫技术可能存在的风险？（   ）
   A. 大量占用爬取网站的资源　　　　　　B. 网站敏感信息的获取造成的不良后果
   C. 违背网站爬取设置　　　　　　　　　D. 以上都是

2. 下列关于 Python 爬虫库的功能，描述不正确的是（   ）。
   A. 通用爬虫库 urllib 3　　　　　　　　B. 通用爬虫库 Requests
   C. 爬虫框架 Scrapy　　　　　　　　　　D. HTML/XML 解析器 PycURL

3. Parsel 由（   ）团队开发。
   A. Scrapy　　　　B. Python　　　　C. Java　　　　D. C

4. Parsel 库可以解析（   ）。
   A. ASP　　　　　B. JSP　　　　　　C. HTML 和 XML　　　　D. PHP

5. 在 Parsel 库中，getall() 是将 css() 查询到的结果转换为 Python 的（   ）。
   A. 字符串　　　　B. 字典　　　　　　C. 列表　　　　　D. 元组

二、填空题

下面是 books.html 的源代码，完成下面的程序填空。

```html
<!DOCTYPE html>
<html lang="en">
<head>
    <meta charset="UTF-8">
    <title>图书信息</title>
</head>
<body>
<div class="article">
    <div class="pl2">
        <a href="#" title="红楼梦">红楼梦</a>
        <p class="pl">[清] 曹雪芹 著 / 人民文学出版社 / 1996-12 / 59.70 元</p>
        <div>
            <span class="rating_nums">9.6</span>
            <span class="pl">(374609 人评价)</span>
        </div>
        <p class="quote">
            <span class="inq">都云作者痴，谁解其中味？</span>
        </p>
    </div>
    <div class="pl2">
        <a href="#" title="活着">活着</a>
        <p class="pl">余华 / 作家出版社 / 2012-8-1 / 20.00 元</p>
        <div class="star">
            <span class="rating_nums">9.4</span>
            <span class="pl">(701216 人评价)</span>
        </div>
        <p class="quote">
            <span class="inq">生的苦难与伟大</span>
        </p>
    </div>
```

```
</div>
</body>
</html>
```

1. 已知 books.html，技术人员想爬取图书信息并保存到 books_raw.csv，请完善代码。

```
# -*- coding: UTF-8 -*-
import csv
import re

import requests
from parsel import Selector


# 获取网页源码
def get_page(url):
    # 发送 get 请求
    html = requests.get(url)
    # 网页内容
    html_doc = html.content.decode(encoding="UTF-8")
    # 返回网页源码
    return html_doc


# 爬取数据
def parse_page(url):
    # 获取网页源码
    html = get_page(url)

    # 初始化 parsel.Selector()对象
    selector = Selector(html)

    # 获取到所有 class 为 listUnit-date 的 li 标签
    node_list = selector.css("div.pl2")

    # 遍历标签，获取标签中图书的各项信息
    for node in node_list:
        # 书名
        title = node.css("_____").

        # 详细信息
        detail = node.css("_____").
        detail[0] = re.sub("\\s+", " ", detail[0])
        contents = detail[0].split("   ")
        # 作者
        author = contents[0].strip()
        # 出版社
        publish = contents[1].strip()
        # 日期
        date = contents[2].strip()
        # 价格
        price = contents[3].strip()
```

```
            # 评分
            score = node.css("_____").get()
            # 人次
            num = node.css("_____").get()

            # 推荐
            quote = node.css("_____").get()

            # 组合成字典
            dict = {
                '书名': title,
                '作者': ____,
                '出版社': publish,
                '日期': date,
                '价格': ____,
                '评分': ____,
                '人次': num,
                '推荐': quote
            }

            # 保存商品信息
            with open('books_raw.csv', 'a', newline="", encoding='utf-8') as f:
                csv_write = csv.writer(f)
                csv_write.writerow([title, author, publish, date, price, score, num, quote])
```

2. 在上个习题生成的 books_raw.csv 中，"价格"列包含后缀"元"，"人次"列包含前缀"（"和后缀"人评价）"，技术人员想把价格和评价数去除前后缀后解析出来保存到 books_clean.csv，请完善代码。

```
# -*- coding: UTF-8 -*-
import pandas as pd

# 读入 CSV 文件到 DataFrame 对象
labels = ['书名', '作者', '出版社', '日期', '价格', '评分', '人次', '推荐']
df = pd.read_csv("books_raw.csv", names=labels, encoding='utf-8')

# 去重
df = df._____
# 剔除缺失值
df = df._____

# 去除单位
df['价格'] = df['价格'].apply(_____)
df['人次'] = df['人次'].apply(_____)
# 更新索引
df = df.reset_index(drop=True)
df.index = df.index + 1

# 保存为 CSV 文件
df.to_csv("books_clean.csv", index_label=True)
```

三、应用题

选择一个房屋租赁网站，爬取不同区的房屋租赁价格数据，用柱状图显示区房源价格排行 Top5。

能力拓展

组合图可视化房源分析统计结果

任务目标

运用本章学习的技术，完成一个折线图"楼层房源数与价格比较"，然后把课堂完成的"区房源数排行 Top5"柱状图放到一个页面展示，结果如图 6-21 所示。

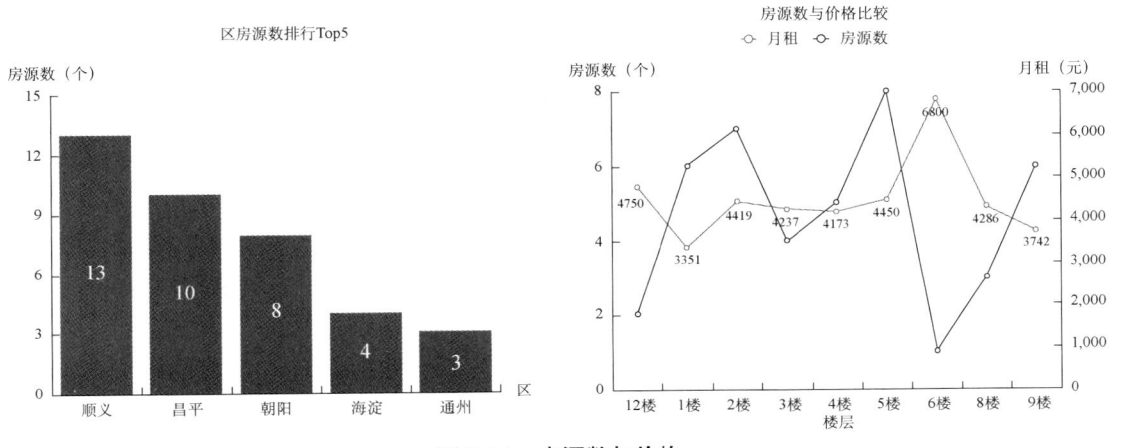

图 6-21 房源数与价格

任务分析

页面中有楼层、房源数和月租，需要采集、清洗、分析数据，最后用折线图可视化各楼层的房源数和月租。

任务实施

任务引导 1：楼层数据已存储在数据库 house 的 house_info 表的 floor 字段中。

任务引导 2：月租数据已存储在数据库 house 的 house_info 表的 price 字段中。

任务引导 3：完善 app/views/main.py，定义 get_house_price_by_floor 和 api_house_price 函数。

```
def get_house_price_by_floor():
    rows            =           db.session.query(House.floor,           func.count(1),
func.avg(House.price)).group_by('floor').order_by('floor')
    x = []
    ya = []
    yb = []
    for row in rows:
        // 待补充
        // 待补充
        // 待补充

    return x, ya, yb
```

```
@blueprint.route("/api/house_price")
def api_house_price():
    x, ya, yb = get_house_price_by_floor()
    return jsonify([x, ya, yb])
```

任务引导 4：保持 app/manager.py 运行状态，打开 Chrome 浏览器，访问 http://127.0.0.1:5000/api/house_price，从服务器返回租房数据的列表，如图 6-22 所示，表示 Flask 连接数据库正常。

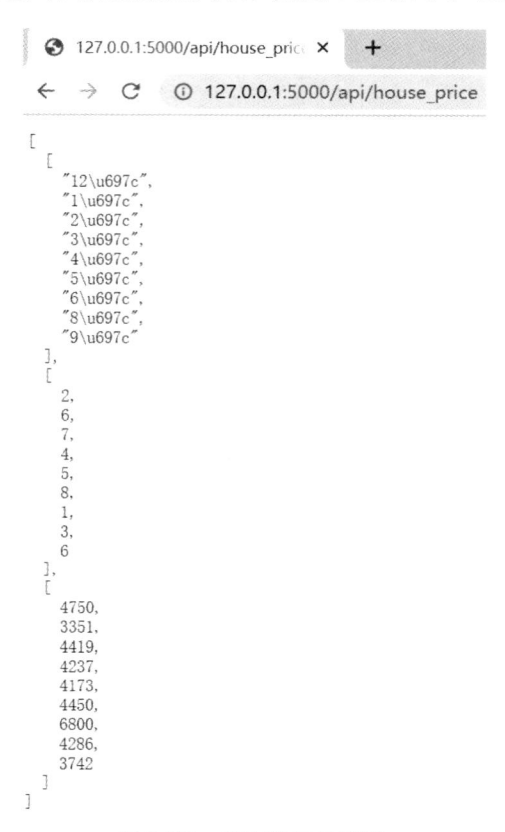

```
[
    [
        "12\u697c",
        "1\u697c",
        "2\u697c",
        "3\u697c",
        "4\u697c",
        "5\u697c",
        "6\u697c",
        "8\u697c",
        "9\u697c"
    ],
    [
        2,
        6,
        7,
        4,
        5,
        8,
        1,
        3,
        6
    ],
    [
        4750,
        3351,
        4419,
        4237,
        4173,
        4450,
        6800,
        4286,
        3742
    ]
]
```

图 6-22　租房数据的列表

任务引导 5：定义 house_price 函数，输出 DB 查询结果到页面。

```
@blueprint.route("/house_price")
def house_price():
    x1, y1 = get_house_num_by_district()
    x2, ya, yb = get_house_price_by_floor()

    return render_template('composite_chart.html', x1_data=x1, y1_data=y1,
                           x2_data=x2, ya_data=ya, yb_data=yb)
```

任务引导 6：template 目录中新建 HTML File "composite_chart.html"，引用上面产生的租房数据，完善 composite_chart.html，设计 "房源数与价格比较" 折线图，如图 6-23 所示。

```
<!DOCTYPE html>
<html lang="en">
<head>
```

```html
    <meta charset="UTF-8">
    <title>复合图</title>
    <script src="../static/echarts.min.js"></script>
</head>
<body>
<!-- 为 ECharts 准备一个定义了宽高的 DOM-->
<div style="display:table;margin:0 auto">
    <div id="chart2" style="float:left;width: 500px;height:400px;"></div>
</div>

<script type="text/javascript">
    // 基于准备好的dom，初始化echarts实例
    var myChart2 = echarts.init(document.getElementById('chart2'));

    // 待补充
    // 待补充
    // 待补充

    // 指定图表的配置项和数据
    var option = {
      title: {
        text: '房源数与价格比较'
      },
      legend:{
          data:['月租','房源数']
      },
      tooltip: {},
      xAxis: {
        name:'楼层',
        nameLocation:'center',
        nameGap:25,
        data: xdata,
        axisLabel:{interval:0, rotate:0}
      },
      yAxis: [
      {
        name:'房源数（个）',
        splitLine:{
          show:false
        }
      },
      {
        name:'月租（元）'
      }
      ],
      series: [
        {
          name: '房源数',
          type: 'line',

          data: yadata,
          label:{
              show:false,
              position:'top',
              textStyle:{
```

```
                    fontSize:10,
                    color:'#092D3D'
                }
            }
        },
        {
          name: '月租',
          type: 'line',
          yAxisIndex:1,
          color:'#7C86CC',
          data: ybdata,
          label:{
              show:true,
              position:'bottom',
              textStyle:{
                  fontSize:10,
                  color:'#092D3D'
              }
          }
        }
      ]
    };

        // 使用刚指定的配置项和数据显示图表。
        myChart2.setOption(option);
</script>
</body>
</html>
```

运行结果如下:

```
<!DOCTYPE html>
<html lang="en">
<head>
    <meta charset="UTF-8">
    <title>复合图</title>
    <script src="../static/echarts.min.js"></script>
</head>
<body>
    // 待补充
    // 待补充

<script type="text/javascript">
    var myChart1 = echarts.init(document.getElementById('chart1'));
    // 待补充

    var myChart2 = echarts.init(document.getElementById('chart2'));
    // 待补充
</script>
</body>
</html>
```

任务引导 7：完善 composite_chart.html，把"楼层房源数与价格比较"折线图和"区房源数排行 Top5"柱状图放在一个页面，效果如图 6-21 所示。

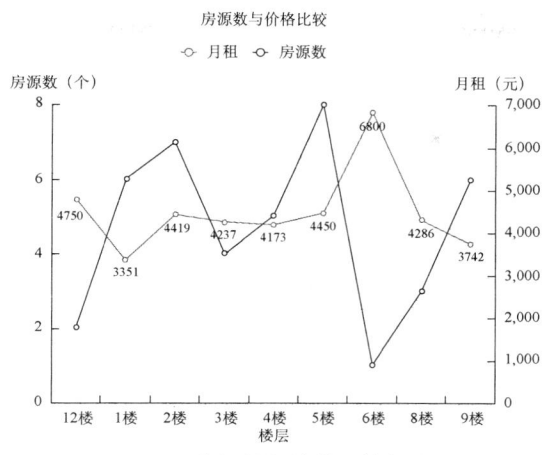

图 6-23　房源数与价格比较折线图

本篇小结

　　进阶篇是爬虫程序员学习的提高阶段。本篇重点介绍了 MySQL、Flask、ECharts 等技术的使用方法，便于用户能够高效地保存和展示数据。第 4 章以爬取二手车网站为例，介绍 Scrapy 爬虫框架的详细使用步骤，阐述数据清洗的方法，并将清洗的数据保存到 MySQL 数据库中，再搭建 Flask 平台调用 MySQL 数据，利用 ECharts 进行数据可视化。第 5 章以爬取旅游网站为例，介绍 Requests 爬虫技术实现 JSON 数据的采集，分析 JSON 的结构提取相关字段数据，进而对数据进行清洗并存储到 MySQL 数据库中，最后利用 ECharts 可视化统计结果。第 6 章以爬取房产网站为例，介绍了 Requests 结合 Parsel 采集数据的方法，将清洗过的数据导入 MySQL 数据库，再搭建 Flask 数据服务，使用 ECharts 实现数据可视化。本篇每章均安排了课后习题和能力拓展环节，进一步指导读者熟练掌握相关技术技能，加深理解爬虫相关知识，达到独立完成网络爬虫项目的学习目标。

第三篇　网络爬虫高级篇

第 7 章　购物 Selenium 爬虫实战

本章结合某购物网站，介绍 Selenium 在数据收集方面的应用。首先，我们介绍项目要达成的目标；然后根据目标分析购物网站，分解项目任务；接下来针对每个任务涉及的相关知识和技术，详细介绍任务的实施过程；最后提供课后练习，帮助读者熟练掌握 Selenium 爬虫项目技术。另外，能力拓展环节也提供复合图的项目引导步骤，让读者更直观地感受 Selenium 爬虫项目的整个实施过程。

技能要求

（1）掌握 Selenium 通过 CSS 选择器选取元素的方法。
（2）掌握 Selenium 模拟用户单击按钮的方法。
（3）掌握解析内容存储到 CSV 文件的方法。
（4）掌握读取 CSV 文件到 DataFrame 对象的方法。
（5）掌握 DataFrame 去重方法。
（6）掌握 DataFrame 自定义函数转换数据的方法。
（7）掌握将 DataFrame 对象保存到 CSV 文件的方法。
（8）掌握 DataFrame 分组 count 统计的方法。
（9）掌握 DataFrame 分组 sum 统计的方法。
（10）了解 Pandas 打印设置。
（11）了解 Series.str.match 函数过滤 DataFrame 对象。
（12）了解 ECharts 柱状图。

学习导览

本任务学习导览如图 7-1 所示。

图 7-1 学习导览图

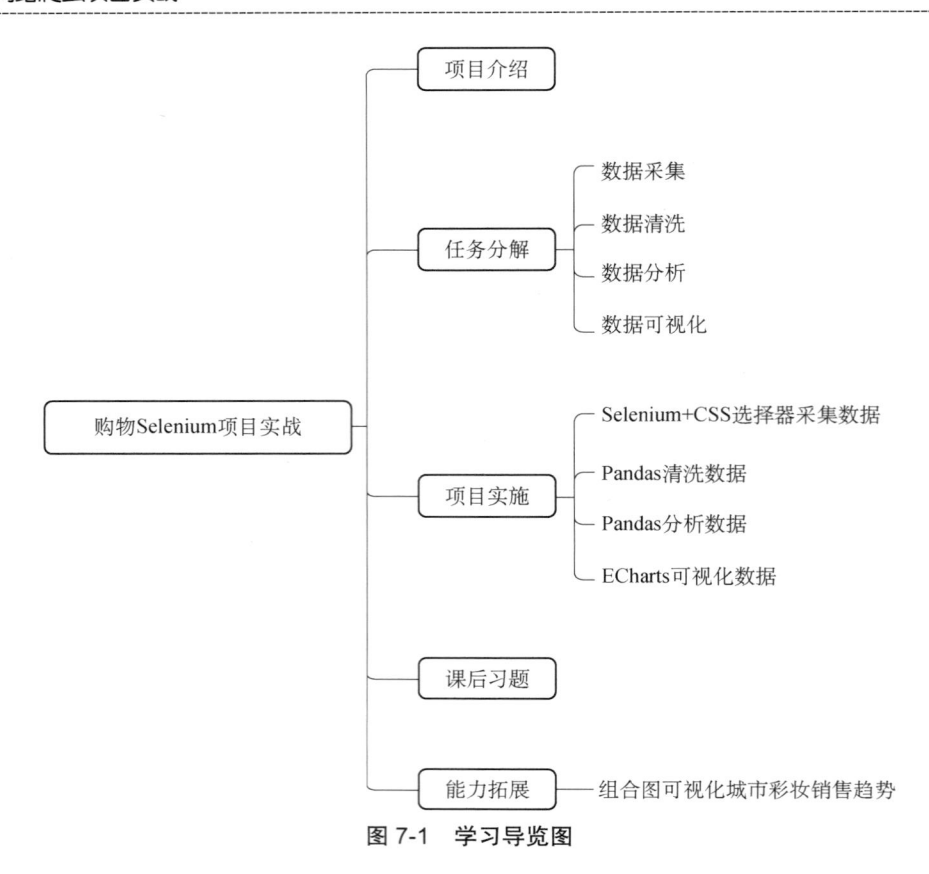

微课：购物 Selenium 项目介绍

7.1 项目介绍

搜索某购物网站的美妆商品，用 ECharts 柱状图展示彩妆商品种类最高的 5 个城市，效果如图 7-2 所示。

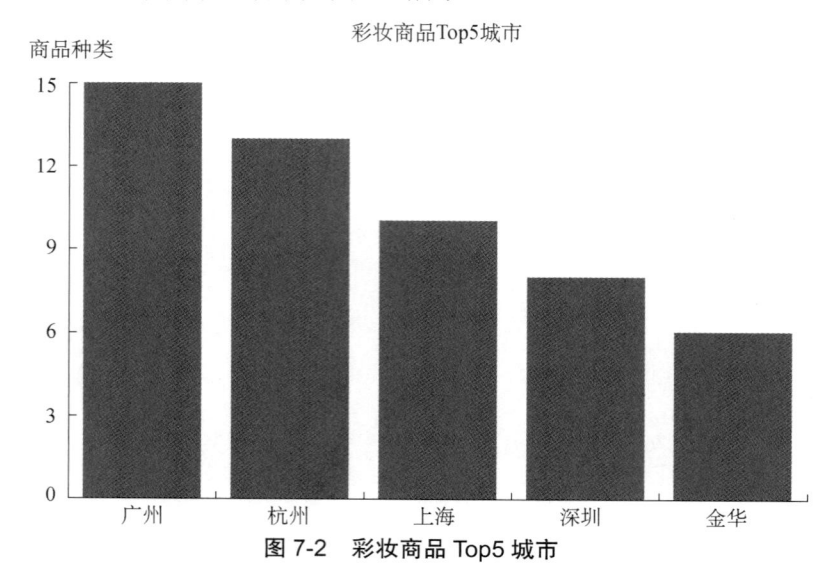

图 7-2 彩妆商品 Top5 城市

7.2 任务分解

类似第 6 章中的项目,本项目从搜索彩妆商品开始,采集页面的彩妆商品数据,经过清洗和分析,最后以柱状图展示,项目可分解成 4 个任务:数据采集、数据清洗、数据分析、数据可视化。

1. 数据采集

结合目标网站分析数据的来源,找到目标字段和页面的对应关系,结果如表 7-1 所示。

表 7-1 目标字段表

字段	字段类型	数据来源	例子
商品名称	string	列表页面	自营
价格	float	列表页面	1.1 万+
单数	string,格式:数字+付款	列表页面	800+人付款
经销商	string	列表页面	韩束领航专卖店
货源	string,格式:省份 城市	列表页面	陕西 西安

该任务采用 Selenium 爬虫技术,爬取列表页面,通过 CSS 选择匹配样式的元素后,将数据保存到 CSV 文件。

2. 数据清洗

多次爬取后的 CSV 文件有重复数据,需要删除重复行。另外要从"货源"列中解析出货源城市。

3. 数据分析

采用 Pandas 技术,按照城市分组统计商品种类,结果按照种类数量倒序排列。

4. 数据可视化

如图 7-2 所示,采用 ECharts 设计实现"彩妆商品 Top5 城市"柱状图。

7.3 项目实施

7.3.1 任务 1:Selenium+CSS 选择器采集数据

Selenium 是用于 Web 应用程序测试的工具,也可以用于网络爬虫。Selenium 可以直接运行在浏览器中,模拟用户在浏览器中的各种操作,包括但不限于单击、复制、填写等。有时,我们需要在浏览器上进行重复多次的操作,例如不断地单击"下一页"按钮获得新的内容,这些枯燥费事的操作都可以通过 Selenium 模拟用户行为来完成。

CSS 选择器用于查找或选取要设置样式的 HTML 元素,Selenium 同样可以使用 CSS 选择器语法来选择页面元素,包括根据 tag/id/class 以及组合方式选择元素或者通过 CSS 后代选择器选择元素。

下面以爬取某购物网站的彩妆商品为例，介绍 Selenium 结合 CSS 选择器采集彩妆商品数据的详细步骤。

步骤 1：转到 Tomcat 安装目录下的 bin 目录，运行 startup.bat 后，打开 Chrome 浏览器，访问 http://www.mysite.com:50001/makeup/index.html，如显示网站首页，如图 7-3 所示，代表 Tomcat 运行正常。

图 7-3　购物网站首页

步骤 2：打开 PyCharm，依次选择"Create"→"New Project"，打开"New Project"窗口，创建项目 makeup，选中"Existing interpreter"单选按钮，"Interpreter"选择 Anaconda 安装目录下的 python.exe，如图 7-4 所示。

图 7-4　PyCharm 项目创建窗口

单击"Create"按钮,进入 makeup 项目。

步骤 3:在项目根目录下单击鼠标右键,在弹出的快捷菜单中选择"New"→"Python File"命令,创建 makeup_spider.py。

步骤 4:完善 makeup_spider.py,打开网站首页后关闭,测试 ChromeDriver。

```python
#encoding=utf-8
import time

from selenium import webdriver

start_url = "http://www.mysite.com:50001/makeup/index.html"

def main():
    # 打开首页
    browser.get(start_url)
    # 显式等待2秒钟
    time.sleep(2)

if __name__ == '__main__':
    # 初始化 ChromeDriver
    browser = webdriver.Chrome()
    main()
    # 退出浏览器,并释放资源
    browser.quit()
```

运行"makeup_spider.py",看到 Chrome 浏览器打开网站首页,然后关闭浏览器。

Selenium 关闭浏览器的两种方式

Selenium 关闭浏览器,有两种方式。

1. close

close 方式只关闭浏览器,但不会退出 ChromeDriver。

2. quit

quit 方式不仅可以关闭浏览器,而且可以退出 ChromeDriver,释放占用的资源。

步骤 5:打开网站首页,找到搜索输入框,单击鼠标右键,在弹出的快捷菜单中选择"检查"命令,在右边"Elements"选项卡中查找搜索输入框和搜索按钮,对照左边窗口的显示,找到对应的元素,如图 7-5 所示。

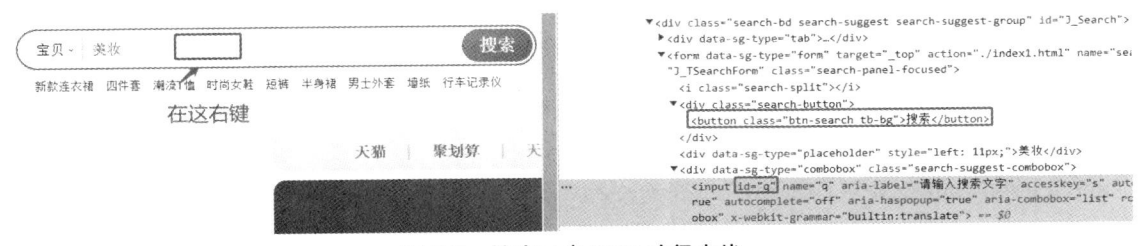

图 7-5 搜索元素 CSS 路径查找

搜索输入框的 CSS 模式为"#q",搜索按钮的 CSS 模式为"button.btn-search"。

步骤 6：在 makeup_spider.py 的 main 方法中添加跳转商品列表首页的代码：

```
# 根据关键字发送搜索请求
search_input = browser.find_element_by_css_selector("#q")
search_input.send_keys("彩妆")
search_button = browser.find_element_by_css_selector("button.btn-search")
search_button.click()
# 最大化浏览器后，等待 2 秒让页面完成载入
browser.maximize_window()
browser.implicitly_wait(2)
```

运行 makeup_spider.py，看到从网站首页跳转到商品列表首页，如图 7-6 所示。

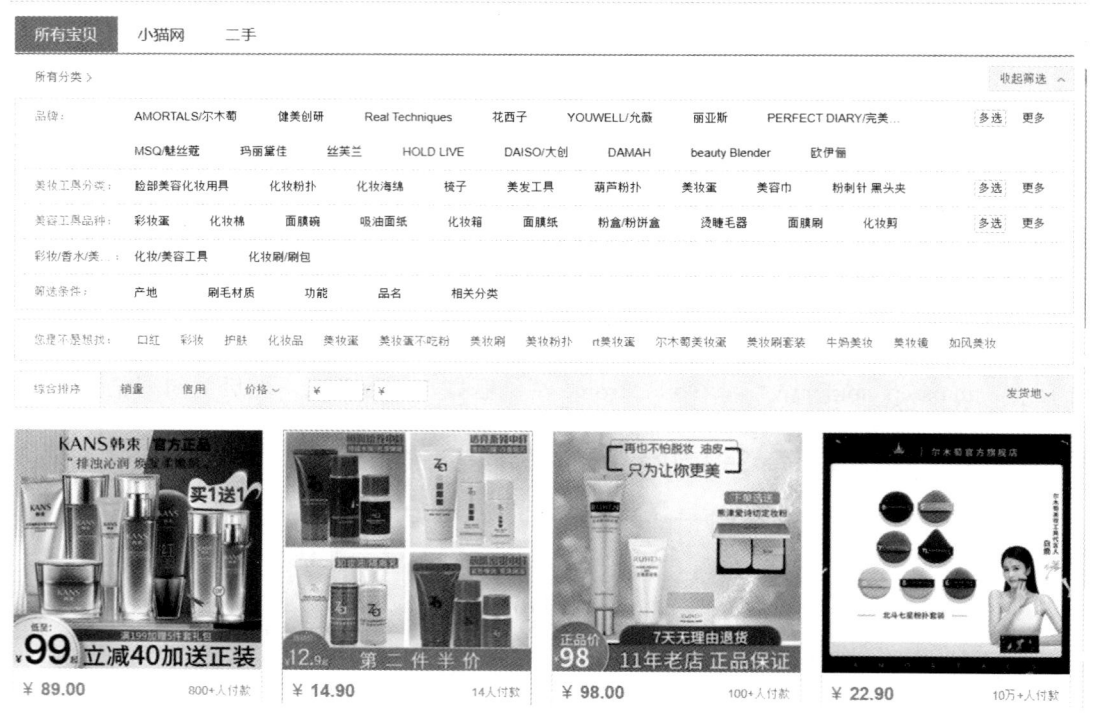

图 7-6　彩妆列表首页

time.sleep 和 implicitly_wait 的区别

1. time.sleep(2)

属于显示等待，必须等待 2 秒，然后执行后面的代码。

2. implicitly_wait(2)

属于隐式等待，2 秒内只要找到了元素就开始执行，2 秒后未找到，则超时。

当页面元素比较多，比如有提示框，页面加载比较慢时，采用 time_sleep 更合适；而 implicityly_wait 适合页面元素不是很多的情况，可以节约执行时间。

步骤 7：在网站首页单击"搜索"按钮，跳转到商品列表首页。然后将光标停留在一个商品后单击鼠标右键，在弹出的快捷菜单中选择"检查"命令，在右边的"Elements"选项卡查

找 div 元素。对照左边窗口的显示，找到商品对应的元素，如图 7-7 所示。

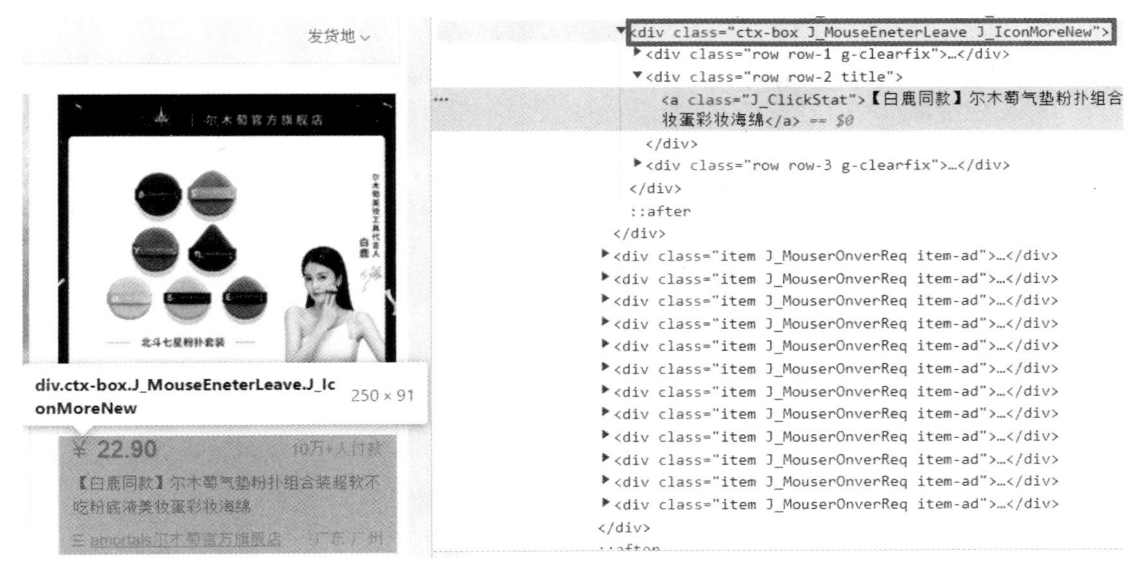

图 7-7　商品 CSS 路径查找

从图 7-7 中可以看出，商品的 CSS 模式为"div.ctx-box"。

CSS 选择器

CSS 选择器用于选择你想要的元素的样式，CSS 选择器分为 5 类：
（1）简单选择器（根据名称、id、类来选取元素）。
（2）组合器选择器（根据它们之间的特定关系来选取元素）。
（3）伪类选择器（根据特定状态选取元素）。
（4）伪元素选择器（选取元素的一部分并设置其样式）。
（5）属性选择器（根据属性或属性值来选取元素）。
CSS 选择器常用模式如表 7-2 所示。

表 7-2　CSS 选择器常用模式

模式	示例	示例说明
.class	.btn-search	选择所有 class="btn-search"的元素
#id	#q	选择所有 id="q"的元素
element.class	div.ctx-box	选择 class="ctx-box"的\<div\>元素
element>element	div > strong	选择所有父级是 \<div\> 元素的 \<strong\> 元素
:nth-child(n)	span:nth-child(2)	选择每个\<span\>元素是其父级的第二个子元素

步骤 8：将光标停留在左面页面窗口中第 1 件商品的名称，然后单击鼠标右键，在弹出的快捷菜单中选择"检查"命令，查找商品名称的 CSS 路径，如图 7-8 所示。

从图 7-8 中可以看出，在商品\<div\>元素下，商品名称的 CSS 模式为"a.J_ClickStat"。

步骤 9：将光标停留在左面页面窗口中第 1 件商品的价格，然后单击鼠标右键，在弹出的快捷菜单中选择"检查"命令，查找商品价格的 CSS 路径，如图 7-9 所示。

图 7-8　商品名称 CSS 路径查找

图 7-9　商品价格 CSS 路径查找

从图 7-9 中可以看出，在商品<div>元素下，商品价格的 CSS 模式为 "div > strong"。

步骤 10：类似上述步骤，查找商品<div>元素下其他商品属性，单数销售量 CSS 模式为 "div.deal-cnt"，经销商 CSS 模式为 "a.shopname > span:nth-child(2)"，货源 CSS 模式为 "div.location"。

步骤 11：根据上面查到的商品 CSS 模式，在 makeup_spider.py 中添加 get_data 方法，从商品列表首页解析商品名称、价格、单数、经销商、货源。

```
……
import csv
……

# 从当前页面获取数据
def get_data():
    items = browser.find_elements_by_css_selector('div.ctx-box')
    for item in items:
        name = item.find_element_by_css_selector('a.J_ClickStat').text
```

182

```
            price = item.find_element_by_css_selector('div > strong').text
            num_buyers = item.find_element_by_css_selector('div.deal-cnt').text
            shop = item.find_element_by_css_selector('a.shopname > span:nth-child(2)').text
            address = item.find_element_by_css_selector('div.location').text
            with open('makeup_raw.csv', mode='a', encoding='utf-8', newline='') as f:
                csv_writer = csv.writer(f, delimiter=',')
                csv_writer.writerow([name, price, num_buyers, shop, address])

def main():
    ……
    print("-----------正在爬取首页-------------")
    get_data()
    ……
```

运行"makeup_spider.py",在项目根目录下面看到 makeup_raw.csv,打开文件,如下所示。

```
韩束红石榴护肤品套装女巨补水保湿水乳全套化妆品官方旗舰店正品,89.00,800+人付款,韩束领航专卖店,陕西 西安
za 姬芮中样小样旅行套装水乳护肤化妆品试用装恒润娇养 透亮大样,14.90,14 人付款,za 姬芮美幻专卖店,江苏 徐州
熊津化妆品蕊痕bb霜正品官方旗舰店孕妇cc霜晶透精华粉底霜套装,98.00,100+人付款,美舍雅阁烟台店,山东 烟台
【白鹿同款】尔木萄气垫粉扑组合装超软不吃粉底液美妆蛋彩妆海绵,22.90,10 万+人付款,amortals尔木萄官方旗舰店,广东 广州
SUQQU 记忆粉饼美妆粉底霜提亮遮瑕粉霜 30g 油皮粉底液持久轻薄底妆,669.00,2000+人付款,天猫国际进口超市,浙江 杭州
【白鹿同款】尔木萄 100 分粉扑超软不吃粉美妆蛋官方旗舰店棉花糖,39.90,5 万+人付款,amortals尔木萄官方旗舰店,广东 广州
尔木萄 100 分棉花糖粉扑美妆蛋粉底液粉饼气垫专用干湿两用尔女萄,29.90,4 万+人付款,么么小玄子,浙江 金华
彩棠粉底修容刷腮红遮瑕眼影点彩专业化妆套刷扁弧 12 支美妆工具,89.00,6000+人付款,彩棠旗舰店,浙江 杭州
RT 美妆蛋海绵彩妆蛋不吃粉化妆干湿两用蛋蛋粉扑超软两只装,69.00,1 万+人付款,realtechniques 海外旗舰店,上海
RealTechniques/RT 美妆蛋四支装海绵彩妆蛋不吃粉化妆球蛋蛋粉扑,139.00,1 万+人付款,realtechniques 海外旗舰店,上海
*** 55 号魔术粉底刷遮瑕无痕不吃粉底液扁头化妆刷美妆刷1024,29.90,1 万+人付款,苏宁易购官方旗舰店,广东 深圳
花西子花浅染化妆刷套装/化妆工具美妆用品全套初学者刷子女套刷,199.00,1000+人付款,花西子旗舰店,浙江 杭州
UKISS 粉扑清洗剂液美妆蛋化妆刷清洗二合一海绵蛋工具清洁盒子器,19.90,1 万+人付款,ukiss 旗舰店,江苏 淮安
妖制菠萝派蛋黄派气垫皮面透气粉扑美妆蛋隔离粉底液专用化妆海绵,21.90,8 万+人付款,妖制旗舰店,广东 深圳
MSQ/魅丝寇15 支奶咖专业化妆刷套装超柔软毛正品眼影刷子美妆工具,168.00,2000+人付款,魅丝寇旗舰店,江西 南昌
尔木萄粉扑粉底液专用美妆蛋气垫海绵粉饼干湿两用葡旗舰店尔女萄,16.90,5万+人付款,鲍鲍1128,江苏 南京
```

打开"imakeup_raw.csv",看到有 16 行数据,恰好等于商品列表首页的商品数量。

步骤 12:将光标停留在左面页面窗口中的"共 5 页",然后单击鼠标右键,在弹出的快捷

菜单中选择"检查"命令，查找页面元素对应的 CSS 路径，如图 7-10 所示。

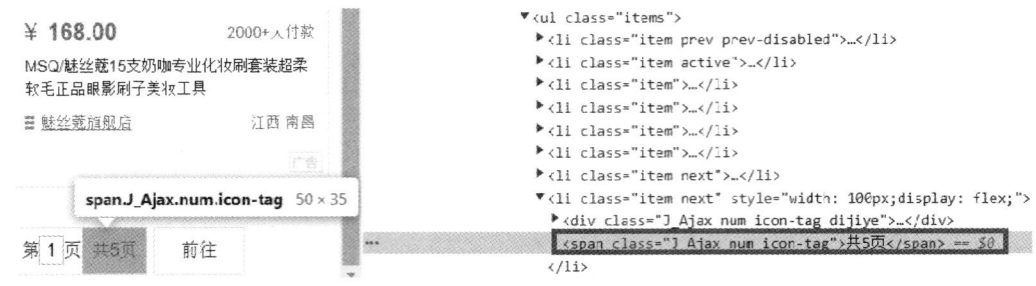

图 7-10 总页码 CSS 路径查找

从图 7-10 中可以看出，总页码的 CSS 模式为 "span.J_Ajax"。

步骤 13：完善 makeup_spider.py 的 main 方法，从商品列表首页解析总页码。

```
#encoding=utf-8
import re

def main():
    ……
    # 解析总页码
    page_info = browser.find_element_by_css_selector("span.J_Ajax").text
    str_num_pages = re.findall("(\d+)", page_info)[0]
    num_pages = (int)(str_num_pages)
    ……
```

---

re.findall(pattern, string, flags=0)

第一个参数：正则表达式。
第二个参数：搜索的是哪些字符串。
第三个参数：匹配的模式，其中 re.S 使匹配包括换行在内的所有字符。
findall() 函数返回 string 中所有与 pattern 匹配的全部字符串，返回形式为数组。

步骤 14：完善 makeup_spider.py 的 main 方法，实现翻页爬取功能。

```
#encoding=utf-8
import csv
import time
import re

from selenium import webdriver

start_url = "http://www.mysite.com:50001/makeup/index.html"
base_url = "http://www.mysite.com:50001/makeup/index{}.html"

# 从当前页面获取数据
def get_data():
    items = browser.find_elements_by_css_selector('div.ctx-box')
    for item in items:
```

184

```python
            name = item.find_element_by_css_selector('a.J_ClickStat').text
            price = item.find_element_by_css_selector('div > strong').text
            num_buyers = item.find_element_by_css_selector('div.deal-cnt').text
            shop = item.find_element_by_css_selector('a.shopname > span:nth-child(2)').text
            address = item.find_element_by_css_selector('div.location').text
            with open('makeup_raw.csv', mode='a', encoding='utf-8', newline='') as f:
                csv_writer = csv.writer(f, delimiter=',')
                csv_writer.writerow([name, price, num_buyers, shop, address])

def main():
    # 打开首页,解析总页码
    browser.get(start_url)
    time.sleep(2)

    # 根据关键字发送搜索请求
    search_input = browser.find_element_by_css_selector("#q")
    search_input.send_keys("彩妆")
    search_button = browser.find_element_by_css_selector("button.btn-search")
    search_button.click()
    # 最大化浏览器后,等待 2 秒让页面完成载入
    browser.maximize_window()
    browser.implicitly_wait(2)

    print("-----------正在爬取首页--------------")
    get_data()

    # 解析总页码
    page_info = browser.find_element_by_css_selector("span.J_Ajax").text
    str_num_pages = re.findall("(\d+)", page_info)[0]
    num_pages = (int)(str_num_pages)

    # 从第 2 页开始,读取每件商品
    for page_no in range(2, num_pages + 1):
        print("-----------正在爬取第{}页--------------".format(page_no))
        browser.get(base_url.format(page_no))
        browser.implicitly_wait(2)
        get_data()
    print("数据爬取完毕!")

if __name__ == '__main__':
    # 初始化 ChromeDriver
    browser = webdriver.Chrome()
    main()
    # 退出浏览器,并释放资源
    browser.quit()
```

打开"imakeup_raw.csv",看到有 96 行数据,其中前 16 行数据与 17~32 行数据重复。

韩束红石榴护肤品套装女巨补水保湿水乳全套化妆品官方旗舰店正品,89.00,800+人付款,韩束领航专卖店,陕西 西安
za 姬芮中样小样旅行套装水乳护肤化妆品试用装恒润娇养 透亮大样,14.90,14 人付款,za 姬芮美幻

专卖店,江苏 徐州
　　熊津化妆品蕊痕bb霜正品官方旗舰店孕妇cc霜晶透精华粉底霜套装,98.00,100+人付款,美舍雅阁烟台店,山东 烟台
　　【白鹿同款】尔木萄气垫粉扑组合装超软不吃粉底液美妆蛋彩妆海绵,22.90,10万+人付款,amortals尔木萄官方旗舰店,广东 广州
　　SUQQU记忆粉饼美妆粉底霜提亮遮瑕粉霜30g油皮粉底液持久轻薄底妆,669.00,2000+人付款,天猫国际进口超市,浙江 杭州
　　……
　　韩束红石榴护肤品套装女巨补水保湿水乳全套化妆品官方旗舰店正品,89.00,800+人付款,韩束领航专卖店,陕西 西安
　　za姬芮中样小样旅行套装水乳护肤化妆品试用装恒润娇养 透亮大样,14.90,14人付款,za姬芮美幻专卖店,江苏 徐州
　　熊津化妆品蕊痕bb霜正品官方旗舰店孕妇cc霜晶透精华粉底霜套装,98.00,100+人付款,美舍雅阁烟台店,山东 烟台
　　【白鹿同款】尔木萄气垫粉扑组合装超软不吃粉底液美妆蛋彩妆海绵,22.90,10万+人付款,amortals尔木萄官方旗舰店,广东 广州
　　SUQQU记忆粉饼美妆粉底霜提亮遮瑕粉霜30g油皮粉底液持久轻薄底妆,669.00,2000+人付款,天猫国际进口超市,浙江 杭州
　　……
　　现货!日本 河北裕介&be 星星限定 粉扑美妆蛋软弹不吃粉干湿两用,80.00,2人付款,薄荷小奶球,江苏 南通
　　泉帝(美妆)男士清妆控油粉底液轻薄贴妆清透不闷痘自然遮瑕清爽,169.00,3人付款,泉帝旗舰店,广东 广州
　　Dior美妆礼品精致荔枝纹随身化妆包 礼盒装,38.00,6人付款,恒思贸商贸,浙江 杭州
　　粉扑美妆蛋不吃粉超软气垫海绵粉底液粉扑美妆工具底妆粉扑,11.90,100+人付款,annnoah旗舰店,上海
　　李佳埼同款270遮瑕刷子圆头化妆工具粉底遮暇美妆指腹黑眼圈泪沟,7.80,0人付款,晗源素旗舰店,广东 广州

7.3.2　任务2：Pandas清洗数据

makeup_raw.csv包含96行，其中前16行是重复数据，需要删除。另外，"货源"列中包含省份和城市，需要剔除省份。

步骤1：在项目根目录下依次选择"New"→"Python File"，创建data_clean.py，读取makeup_raw.csv文件到DataFrame对象。

```
#encoding=utf-8
import pandas as pd

# 显示所有列
pd.set_option('display.max_columns',None)
# 显示宽度
pd.set_option('display.width',200)
# 列名和数据对齐
pd.set_option('display.unicode.east_asian_width', True)

# 读入CSV文件到DataFrame
labels = ["商品名称", "价格", "单数", "经销商", "货源"]
df = pd.read_csv('makeup_raw.csv', encoding="utf-8", names=labels)
print(df.head())
```

运行 data_clean.py，PyCharm 控制台输出如下结果：

```
        商品名称      价格       单数                  经销商           货源
0    韩束红石榴护肤品套装女巨补水保湿水乳全套化妆品官方旗舰店正品......    89.0      800+人付
款           韩束领航专卖店    陕西 西安
1    za 姬芮中样小样旅行套装水乳护肤化妆品试用装恒润娇养  透亮大样......    14.9       14人
付款           za 姬芮美幻专卖店   江苏 徐州
2    熊津化妆品蕊痕 bb 霜正品官方旗舰店孕妇 cc 霜晶透精华粉底霜套装......    98.0      100+人
付款          美舍雅阁烟台店    山东 烟台
3    【白鹿同款】尔木萄气垫粉扑组合装超软不吃粉底液美妆蛋彩妆海绵......    22.9    10万+人付
款   amortals 尔木萄官方旗舰店   广东 广州
4    SUQQU 记忆粉饼美妆粉底霜提亮遮瑕粉霜 30g 油皮粉底液持久轻薄底妆......   669.0     2000+
人付款           天猫国际进口超市   浙江 杭州
```

---

pandas.set_option

通过 Pandas 的使用，我们经常要交互式地展示表格（DataFrame）、分析表格。而表格的格式就显得尤为重要，默认情况下，表格格式并不是很友好。如果我们通过 pandas.set_option 设置几个常用的 option，就可以帮助我们解决格式友好问题。

- pd.set_option('display.max_columns',None)
display.max_columns 用于控制可显示的列数，默认值为 20，None 表示显示全部列。
- pd.set_option ('display.max_colwidth',500)
Pandas 对列中显示的字符数有一些限制，默认值为 50 字符。如果想全部显示，可以设置 display.max_colwidth，比如设置成 500。
- pd.set_option('display.unicode.east_asian_width)
是否使用 "Unicode-东亚宽度" 来计算显示文本宽度，默认是 False。它常被用来对齐列名和下面的内容。

步骤 2：完善 data_clean.py，删除重复记录。

```
# 去重
print("去重前:", df.shape)
df.drop_duplicates(subset=["商品名称", "价格"], inplace=True)
print("去重后:", df.shape)
```

运行 "data_clean.py"，PyCharm 控制台输出如下结果：

```
去重前: (96, 5)
去重后: (80, 5)
```

步骤 3：完善 "data_clean.py"，删除 "货源" 列包含的省份，只保留城市。

```
# 转换货源到城市
def convert_location(x):
    parts = x["货源"].split(' ')
    if (len(parts) > 1):
        return parts[1]
    else:
```

```
            return parts[0]
df["货源"] = df.apply(convert_location, axis=1)
print(df.head())
```

运行"data_clean.py",PyCharm 控制台输出如下结果:

```
                                     商品名称      价格        单数
经销商       货源
0   韩束红石榴护肤品套装女巨补水保湿水乳全套化妆品官方旗舰店正品......  89.0     800+人付
款        韩束领航专卖店  西安
1   za 姬芮中样小样旅行套装水乳护肤化妆品试用装恒润娇养 透亮大样......  14.9     14 人
付款       za 姬芮美幻专卖店  徐州
2   熊津化妆品蕊痕 bb 霜正品官方旗舰店孕妇 cc 霜晶透精华粉底霜套装......  98.0     100+人
付款       美舍雅阁烟台店  烟台
3   【白鹿同款】尔木萄气垫粉扑组合装超软不吃粉底液美妆蛋彩妆海绵......  22.9   10 万+人付
款       amortals 尔木萄官方旗舰店  广州
4   SUQQU 记忆粉饼美妆粉底霜提亮遮瑕粉霜 30g 油皮粉底液持久轻薄底妆...... 669.0    2000+
人付款      天猫国际进口超市  杭州
```

步骤 4:完善"data_clean.py",保存清洗后的数据。

```
# 保存 DataFrame 到 CSV 文件,没有列头,也没有索引列
df.to_csv("makeup_clean.csv", index=False, header=None)
```

打开"makeup_clean.csv",有 80 条商品记录,如下所示:

```
韩束红石榴护肤品套装女巨补水保湿水乳全套化妆品官方旗舰店正品,89.0,800+人付款,韩束领航专
卖店,西安
za 姬芮中样小样旅行套装水乳护肤化妆品试用装恒润娇养 透亮大样,14.9,14 人付款,za 姬芮美幻专
卖店,徐州
熊津化妆品蕊痕 bb 霜正品官方旗舰店孕妇 cc 霜晶透精华粉底霜套装,98.0,100+人付款,美舍雅阁烟
台店,烟台
【白鹿同款】尔木萄气垫粉扑组合装超软不吃粉底液美妆蛋彩妆海绵,22.9,10 万+人付款,amortals 尔
木萄官方旗舰店,广州
SUQQU 记忆粉饼美妆粉底霜提亮遮瑕粉霜 30g 油皮粉底液持久轻薄底妆,669.0,2000+人付款,天猫国
际进口超市,杭州
......
现货!日本 河北裕介&be 星星限定 粉扑美妆蛋软弹不吃粉干湿两用,80.0,2 人付款,薄荷小奶球,南
通
泉帝(美妆)男士清妆控油粉底液轻薄贴妆清透不闷痘自然遮瑕清爽,169.0,3 人付款,泉帝旗舰店,广
州
Dior 美妆礼品精致荔枝纹随身化妆包 礼盒装,38.0,6 人付款,恒思贸商贸,杭州
粉扑美妆蛋不吃粉超软气垫海绵粉底液粉扑美妆工具底妆粉扑,11.9,100+人付款,annnoah 旗
舰店,上海
李佳埼同款 270 遮瑕刷子圆头化妆工具粉底遮暇美妆指腹黑眼圈泪沟,7.8,0 人付款,晗源素旗舰店,广
州
```

7.3.3 任务 3:Pandas 分析数据

数据清洗后,下面采用 Pandas 按照城市分组统计商品种类。

步骤 1:在项目根目录下依次选择"New"→"Python File",创建"data_analysis.py",读入 makeup_clean.csv 文件到 DataFrame 对象。

```
#encoding=utf-8
import pandas as pd

# 显示所有列
pd.set_option('display.max_columns',None)
# 显示宽度
pd.set_option('display.width',200)
# 列名和数据对齐
pd.set_option('display.unicode.east_asian_width', True)

# 读入 CSV 文件
labels = ["商品名称", "价格", "单数", "经销商", "货源"]
df = pd.read_csv('makeup_clean.csv', encoding="utf-8", names=labels, header=None)
print(df.head())
```

运行"data_analysis.py",PyCharm 控制台输出如下结果:

```
       商品名称        价格        单数            经销商    货源
0  韩束红石榴护肤品套装女巨补水保湿水乳全套化妆品官方旗舰店正品......    89.0   800+人付款        韩束领航专卖店    西安
1  za 姬芮中样小样旅行套装水乳护肤化妆品试用装恒润娇养 透亮大样......    14.9    14 人付款          za 姬芮美幻专卖店    徐州
2  熊津化妆品蕊痕 bb 霜正品官方旗舰店孕妇 cc 霜晶透精华粉底霜套装......    98.0   100+人付款         美舍雅阁烟台店    烟台
3  【白鹿同款】尔木萄气垫粉扑组合装超软不吃粉底液美妆蛋彩妆海绵......    22.9   10 万+人付款    amortals 尔木萄官方旗舰店    广州
4  SUQQU 记忆粉饼美妆粉底霜提亮遮瑕粉霜 30g 油皮粉底液持久轻薄底妆......   669.0   2000+人付款          天猫国际进口超市    杭州
```

步骤 2:完善"data_analysis.py",记录按照经销商分组后,统计商品数量。

```
# 分货源统计商品数量
stats_stats = df.groupby(["货源"]).count()[["商品名称"]]
stats_stats = stats_stats.reset_index().rename(columns={"商品名称": "商品数量"})
stats_stats = stats_stats.sort_values(by="商品数量", ascending=False)
print(stats_stats.head())
```

运行"data_analysis.py",PyCharm 控制台输出如下结果:

```
    货源   商品数量
10  广州    15
14  杭州    13
0   上海    10
17  深圳     8
22  金华     6
```

有了上面的结果后,可以手工复制数据到 ECharts 图表,完成可视化任务。

7.3.4 任务3：ECharts 可视化数据

ECharts 提供了多种图表，比如柱状图、饼图、雷达图等，这里采用常见的柱状图对比不同城市的彩妆商品种类。

步骤1：在项目根目录下依次选择"New"→"Directory"，创建 app 目录。

步骤2：在 app 目录下依次选择"New"→"Directory"，创建目录 static，然后把 echarts.min.js 复制到 app/static 目录下。

步骤3：在 app 目录下依次选择"New"→"Directory"，创建 templates 目录。

步骤4：在 templates 目录下依次选择"New"→"HTML File"，创建 single_chart.html。

```
<!DOCTYPE html>
<html lang="en">
<head>
    <meta charset="UTF-8">
    <title>单图</title>
</head>
<body>

</body>
</html>
```

步骤5：在 single_chart.html 中引入依赖的 JS 文件。

```
<!DOCTYPE html>
<html lang="en">
<head>
    <meta charset="UTF-8">
    <title>单图</title>
    <script src="../static/echarts.min.js"></script>
</head>
<body>

</body>
</html>
```

步骤6：完善 single_chart.html，定义 div 元素和编写 JS 代码。JS 代码中引用数据分析产生的数据，实例化 ECharts 图表对象，然后传给 div 元素显示。

```
<!DOCTYPE html>
<html lang="en">
<head>
    <meta charset="UTF-8">
    <title>单图</title>
    <script src="../static/echarts.min.js"></script>
</head>
<body>
    <div id="chart1" style="float:left; width: 600px;height: 400px"></div>
<script>
    var mychart1 = echarts.init(document.getElementById("chart1"));
```

```
            var xdata =["广州", "杭州", "上海", "深圳", "金华"];
            var ydata =[15, 13, 10, 8, 6];
            var option={
                        title:{
                            text:'彩妆商品TOP5 城市',
                            x:'center',
                            textStyle:{
                                color:'red',
                                fontWeight:'bold',
                                fontSize:'20'
                            }
                        },
                        tooltip:{
                            trigger:'axis'
                        },
                        xAxis:[{type:'category',data:xdata,name:'',
axisLabel:{interval:0, rotate:10}}],
                        yAxis:{type:'value',name:'商品种类'},
                        series:[{type:'bar',name: xdata, data:ydata}]
            };
        mychart1.setOption(option);
</script>
</body>
</html>
```

将光标移到 single_chart.html 编辑窗口的任意位置，出现浏览器浮动窗口，如图 7-11 所示。

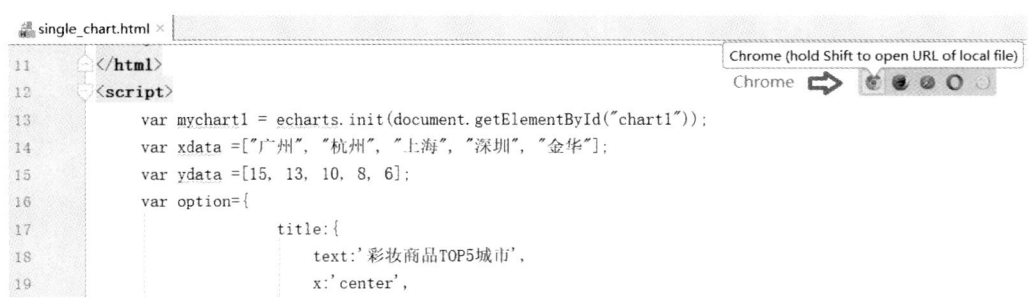

图 7-11 打开浏览器窗口

选择"Chrome"，打开"single_chart.html"，可视化结果如图 7-2 所示。

课后习题

一、选择题

1. Selenium 通过（　　）与 Chrome 浏览器进行通信。
A. IE Explorer　　　　　B. Firefox　　　　　C. QQ　　　　　　　D. ChromeDriver

2. 在 DataFrame.to_csv("test.csv", header=None)中，header=None 表示控制（　　）。
A. test.csv 不包含列名　　　　　　　　B. test.csv 不包含 DataFrame 第一行
C. test.csv 包含索引列　　　　　　　　D. test.csv 包含列名

3. 在 DataFrame.to_csv("test.csv", index=False)中，index=False 表示控制（　　）。
A. test.csv 不包含列名　　　　　　　　B. test.csv 不包含 DataFrame 第一行

C. test.csv 包含索引列　　　　　　　　　　　D. test.csv 包含列名

4. 在 pandas.set_option 中设置'display.unicode.east_asian_width'等于 True，表示控制(　　)。

A. DataFrame 内容字体设置为 east_asian　　B. 列名和 DataFrame 内容对齐
C. DataFrame 列名字体设置为 east_asian　　D. DataFrame 内容字符编码为 east_asian

5. CSS 选择器="#q"匹配(　　)。

A. class 属性等于'#q'的所有元素　　　　　　B. class 属性等于'q'的所有元素
C. 所有<q>元素　　　　　　　　　　　　D. id 属性等于'q'的元素

二、填空题

下面是 brochure.html 的源代码，完成下面的程序填空。

```html
<html lang="en">
<head>
    <meta charset="UTF-8">
    <style>
        div > p {
            font-size:16px;
            line-height:1.75em;
        }
    </style>
</head>
<body>
<div class="article">
    <h1 class="arti_title">招生简章</h1>
    <div class="entry">
        <div class="wp_articlecontent">
            <p><strong>一、学校名称：苏州太湖学院</strong></p>
            <p><strong>学校代码：13383    </strong><strong>招生代号：1265</strong></p>
            <p><strong>二、办学地点：江苏省苏州市吴中区吴中大道1171号</strong></p>
        </div>
        <div class="wp_articlecontent">
            <p><strong>一、学校名称：苏州阳澄湖学院</strong></p>
            <p><strong>学校代码：13384    </strong><strong>招生代号：1266</strong></p>
            <p><strong>二、办学地点：江苏省苏州市吴中区吴中大道1172号</strong></p>
        </div>
    </div>
</div>
</body>
</html>
```

1. 已知 brochure.html，技术人员想爬取招生院校后保存到 college_raw.csv，请完善代码。

```
#encoding=utf-8

from lxml.html import etree
import csv
```

```python
with open("brochure.html", "r", encoding="utf-8") as f:
    html_str = f.read()
    html_obj = etree.HTML(html_str)
    # 简章标题
    h1_title = html_obj.cssselect("____")[0]
    print("标题: {}".format(h1_title.text))

    colleges = html_obj.cssselect("div.wp_articlecontent")
    for college in colleges:
        # 析取学校名称
        strong_name = college.cssselect("_____")[0]
        # 析取学校代码
        strong_code = college.cssselect("_____")[0]
        # 析取招生代号
        strong_jscode = college.cssselect("_____")[1]
        # 析取办学地点
        strong_location = college.cssselect("_____")[0]
        # 保存到 CSV 文件
        with open('college_raw.csv', mode='a', encoding='utf-8', newline='') as f:
            csv_writer = csv.writer(f, delimiter=',')
            csv_writer.writerow([strong_name.text, strong_code.text, strong_jscode.text, strong_location.text])
```

2. 在上个习题生成的 brochure_raw.csv 中，每列都包含键值对，键和值之间用"："分隔，比如"一、学校名称：苏州太湖学院"，技术人员想把值（例如"苏州太湖学院"）解析出来并保存到 brochure_clean.csv，请完善代码。

```
#encoding=utf-8
import pandas as pd

labels = ["学校名称", "学校代码", "招生代号", "办学地点"]
df = pd.read_csv('college_raw.csv', names=labels, encoding='utf-8')
'''
每列以键值对出现，比如第一行为：
一、学校名称：苏州太湖学院,学校代码：13383        ,招生代号：1265,二、办学地点：江苏省苏州市吴中区吴中大道1171号
要求删除每个键，只保留值。
'''
def extract_amount_char(x):
    value = _____

    return value

df["学校名称"] = _____
df["学校代码"] = _____
df["招生代号"] = _____
df["办学地点"] = _____
print(df.head())
```

```
df.to_csv("college_clean.csv", index=False)
```

三、应用题

寻找一个销售化妆品的电商网站，爬取化妆品种类最高的 5 个城市，用柱状图比较 Top5 城市的关注度。

能力拓展

组合图可视化城市彩妆销售趋势

任务目标

运用本章学习的技术，完成一个折线图"城市彩妆销量"，然后把课堂完成的"彩妆商品 Top5 城市"柱状图放到一个页面展示。结果如图 7-12 所示。

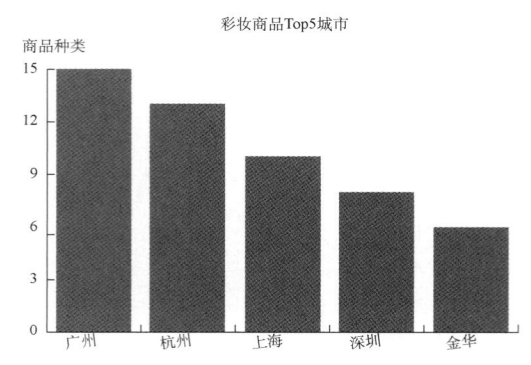

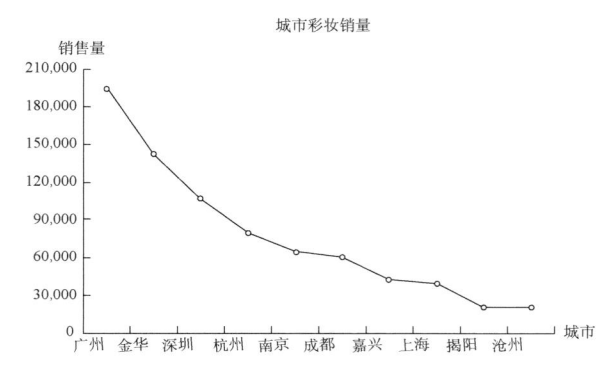

图 7-12 城市彩妆商品统计

任务分析

本章任务 1 采集的数据保存在 makeup_raw.csv，其中包含彩妆商品的销售量（单数），格式为"14 人付款""800+人付款"或"10 万+人付款"，需要转换为数值后，根据货源城市分组统计销量。

任务实施

任务引导 1：完善 data_clean.py，去除"+人付款"后缀。

```
# 去除后缀
df["单数"] = // 待补充
df["单数"] = // 待补充
print(df.head())
```

运行结果如下：

```
       商品名称             价格    单数                        经销商      货源
0      韩束红石榴护肤品套装女巨补水保湿水乳全套化妆品官方旗舰店正品......    89.0     800
韩束领航专卖店   西安
1      za 姬芮中样小样旅行套装水乳护肤化妆品试用装恒润娇养 透亮大样......    14.9      14
za 姬芮美幻专卖店   徐州
2      熊津化妆品蕊痕 bb 霜正品官方旗舰店孕妇 cc 霜晶透精华粉底霜套装......    98.0     100
美舍雅阁烟台店   烟台
3      【白鹿同款】尔木萄气垫粉扑组合装超软不吃粉底液美妆蛋彩妆海绵......    22.9     10 万
amortals 尔木萄官方旗舰店   广州
```

```
    4  SUQQU 记忆粉饼美妆粉底霜提亮遮瑕粉霜 30g 油皮粉底液持久轻薄底妆......  669.0    2000
天猫国际进口超市   杭州
```

任务引导 2：完善 data_clean.py，使单数的单位一致。

```
# 转换"单数"列到数值
def convert_unit(x):
    if (x["单数"].endswith("万")):
        value = // 待补充
    else:
        value = (int)(x["单数"])

    return value
df["单数"] = df.apply(convert_unit, axis=1)
print(df.head())
```

运行结果如下：

```
      商品名称        价格     单数                       经销商      货源
0  韩束红石榴护肤品套装女巨补水保湿水乳全套化妆品官方旗舰店正品......    89.0      800
韩束领航专卖店    西安
1   za 姬芮中样小样旅行套装水乳护肤化妆品试用装恒润娇养 透亮大样......  14.9       14
za 姬芮美幻专卖店    徐州
2   熊津化妆品蕊痕 bb 霜正品官方旗舰店孕妇 cc 霜晶透精华粉底霜套装......   98.0      100
美舍雅阁烟台店    烟台
3   【白鹿同款】尔木萄气垫粉扑组合装超软不吃粉底液美妆蛋彩妆海绵......   22.9   100000
amortals 尔木萄官方旗舰店    广州
4   SUQQU 记忆粉饼美妆粉底霜提亮遮瑕粉霜 30g 油皮粉底液持久轻薄底妆......  669.0    2000
天猫国际进口超市    杭州
```

任务引导 3：完善 data_analysis.py，按照城市分组统计彩妆销量。

```
# 分经销商统计销售量
stats_stats = // 待补充
stats_stats = stats_stats.reset_index()
stats_stats = stats_stats.sort_values(by="单数", ascending=False)
print(stats_stats["货源"].head(10).tolist())
print(stats_stats["单数"].head(10).tolist())
```

运行结果如下：

```
['广州', '金华', '深圳', '杭州', '南京', '成都', '嘉兴', '上海', '揭阳', '沧州']
[194353, 142000, 106642, 79557, 64000, 60000, 42000, 38500, 20000, 20000]
```

任务引导 4：新建 HTML File"composite_chart.html"，引用上面产生的城市彩妆销量数据，完善 composite_chart.html，设计"城市彩妆销量"折线图，如图 7-13 所示。

```
<!DOCTYPE html>
<html lang="en">
<head>
    <meta charset="UTF-8">
    <title>复合图</title>
    <script src="../static/echarts.min.js"></script>
</head>
<body>
```

```
    <div id="chart2" style="float:left; width: 600px;height: 400px"></div>
<script>
    var mychart2 = echarts.init(document.getElementById("chart2"));
    var xdata = // 待补充
    var ydata = // 待补充
    var option={
                title:{
                    text:'城市彩妆销量',
                    x:'center',
                    textStyle:{
                        color:'red',
                        fontWeight:'bold',
                        fontSize:'20'
                    }
                },
                tooltip:{
                    trigger:'axis'
                },
                xAxis:[{type:'category',data: // 待补充,name:'城市', axisLabel:
{interval:0, rotate:10}}],
                yAxis:{type:'value',name:'销售量'},
                series:[{type:'line',name: // 待补充, data: // 待补充}]
            };
    mychart2.setOption(option);
</script>
</body>
</html>
```

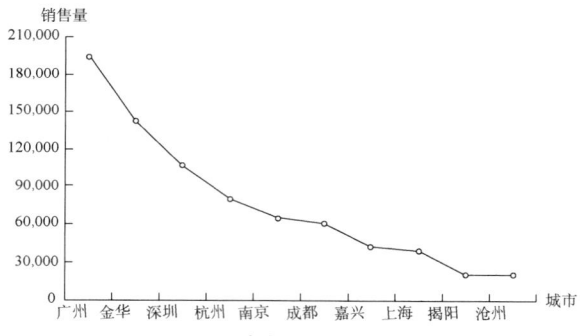

图 7-13 城市彩妆销量折线图

运行结果如下:

```
<!DOCTYPE html>
<html lang="en">
<head>
    <meta charset="UTF-8">
    <title>复合图</title>
    <script src="../static/echarts.min.js"></script>
</head>
<body>
    // 待补充
    // 待补充
<script>
```

```
    var mychart1 = echarts.init(document.getElementById("chart1"));
    // 待补充

    var mychart2 = echarts.init(document.getElementById("chart2"));
    // 待补充
</script>
</body>
</html>
```

任务引导 5：完善 composite_chart.html，把 "彩妆商品 Top5 城市" 柱状图和 "城市彩妆销量" 折线图放在一个页面，效果如图 7-12 所示。

第 8 章　社交 Selenium 项目实战

本章基于某社交网站，设计 Selenium 爬虫，采集发布的 arXiv 论文信息。首先，分析项目达成的目标；然后，分解项目为任务，描述任务内容；接下来，面向任务详细描述项目实施的具体步骤。最后通过课后练习和知识拓展加强学生对本章内容的理解和掌握。

技能要求

（1）掌握 Selenium 通过 CSS 选择器选取元素的方法。
（2）掌握 Selenium 执行 JS 滑动浏览器滚动条的方法。
（3）掌握 re.match 返回匹配 group 的方法。
（4）掌握解析内容存储到 CSV 文件的方法。
（5）掌握读取 CSV 文件到 DataFrame 对象的方法。
（6）掌握 Jieba 切分单词的方法。
（7）掌握清除停用词的方法。
（8）掌握排序键值对列表的方法。
（9）了解 ECharts 柱状图。
（10）了解 ECharts 词云图。

学习导览

本任务学习导览如图 8-1 所示。

图 8-1　学习导览图

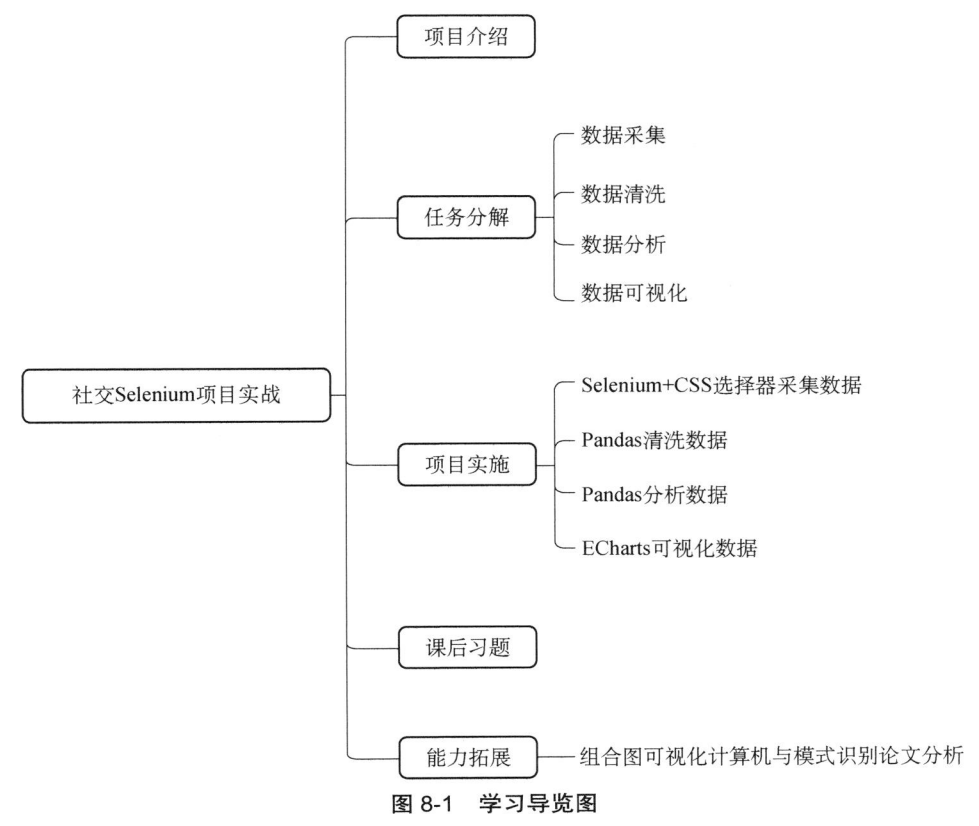

8.1　项目介绍

爬取某社交网站的 arXiv 论文速递专栏，用词云图展示"计算机视觉与模式识别"领域论文热点词，效果如图 8-2 所示。

（微课：社交 Selenium 项目介绍）

计算机视觉与模式识别论文题目热门词

图 8-2　计算机视觉与模式识别论文热点词

8.2 任务分解

与第 7 章中的项目类似,本项目采集"计算机视觉与模式识别"领域 arXiv 论文数据,经过清洗和分析后,最后以词云图展示,项目可分解成 4 个任务:数据采集、数据清洗、数据分析、数据可视化。

1. 数据采集

结合目标网站分析数据的来源,找到目标字段和页面的对应关系,结果如表 8-1 所示。

表 8-1 目标字段表

字段	字段类型	数据来源	例子
论文标题(英文)	string	首页面	Adversarially-Aware Detector
论文标题(中文)	string	首页面	对抗性感知鲁棒目标检测器
下载地址	string	首页面	https://arxiv.org/abs/2207.06202
作者	string,格式:作者 1,作者 2,…	首页面	Ziyi Dong,Pengxu Wei,Liang Lin
发表单位	string	首页面	University of Wuppertal,Dept. of Mathematics,IZMD
研究方向	string	首页面	检测相关

该任务采用 Selenium 爬虫技术,模拟用户向下滑动浏览器右边滚动条,显示所有每日学术速递后,爬取学术速递正文,通过 CSS 选择匹配样式的元素后,将数据保存到 CSV 文件中。

2. 数据清洗

多次爬取后的 CSV 文件有重复数据,需要删除重复行。

3. 数据分析

采用 Jieba 技术对 arXiv 论文标题进行分词,统计热点词频率,结果按照词语出现频率倒序排列。

4. 数据可视化

如图 8-2 所示,采用词云图设计实现"计算机视觉与模式识别论文热点词"词云图。

8.3 项目实施

8.3.1 任务 1:Selenium+CSS 选择器采集数据

微课:社交 Selenium 项目-数据采集

下面以爬取某社交网站的 arXiv 每日学术速递为例,介绍 Selenium 结合 CSS 选择器采集"计算机视觉与模式识别"领域论文的详细步骤。

步骤 1:转到 Tomcat 安装目录下的 bin 目录,运行 startup.bat 后,打开 Chrome 浏览器,访问 http://www.mysite.com:50001/social/index.html, 显示网站首页,如图 8-3 所示,代表 Tomcat 运行正常。

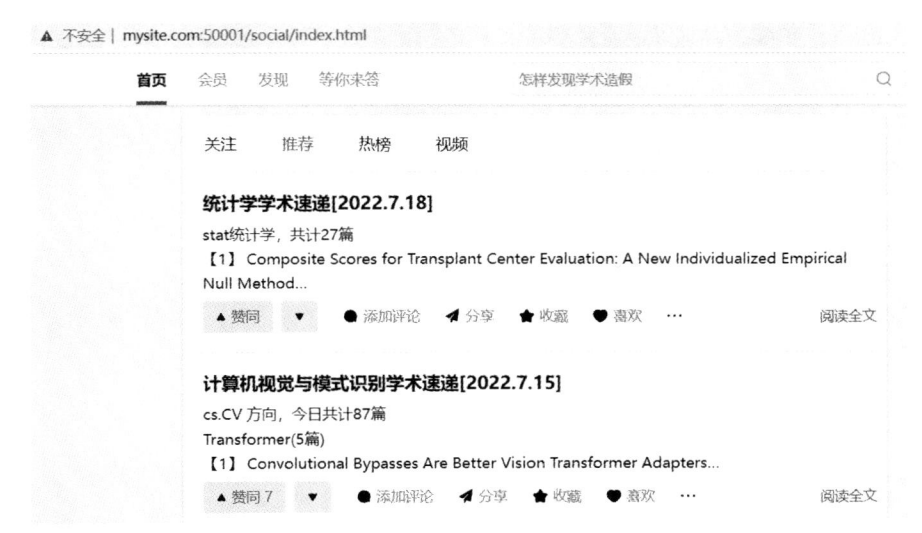

图 8-3　arXiv 每日速递首页

步骤 2：打开 PyCharm，依次选择"Create"→"New Project"，打开"New Project"窗口，创建项目 social，选中"Existing interpreter"单选按钮，"Interpreter"选择 Anaconda 安装目录下的 python.exe，如图 8-4 所示。

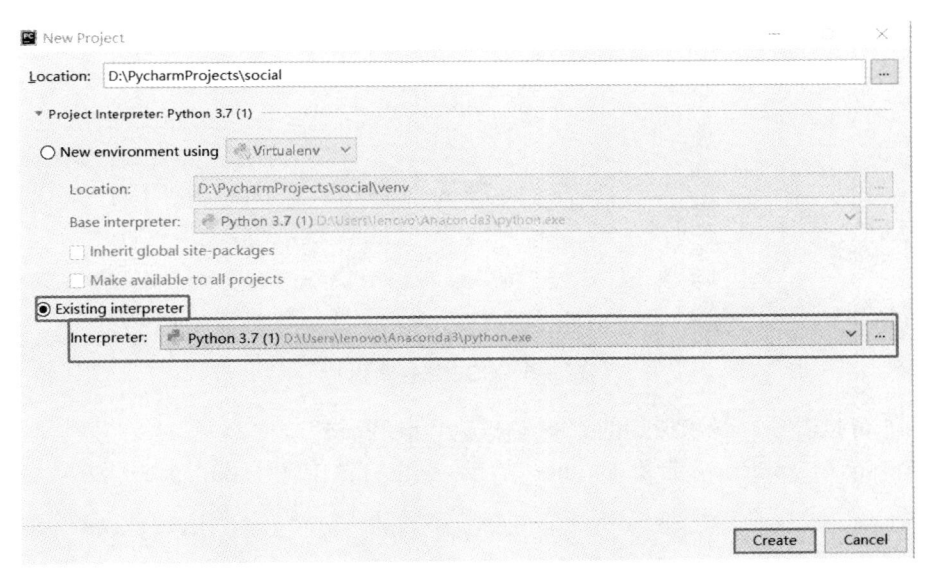

图 8-4　PyCharm 项目创建窗口

单击"Create"按钮，进入 social 项目。

步骤 3：在项目根目录下单击鼠标右键，在弹出的快捷菜单中选择"New"→"Python File"，创建 social_spider.py。

步骤 4：完善 social_spider.py，打开网站首页后关闭，测试 ChromeDriver。

```
#encoding=utf-8
import random
import time
```

```python
from selenium import webdriver

start_url = "http://www.mysite.com:50001/social/index.html"

if __name__ == '__main__':
    # 初始化 ChromeDriver
    browser = webdriver.Chrome()
    # 打开首页
    browser.get(start_url)
    # 最大化窗口
    browser.maximize_window()
    # 显式等待 2~4 秒
    time.sleep(random.randint(2, 5) + random.random())
    # 退出浏览器，并释放资源
    browser.quit()
```

运行"social_spider.py"，看到 Chrome 浏览器打开网站首页，然后关闭浏览器。

步骤5：打开网站首页，将光标停留在第一个学术速递后单击鼠标右键，在弹出的快捷菜单中选择"检查"命令，在右边"Elements"选项卡中查找学术速递 div。对照左边窗口的显示，找到学术速递对应的页面元素，如图 8-5 所示。

图 8-5　CSS 路径查找

从图 8-5 可以看出，学术速递的 CSS 模式为"div.Feed"。

步骤6：social_spider.py 定义 do_once 方法，在主方法中调用 do_once 方法。

```python
import re

def do_once():
    # 定位每日速递列表
    topics = browser.find_elements_by_css_selector("div.Feed")
    for topic in topics:
        # 每日速递
        content_title = topic.find_element_by_css_selector('h2.ContentItem-title a').text
        content_title_groups = re.match("(.+)\[([\d|\.]+)\]", content_title)
        print(content_title_groups[1], content_title_groups[2])

if __name__ == '__main__':
    ......
```

```
    # 显式等待 2~4 秒
    time.sleep(random.randint(2, 5) + random.random())
    # 爬取首页
    do_once()
    # 退出浏览器，并释放资源
    browser.quit()
```

运行"social_spider.py"，输出结果如下：

```
统计学学术速递 2022.7.18
计算机视觉与模式识别学术速递 2022.7.15
自然语言处理学术速递 2022.7.15
人工智能学术速递 2022.7.15
机器学习学术速递 2022.7.15
语音|音频处理学术速递 2022.7.15
金融|经济学术速递 2022.7.15
机器人相关学术速递 2022.7.15
统计学学术速递 2022.7.15
计算机视觉与模式识别学术速递 2022.7.14
自然语言处理学术速递 2022.7.14
人工智能学术速递 2022.7.14
机器学习学术速递 2022.7.14
语音|音频处理学术速递 2022.7.14
金融|经济学术速递 2022.7.14
机器人相关学术速递 2022.7.14
统计学学术速递 2022.7.14
计算机视觉与模式识别学术速递 2022.7.13
自然语言处理学术速递 2022.7.13
人工智能学术速递 2022.7.13
```

re.match(pattern,string,flags=0)

pattern：模式字符串。

string：要匹配的字符串。

flags：可选参数，比如 re.I 不区分大小写。

尝试从字符串的起始位置匹配一个模式，如果不是起始位置匹配成功的话，match 就返回 None；匹配成功的话，可以通过调用 span()方法获得匹配结果的位置。其常用模式如表 8-2 所示。

表 8-2　常用模式

字符	功能
\d	匹配数字，即 0~9
\D	匹配非数字，即不是数字
.	匹配任意 1 个字符（除了\n）
*	匹配前一个字符出现 0 次或者无限次，即可有可无
+	匹配前一个字符出现 1 次或者无限次，即至少有 1 次
(ab)	括号中字符作为一个分组

步骤 7：回到网站首页，将光标停留在第一个学术速递后单击鼠标右键，在弹出的快捷菜单中选择"检查"命令，在右边"Elements"选项卡中查找"阅读全文"输入框。对照左边窗口的显示，找到"阅读全文"输入框对应的页面元素，如图 8-6 所示。

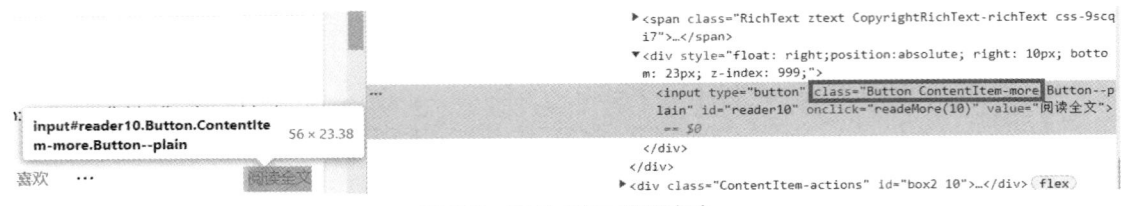

图 8-6　商品 CSS 路径查找

从图 8-6 中可以看出，"阅读全文"输入框的 CSS 模式为"input.ContentItem-more"。

步骤 8：完善 social_spider.py 的 do_once 函数，展开"阅读全文"div。另外，忽略处理"计算机视觉和模式识别"每日速递。

```
def do_once():
    # 定位每日速递列表
    topics = browser.find_elements_by_css_selector("div.Feed")
    for topic in topics:
        ......
        if content_title_groups:
            field_name = content_title_groups[1]

            # 只处理"计算机与模式识别"方向论文
            if field_name.find("计算机视觉与模式识别") > -1:
                field_name = "计算机视觉与模式识别"

            # 展开阅读全文 div
            readall_btn = topic.find_element_by_css_selector('input.ContentItem-more')
            readall_btn.click()
            # 隐式等待 2 秒
            browser.implicitly_wait(2)
```

步骤 9：回到网站首页，将光标停留在第 2 个学术速递后单击鼠标右键，在弹出的快捷菜单中选择"检查"命令，在右边"Elements"选项卡中查找速递详情 div。对照左边窗口的显示，找到速递详情对应的页面元素，如图 8-7 所示。

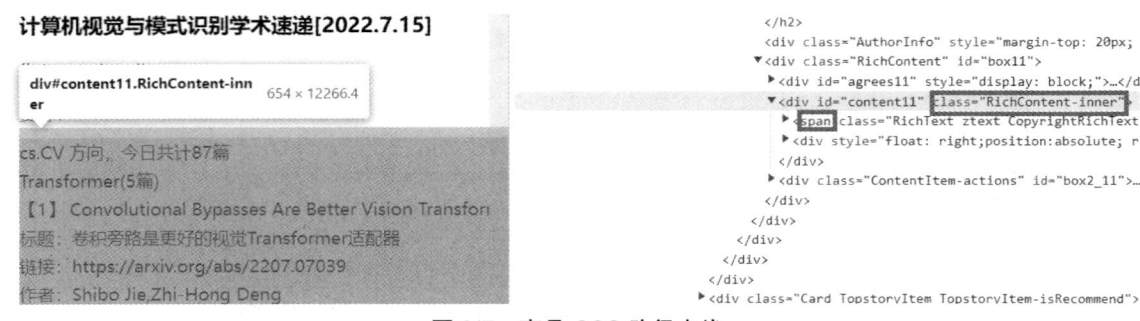

图 8-7　商品 CSS 路径查找

从图 8-7 中可以看出，速递详情的 CSS 模式为"div.RichContent-inner > span"。

步骤 10：完善 social_spider.py 的 do_once 函数，分离出每一行数据。

```python
def do_once():
    # 定位每日速递列表
    topics = browser.find_elements_by_css_selector("div.Feed")
    for topic in topics:
        ……
        if content_title_groups:
            field_name = content_title_groups[1]

            # 只处理"计算机与模式识别"方向论文
            if field_name.find("计算机视觉与模式识别") > -1:
                ……
                # 隐式等待 2 秒
                browser.implicitly_wait(2)
                # 解析当日速递全文，行间分隔符为"\n"
                rich_content = topic.find_element_by_css_selector("div.RichContent-inner > span").text
                lines = rich_content.split("\n")
```

步骤 11：完善 social_spider.py 的 do_once 函数，析取速递详情。

```python
def do_once():
    # 定位每日速递列表
    topics = browser.find_elements_by_css_selector("div.Feed")
    for topic in topics:
        ……
        if content_title_groups:
            field_name = content_title_groups[1]

            # 只处理"计算机与模式识别"方向论文
            if field_name.find("计算机视觉与模式识别") > -1:
                ……
                lines = rich_content.split("\n")

                # 解析出每一行包含的论文信息
                article_sec_end = False
                for line in lines:
                    sub_field_head_groups = re.match("(.+)\((\d+)篇\)", line)
                    if sub_field_head_groups:
                        sub_field_name = sub_field_head_groups[1]
                    else:
                        article_title_groups = re.match("【(\d+)】(.+)", line)
                        if article_title_groups:
                            article_title = article_title_groups[2].strip()

                        article_ctitle_groups = re.match("标题：(.+)", line)
                        if article_ctitle_groups:
                            article_ctitle = article_ctitle_groups[1].strip()

                        article_href_groups = re.match("链接：(.+)", line)
                        if article_href_groups:
                            article_href = article_href_groups[1].strip()
```

```
                article_authors_groups = re.match("作者：(.+)", line)
                if article_authors_groups:
                    article_authors = article_authors_groups[1].strip()

                article_org_groups = re.match("机构：(.+)", line)
                if article_org_groups:
                    article_org = article_org_groups[1].strip()
                    article_sec_end = True
                    print(article_title, article_ctitle, article_href, article_authors, article_org, sub_field_name)
```

运行"social_spider.py"，输出结果如下：

```
……
统计学学术速递 2022.7.15
计算机视觉与模式识别学术速递 2022.7.14
Symmetry-Aware Transformer-based Mirror Detection 基于对称性感知的 Transformer 镜面检测 https://arxiv.org/abs/2207.06332 Tianyu Huang,Bowen Dong,Jiaying Lin,Xiaohui Liu,Rynson W. H. Lau,Wangmeng Zuo Harbin Institute of Technology, City University of Hong Kong Transformer
Entry-Flipped Transformer for Inference and Prediction of Participant Behavior 用于参与者行为推理和预测的入口翻转转换器 https://arxiv.org/abs/2207.06235 Bo Hu,Tat-Jen Cham Nanyang Technological University, Singapore Transformer
……
Left Ventricle Contouring of Apical Three-Chamber Views on 2D Echocardiography 心尖三腔心切面二维超声心动图左室壁轮廓 https://arxiv.org/abs/2207.06330 Alberto Gomez,Mihaela Porumb,Angela Mumith,Thierry Judge,Shan Gao,Woo-Jin Cho Kim,Jorge Oliveira,Agis Chartsias Ultromics Ltd, Oxford, UK, King's College London, UK, Sherbrooke University, Canada 其他
Robust and efficient computation of retinal fractal dimension through deep approximation 一种稳健高效的深度逼近视网膜分维计算方法 https://arxiv.org/abs/2207.05757 Justin Engelmann,Ana Villaplana-Velasco,Amos Storkey,Miguel O. Bernabeu CDT Biomedical AI, School of Informatics, University of Edinburgh, Centre for Medical Informatics, University of Edinburgh 其他
自然语言处理学术速递 2022.7.14
……
计算机视觉与模式识别学术速递 2022.7.13
自然语言处理学术速递 2022.7.13
人工智能学术速递 2022.7.13
```

> **为什么 2022.7.13 计算机视觉与模式识别学术速递没有论文详情**
>
> 其原因是 2022.7.13 的计算机视觉与模式识别论文都缺少作者单位，数据不完整。

步骤 12：完善 social_spider.py 的 do_once 函数，保存计算机视觉与模式识别论文信息到 CSV 文件中。

```
import csv

def do_once():
    # 定位每日速递列表
```

```python
        topics = browser.find_elements_by_css_selector("div.Feed")
        for topic in topics:
            ......
            if content_title_groups:
                field_name = content_title_groups[1]

                # 只处理"计算机与模式识别"方向论文
                if field_name.find("计算机视觉与模式识别") > -1:
                    ......
                    lines = rich_content.split("\n")

                    # 解析出每一行包含的论文信息
                    article_sec_end = False
                    for line in lines:
                        sub_field_head_groups = re.match("(.+)\((\d+)篇\)", line)
                        if sub_field_head_groups:
                            sub_field_name = sub_field_head_groups[1]
                        else:
                            ......
                            if article_org_groups:
                                ......
                                print(article_title, article_ctitle, article_href, article_authors, article_org, sub_field_name)
                                if article_sec_end:
                                    with open('arxiv_articles.csv', mode='a', encoding='utf-8', newline='') as f:
                                        csv_write = csv.writer(f)
                                        csv_write.writerow([article_title, article_ctitle, article_href, article_authors, article_org, field_name, sub_field_name])
                                    article_sec_end = False
```

打开"arxiv_articles.csv",看到有 66 行数据。

Symmetry-Aware Transformer-based Mirror Detection,基于对称性感知的 Transformer 镜面检测,https://arxiv.org/abs/2207.06332,"Tianyu Huang,Bowen Dong,Jiaying Lin,Xiaohui Liu,Rynson W. H. Lau,Wangmeng Zuo","Harbin Institute of Technology, City University of Hong Kong",计算机视觉与模式识别,Transformer

Entry-Flipped Transformer for Inference and Prediction of Participant Behavior,用于参与者行为推理和预测的入口翻转转换器,https://arxiv.org/abs/2207.06235,"Bo Hu,Tat-Jen Cham","Nanyang Technological University, Singapore",计算机视觉与模式识别,Transformer

Trans4Map: Revisiting Holistic Top-down Mapping from Egocentric Images to Allocentric Semantics with Vision Transformers,Trans4Map: 用 Vision Transformers 重温从自我中心图像到局部中心语义的整体自上而下映射,https://arxiv.org/abs/2207.06205,"Chang Chen,Jiaming Zhang,Kailun Yang,Kunyu Peng,Rainer Stiefelhagen","CV:HCI Lab, Karlsruhe Institute of Technology",计算机视觉与模式识别,Transformer

RTN: Reinforced Transformer Network for Coronary CT Angiography Vessel-level Image Quality Assessment,RTN: 用于冠状动脉 CT 血管级图像质量评估的增强型 Transformer 网络,https://arxiv.org/abs/2207.06177,"Yiting Lu,Jun Fu,Xin Li,Wei Zhou,Sen Liu,Xinxin Zhang,Congfu Jia,Ying Liu,Zhibo Chen","University of Science and Technology of China, Hefei, Anhui, China, The First Affiliated Hospital of Dalian

```
Medical University, Dalian, Liaoning, China",计算机视觉与模式识别,Transformer
    ......
    MultiStream: A Simple and Fast Multiple Cameras Visual Monitor and Directly
Streaming,MULTREAM：一种简单快速的多摄像头视频监控和直接流媒
体,https://arxiv.org/abs/2207.06078,Jinwei Lin,"Shenzhen Research Institute of
Big Data, Shenzhen, China, -,-,-",计算机视觉与模式识别,其他
    A new database of Houma Alliance Book ancient handwritten characters and its
baseline algorithm,一种新的侯马联书古手写体字库及其基线算
法,https://arxiv.org/abs/2207.05993,"Xiaoyu Yuan,Zhibo Zhang,Yabo Sun,Zekai
Xue,Xiuyan Shao,Xiaohua Huang",". School of Computer Engineering, Nanjing
Institute of Technology, . Southeast University, Nanjing, . Jiangsu Province
Engineering Research Center, of IntelliSense Technology and System, Nanjing,
Jiangsu, Corresponding author",计算机视觉与模式识别,其他
    Left Ventricle Contouring of Apical Three-Chamber Views on 2D
Echocardiography, 心尖三腔心切面二维超声心动图左室壁轮
廓 ,https://arxiv.org/abs/2207.06330,"Alberto Gomez,Mihaela Porumb,Angela
Mumith,Thierry Judge,Shan Gao,Woo-Jin Cho Kim,Jorge Oliveira,Agis
Chartsias","Ultromics Ltd, Oxford, UK, King's College London, UK, Sherbrooke
University, Canada",计算机视觉与模式识别,其他
    Robust and efficient computation of retinal fractal dimension through deep
approximation, 一种稳健高效的深度逼近视网膜分维计算方
法 ,https://arxiv.org/abs/2207.05757,"Justin Engelmann,Ana Villaplana-
Velasco,Amos Storkey,Miguel O. Bernabeu","CDT Biomedical AI, School of
Informatics, University of Edinburgh, Centre for Medical Informatics, University
of Edinburgh",计算机视觉与模式识别,其他
```

上面显示的数据并不是所有论文的速递内容。为了收集所有 arXiv 论文信息，需要向下移动浏览器的滚动条，把更多的数据载入进页面。

步骤 13：完善 social_spider.py 的主函数，将浏览器的滚动条向下移动，页面载入所有数据后再读取每篇 arXiv 论文信息。

```python
if __name__ == '__main__':
    # 初始化 ChromeDriver
    browser = webdriver.Chrome()
    # 打开首页
    browser.get(start_url)
    # 最大化窗口
    browser.maximize_window()
    for i in range(9):
        # 显式等待 2~4 秒钟
        time.sleep(random.randint(2, 5) + random.random())
        # 移动滚动条到底部
        js = 'window.scrollTo(0,100000)'
        browser.execute_script(js)
    # 爬取首页
    do_once()
    # 退出浏览器，并释放资源
    browser.quit()
```

打开"arxiv_articles.csv"，看到前 66 行和第 67~132 行重复。

```
Symmetry-Aware Transformer-based Mirror Detection,基于对称性感知的 Transformer
```

镜面检测,https://arxiv.org/abs/2207.06332,"Tianyu Huang,Bowen Dong,Jiaying Lin,Xiaohui Liu,Rynson W. H. Lau,Wangmeng Zuo","Harbin Institute of Technology, City University of Hong Kong",计算机视觉与模式识别,Transformer
Entry-Flipped Transformer for Inference and Prediction of Participant Behavior,用于参与者行为推理和预测的入口翻转转换器,https://arxiv.org/abs/2207.06235,"Bo Hu,Tat-Jen Cham","Nanyang Technological University, Singapore",计算机视觉与模式识别,Transformer

……

Symmetry-Aware Transformer-based Mirror Detection,基于对称性感知的Transformer镜面检测,https://arxiv.org/abs/2207.06332,"Tianyu Huang,Bowen Dong,Jiaying Lin,Xiaohui Liu,Rynson W. H. Lau,Wangmeng Zuo","Harbin Institute of Technology, City University of Hong Kong",计算机视觉与模式识别,Transformer
Entry-Flipped Transformer for Inference and Prediction of Participant Behavior,用于参与者行为推理和预测的入口翻转转换器,https://arxiv.org/abs/2207.06235,"Bo Hu,Tat-Jen Cham","Nanyang Technological University, Singapore",计算机视觉与模式识别,Transformer

……

CRFormer: A Cross-Region Transformer for Shadow Removal,CRFormer:一种用于阴影去除的跨区域Transformer,https://arxiv.org/abs/2207.01600,"Jin Wan,Hui Yin,Zhenyao Wu,Xinyi Wu,Zhihao Liu,Song Wang","Beijing Jiaotong University, University of South Carolina, China Mobile Research Institute",计算机视觉与模式识别,Transformer
Dynamic Spatial Sparsification for Efficient Vision Transformers and Convolutional Neural Networks,高效视觉转换器和卷积神经网络的动态空间稀疏化,https://arxiv.org/abs/2207.01580,"Yongming Rao,Zuyan Liu,Wenliang Zhao,Jie Zhou,Jiwen Lu","and the Department of Automation, TsinghuaUniversity",计算机视觉与模式识别,Transformer

……

Monkeypox Image Data collection,猴痘图像数据采集,https://arxiv.org/abs/2206.01774,"Md Manjurul Ahsan,Muhammad Ramiz Uddin,Shahana Akter Luna","Industrial and Systems Engineering, University of Oklahoma, Norman, Oklahoma-, Dept. of Chemistry and Biochemistry, Medicine & Surgery, Dhaka Medical College & Hospital, Dhaka, Bangladesh-",计算机视觉与模式识别,其他
Automatic Quantification of Volumes and Biventricular Function in Cardiac Resonance. Validation of a New Artificial Intelligence Approach,心脏共振中容量和双心功能的自动量化。一种新的人工智能方法的验证,https://arxiv.org/abs/2206.01746,"Ariel H. Curiale,Matías E. Calandrelli,Lucca Dellazoppa,Mariano Trevisan,Jorge Luis Bocián,Juan Pablo Bonifacio,Germán Mato","Propuesta y evaluación de un método de inteligencia artificial 1 Department of Medical Physics - The Bariloche Atomic Center - CONICET, Universidad Nacional de Cuyo, Harvard Medical School",计算机视觉与模式识别,其他

Selenium 执行 JavaScript

Selenium 能够执行 JS, 这使得 Selenium 拥有更为强大的能力。它能执行 JS, 那么 JS 能做的事, Selenium 大部分也能做。下面以操作百度页面(http://www.baidu.com)搜索"selenium 测试"为例进行介绍。

1. 填充文本

```
# 输入框输入查询值
browser.find_element_by_css_selector("#kw").send_keys("selenium测试")
```

2. 触发按钮 click 事件

```
# 返回搜索按钮并单击
element = browser.execute_script("return document.getElementById('su')")
element.click()
```

3. 页面滚动到底部

```
# 滑动滚动条到底部
browser.execute_script("window.scrollTo(0,10000)")
```

微课：社交 Selenium 项目-数据清洗

8.3.2　任务 2：Pandas 清洗数据

arxiv_articles.csv 包含 1098 行，其中前 66 行是重复数据，需要删除。

步骤 1：在项目根目录下依次选择 "New" → "Python File"，创建 data_clean.py，读入 arxiv_articles.csv 文件到 DataFrame 对象。

```
#encoding=utf-8
import pandas as pd

# 显示所有列
pd.set_option('display.max_columns',None)
# 显示宽度
pd.set_option('display.width',200)
# 列名和数据对齐
pd.set_option('display.unicode.east_asian_width', True)

# 读入 CSV 文件到 DataFrame 对象
labels = ["论文名字（英文）", "论文名字（中文）", "论文地址", "论文作者", "作者单位", "研究领域", "研究方向"]
df = pd.read_csv('arxiv_articles.csv', encoding="utf-8", names=labels)
print(df.head())
```

运行"data_clean.py"，PyCharm 控制台输出如下结果：

```
     论文名字（英文）                                       论文名字（中文）                      论文地址   \
0  Symmetry-Aware Transformer-based Mirror Detection                   基于对称性感知的 Transformer 镜面检测        https://arxiv.org/abs/2207.06332
1  Entry-Flipped Transformer for Inference and Pr...                  用于参与者行为推理和预测的入口翻转转换器         https://arxiv.org/abs/2207.06235
2  Trans4Map: Revisiting Holistic Top-down Mappin...   Trans4Map: 用 Vision Transformers 重温从自我中心图像到局部中心语义...   https://arxiv.org/abs/2207.06205
3  RTN: Reinforced Transformer Network for Corona...   RTN:用于冠状动脉 CT 血管级图像质量评估的增强型 Transformer 网络......   https://arxiv.org/abs/2207.06177
4  DynaST: Dynamic Sparse Transformer for Exempla...                   Dynast:用于样本引导图像生成的动态稀疏转换器         https://arxiv.org/abs/2207.06124
       论文作者                          作者单位              研究领域       研究方向
0  Tianyu Huang,Bowen Dong,Jiaying Lin,Xiaohui Li...  Harbin Institute of Technology, City Universit...  计算机视觉与模式识别  Transformer
1                           Bo Hu,Tat-Jen Cham     Nanyang Technological University, Singapore   计算机视觉与模式识别  Transformer
2  Chang Chen,Jiaming Zhang,Kailun Yang,Kunyu Pen...                                                      CV:HCI Lab,
```

```
Karlsruhe Institute of Technology    计算机视觉与模式识别    Transformer
  3  Yiting Lu,Jun Fu,Xin Li,Wei Zhou,Sen Liu,Xinxi...  University of Science
and Technology of China,...    计算机视觉与模式识别    Transformer
  4   Songhua Liu,Jingwen Ye,Sucheng Ren,Xinchao Wang              National
University of Singapore    计算机视觉与模式识别    Transformer
```

步骤2：完善 data_clean.py，删除重复记录。

```python
# 去重
print("去重前:", df.shape)
df.drop_duplicates(subset=["论文名字（英文）", "论文作者"], inplace=True)
print("去重后:", df.shape)
```

运行"data_clean.py"，PyCharm 控制台输出如下结果：

```
去重前: (1098, 7)
去重后: (1032, 7)
```

步骤3：完善"data_clean.py"，保存清洗后的数据。

```python
# 保存 DataFrame 到 CSV 文件，没有列头，也没有索引列
df.to_csv("arxiv_articles_clean.csv", index=False, header=None)
```

打开"arxiv_articles_clean.csv"，有 1032 条记录，结果如下所示：

```
   Symmetry-Aware Transformer-based Mirror Detection,基于对称性感知的Transformer
镜面检测,https://arxiv.org/abs/2207.06332,"Tianyu Huang,Bowen Dong,Jiaying
Lin,Xiaohui Liu,Rynson W. H. Lau,Wangmeng Zuo","Harbin Institute of Technology,
City University of Hong Kong",计算机视觉与模式识别,Transformer
   Entry-Flipped Transformer for Inference and Prediction of Participant
Behavior,用于参与者行为推理和预测的入口翻转转换器,https://arxiv.org/abs/2207.
06235,"Bo Hu,Tat-Jen Cham","Nanyang Technological University, Singapore",计算机视
觉与模式识别,Transformer
   Trans4Map: Revisiting Holistic Top-down Mapping from Egocentric Images to
Allocentric Semantics with Vision Transformers,Trans4Map: 用 Vision Transformers
重温从自我中心图像到局部中心语义的整体自上而下映射,https://arxiv.org/abs/2207.
06205,"Chang Chen,Jiaming Zhang,Kailun Yang,Kunyu Peng,Rainer Stiefelhagen",
"CV:HCI Lab, Karlsruhe Institute of Technology",计算机视觉与模式识别,Transformer
   ……
   Single pixel imaging at high pixel resolutions,高像素分辨率的单像素成像,https://
arxiv.org/abs/2206.02510,"Rafał Stojek,Anna Pastuszczak,Piotr Wróbel, Rafał
Kotyński","RAFAŁ KOTYŃSKI ,, University of Warsaw, Pasteura ,-, Warsaw, Poland,
Vigo System, Poznańska ,,-, Ożarów Mazowiecki, Poland",计算机视觉与模式识别,其他
   Monkeypox Image Data collection,猴痘图像数据采集,https://arxiv.org/abs/2206.
01774,"Md Manjurul Ahsan,Muhammad Ramiz Uddin,Shahana Akter Luna","Industrial
and Systems Engineering, University of Oklahoma, Norman, Oklahoma-, Dept. of
Chemistry and Biochemistry, Medicine & Surgery, Dhaka Medical College & Hospital,
Dhaka, Bangladesh-",计算机视觉与模式识别,其他
   Automatic Quantification of Volumes and Biventricular Function in Cardiac
Resonance. Validation of a New Artificial Intelligence Approach,心脏共振中容量和双
心功能的自动量化。一种新的人工智能方法的验证,https://arxiv.org/abs/2206.01746,"Ariel H.
Curiale,Matías E. Calandrelli,Lucca Dellazoppa,Mariano Trevisan,Jorge Luis
BociÁn,Juan Pablo Bonifacio,GermÁn Mato","Propuesta y evaluación de un método de
inteligencia artificial 1 Department of Medical Physics - The Bariloche Atomic
Center - CONICET, Universidad Nacional de Cuyo, Harvard Medical School",计算机视
觉与模式识别,其他
```

8.3.3 任务 3：Pandas 分析数据

数据清洗后，下面采用 Pandas 进行数据分析。

步骤 1：在项目根目录下依次选择"New"→"Python File"，创建 data_analysis.py，读入 arxiv_articles_clean.csv 文件到 DataFrame 对象。

```
#encoding=utf-8
import pandas as pd

# 显示所有列
pd.set_option('display.max_columns',None)
# 显示宽度
pd.set_option('display.width',200)
# 列名和数据对齐
pd.set_option('display.unicode.east_asian_width', True)

# 读入 CSV 文件到 DataFrame 对象
labels = ["论文名字（英文）","论文名字（中文）","论文地址","论文作者","作者单位","研究领域","研究方向"]
df = pd.read_csv('arxiv_articles.csv', encoding="utf-8", names=labels)
print(df.head())
```

运行"data_analysis.py"，PyCharm 控制台输出如下结果：

```
                          论文名字（英文）                          论文名字（中文）                     论文地址  \
0  Symmetry-Aware Transformer-based Mirror Detection                              基于对称性感知的Transformer镜面检测        https://arxiv.org/abs/2207.06332
1  Entry-Flipped Transformer for Inference and Pr...                              用于参与者行为推理和预测的入口翻转转换器    https://arxiv.org/abs/2207.06235
2  Trans4Map: Revisiting Holistic Top-down Mappin...  Trans4Map: 用Vision Transformers重温从自我中心图像到局部中心语义...   https://arxiv.org/abs/2207.06205
3  RTN: Reinforced Transformer Network for Corona...     RTN:用于冠状动脉CT血管级图像质量评估的增强型Transformer网络......     https://arxiv.org/abs/2207.06177
4  DynaST: Dynamic Sparse Transformer for Exempla...                Dynast:用于样本引导图像生成的动态稀疏转换器               https://arxiv.org/abs/2207.06124
                        论文作者                             作者单位               研究领域         研究方向
0  Tianyu Huang,Bowen Dong,Jiaying Lin,Xiaohui Li...   Harbin Institute of Technology, City Universit...    计算机视觉与模式识别   Transformer
1                              Bo Hu,Tat-Jen Cham                Nanyang Technological University, Singapore    计算机视觉与模式识别   Transformer
2  Chang Chen,Jiaming Zhang,Kailun Yang,Kunyu Pen...             CV:HCI Lab, Karlsruhe Institute of Technology    计算机视觉与模式识别   Transformer
3  Yiting Lu,Jun Fu,Xin Li,Wei Zhou,Sen Liu,Xinxi...          University of Science and Technology of China,...    计算机视觉与模式识别   Transformer
4  Songhua Liu,Jingwen Ye,Sucheng Ren,Xinchao Wang                        National University of Singapore    计算机视觉与模式识别   Transformer
```

步骤 2：完善 data_analysis.py，用 Jieba 把中文论文名称进行分词，统计每个单词的使用频率。

```
# 切分单词
counts = {}
titles = df["论文名字（中文）"].tolist()
```

```
for title in titles:
    words_raw=jieba.lcut(title, cut_all=True)
    for word in words_raw:
        if len(word) <= 1:
            continue
        else:
            counts[word] = counts.get(word, 0) + 1  # 计数
print(counts)
```

运行"data_analysis.py",PyCharm 控制台输出如下结果:

```
{'基于': 285, '对称': 7, '对称性': 3, '性感': 6, '感知': 39, 'Transformer': 37, '镜面': 2, '检测': 143, '用于': 150, '参与': 2, '参与者': 2, ……'高像素': 1, '容量': 1, '心功能': 1}
```

由输出结果可知,一些单词是虚词,比如'基于'、'用于'都是虚词,统计这些虚词没有意义,在词频统计时需要跳过。

步骤 3:在项目根目录下依次选择"New"→"File",创建"stopwords.txt",定义停用词表。

```
基于
用于
可以
进行
面向
一个
一种
不可
一次
及其
不同
一对
两步
更好
使用
```

步骤 4:完善 data_analysis.py,待处理词语列表跳过 stopwords.txt 定义的停用词。

```
# 从待处理单词中删除停用词
words_clean = []
stopwords = [line.strip() for line in open("stopwords.txt", encoding='utf-8')]
print("处理前词语数量: ", len(counts))
for k, v in counts.items():
    if k.strip() not in stopwords:
        words_clean.append((k, v))
print("处理后词语数量: ", len(words_clean))
```

运行"data_analysis.py",PyCharm 控制台输出如下结果:

```
处理前词语数量: 2820
处理后词语数量: 2805
```

步骤 5:完善 data_analysis.py,按照词语使用频率倒序排列。为了便于复制处理结果到页面,需要转换 Python 列表到 JavaScript 列表对象。

```
# 按照词频倒序排列
words_clean.sort(key=lambda x: x[1], reverse = True)
# 生成 JS 格式字典列表，便于复制
html_str = "["
for k, v in words_clean[0:100]:
    html_str = html_str + "{" + "name:'{}',value:'{}'".format(k, v) + "},"
# 删除最后一个元素后面的","
html_str = html_str[0:-1] + "]"
print(html_str)
```

运行 data_analysis.py，PyCharm 控制台输出如下结果：

```
[{name:'学习',value:'212'},{name:'图像',value:'205'},{name:'检测',value:
'143'},……, {name:'一致性',value:'17'},{name:'编码',value:'17'},{name:'标记
',value:'17'}]
```

8.3.4 任务 4：ECharts 可视化数据

词云图可以直观地显示词语的出现频率，这里通过词云图可视化计算机视觉和模式识别论文标题中的热门词。

步骤 1：在项目根目录下依次选择"New"→"Directory"，创建 app 目录。

步骤 2：在 app 目录下依次选择"New"→"Directory"，创建目录 static，然后把 echarts.min.js 和 echarts-wordcloud.min.js 复制到 app/static 目录下。

步骤 3：在 app 目录下依次选择"New"→"Directory"，创建 templates 目录。

步骤 4：在 templates 目录下依次选择"New HTML File"，创建 single_chart.html。

```
<!DOCTYPE html>
<html lang="en">
<head>
    <meta charset="UTF-8">
    <title>单图</title>
</head>
<body>

</body>
</html>
```

步骤 5：在 single_chart.html 中引入依赖的 JS 文件。

```
<!DOCTYPE html>
<html lang="en">
<head>
    <meta charset="UTF-8">
    <title>单图</title>
    <script src="../static/echarts.min.js"></script>
    <script src="../static/echarts-wordcloud.min.js"></script>
</head>
<body>
```

```
</body>
</html>
```

步骤 6：完善 single_chart.html，定义 div 元素和编写 JS 代码。其中，data 值来自上面任务 data_analysis.py 的运行结果。myChart1 获取 chart1 元素，把 wordFreqData 传给底层的词云库，显示词云图。

```
<!DOCTYPE html>
<html lang="en">
<head>
    <meta charset="UTF-8">
    <title>单图</title>
    <script src="../static/echarts.min.js"></script>
    <script src="../static/echarts-wordcloud.min.js "></script>
</head>
<body>
    <div id="chart1" style="float:left; width: 600px;height: 400px"></div>
    <script>
     var mychart1 = echarts.init(document.getElementById("chart1"));
     option = {
       title: {
         text: '计算机视觉与模式识别论文题目热门词',
         x: 'center',
         textStyle: {
           color:'red',
           fontWeight:'bold',
           fontSize:'20'
         }
       },
       tooltip: {
         show: true
       },
       series: [{
         name: '计算机视觉与模式识别论文题目热门词',
         type: 'wordCloud',
         sizeRange: [6, 66],
         textStyle: {
           normal: {
             color: function() {
                return 'rgb(' + [
                   Math.round(Math.random() * 160),
                   Math.round(Math.random() * 160),
                   Math.round(Math.random() * 160)
                ].join(',') + ')';
             }
           },
           emphasis: {
              shadowBlur: 10,
              shadowColor: '#333'
           }
         },
         data: [{name:'学习',value:'212'},{name:'图像',value:'205'},{name:'检
```

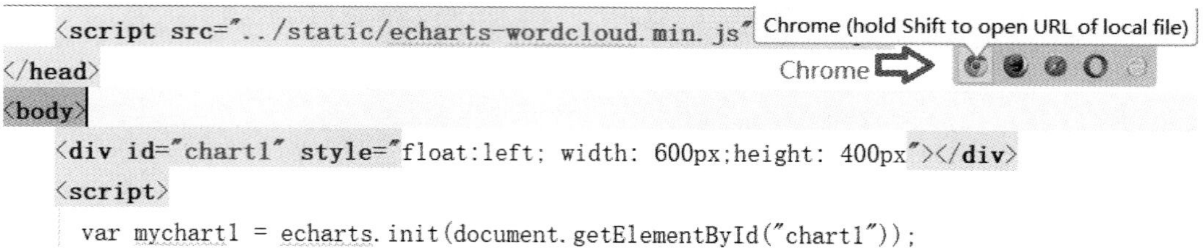

测',value:'143'},{name:'网络',value:'133'},{name:'分割',value:'112'},{name:'监督',value:'106'},{name:'神经',value:'94'},{name:'数据',value:'91'},{name:'视频',value:'89'},{name:'视觉',value:'80'},{name:'深度',value:'74'},{name:'分类',value:'72'},{name:'识别',value:'67'},{name:'模型',value:'61'},{name:'生成',value:'52'},{name:'神经网',value:'51'},{name:'神经网络',value:'51'},{name:'目标',value:'50'},{name:'适应',value:'50'},{name:'方法',value:'48'},{name:'自动',value:'47'},{name:'注意',value:'47'},{name:'增强',value:'46'},{name:'训练',value:'45'},{name:'自适',value:'44'},{name:'语义',value:'43'},{name:'三维',value:'41'},{name:'感知',value:'39'},{name:'预测',value:'39'},{name:'对抗',value:'39'},{name:'特征',value:'39'},{name:'医学',value:'39'},{name:'估计',value:'38'},{name:'Transformer',value:'37'},{name:'3D',value:'34'},{name:'转换',value:'33'},{name:'结构',value:'33'},{name:'对比',value:'33'},{name:'空间',value:'32'},{name:'对抗性',value:'31'},{name:'抗性',value:'31'},{name:'标签',value:'30'},{name:'一致',value:'30'},{name:'合成',value:'29'},{name:'表示',value:'29'},{name:'转换器',value:'28'},{name:'运动',value:'28'},{name:'重建',value:'28'},{name:'分辨',value:'28'},{name:'高效',value:'28'},{name:'模式',value:'27'},{name:'稳健',value:'27'},{name:'场景',value:'27'},{name:'分辨率',value:'26'},{name:'辨率',value:'26'},{name:'算法',value:'26'},{name:'语言',value:'26'},{name:'对象',value:'25'},{name:'挑战',value:'25'},{name:'时空',value:'24'},{name:'应用',value:'24'},{name:'实例',value:'24'},{name:'人脸',value:'24'},{name:'改进',value:'24'},{name:'分析',value:'24'},{name:'自我',value:'23'},{name:'快速',value:'23'},{name:'智能',value:'23'},{name:'卷积',value:'23'},{name:'变换',value:'23'},{name:'变形',value:'22'},{name:'基准',value:'22'},{name:'实时',value:'22'},{name:'人工',value:'22'},{name:'时间',value:'22'},{name:'研究',value:'22'},{name:'督学',value:'21'},{name:'引导',value:'20'},{name:'动态',value:'20'},{name:'利用',value:'20'},{name:'注意力',value:'20'},{name:'真实',value:'20'},{name:'中心',value:'19'},{name:'评估',value:'19'},{name:'混合',value:'19'},{name:'提取',value:'19'},{name:'任务',value:'19'},{name:'人工智能',value:'19'},{name:'解释',value:'19'},{name:'系统',value:'18'},{name:'表征',value:'18'},{name:'融合',value:'18'},{name:'多模',value:'18'},{name:'分布',value:'18'},{name:'通道',value:'18'},{name:'具有',value:'18'},{name:'动作',value:'17'},{name:'一致性',value:'17'},{name:'编码',value:'17'},{name:'标记',value:'17'}]
                }] // series 结束
            }; //option 结束
            mychart1.setOption(option);
        </script>
    </body>
</html>
```

将光标移到 single_chart.html 编辑窗口的任意位置，出现浏览器浮动窗口。
使用 Chrome 浏览器打开"single_chart.html"，可视化结果如图 8-8 所示。

```
    <script src="../static/echarts-wordcloud.min.js"
</head>
<body>
    <div id="chart1" style="float:left; width: 600px;height: 400px"></div>
    <script>
        var mychart1 = echarts.init(document.getElementById("chart1"));
```

图 8-8　打开浏览器窗口
```

课后习题

一、选择题

1. WebDriver 执行 JavaScript 可以（　　）。
   A. 填充文本 B. 触发按钮 click 事件
   C. 页面滚动到底部 D. 关闭浏览器

2. 在 webdriver.find_element_by_css_selector("#kw")中，"#kw"用于选择（　　）。
   A. id 等于 kw 的元素 B. <kw>元素
   C. 属性值 kw 为前缀的元素 D. 属性值 kw 为后缀的元素

3. 在 df.drop_duplicates(subset=["论文名字（英文）", "论文作者"], inplace=True)中，"inplace=True"表示（　　）。
   A. 去重结果更新 df B. 去重结果不更新 df
   C. 删除重复的记录 D. 只更新论文名字（英文）和论文作者

4. 执行"groups = re.match("姓名:(.+)，年龄:(.+)", "姓名:张三，年龄:30")"后，print(groups[1], groups[2])输出（　　）。
   A. 张三，48 B. 姓名 年龄
   C. 张三 48 D. 姓名：张三，年龄：30

5. 在 for 循环语句中，continue 语句可以（　　）。
   A. 跳出 for 循环，执行 for 循环后面的语句
   B. 停止执行 continue 后面的语句，执行下一次循环
   C. 继续执行 continue 后面的语句
   D. 再次执行 continue 后面的语句

二、填空题

根据代码注释，完成下面的程序填空。

```
#encoding=utf-8
import csv

from selenium import webdriver

# 初始化 ChromeDriver
browser = webdriver.Chrome()
# 打开百度首页
browser.get("http://www.baidu.com")
browser.implicitly_wait(2)
# 输入框输入查询值'selenium 测试'
browser.find_element_by_css_selector(_____).send_keys("selenium 测试")
# 返回搜索按钮并单击
element = browser.find_element_by_css_selector(_____)
element.click()
# 滑动滚动条到底部
browser.execute_script(_____)
browser.implicitly_wait(3)
# 爬取一页内容
goes = browser.find_elements_by_css_selector(_____)
for good in goes:
    try:
        # 标题
```

```
        title = good.find_element_by_css_selector(_____)
        # 摘要
        abstract = good.find_element_by_css_selector(_____)
        # 网站来源
        website = good.find_element_by_css_selector(_____)
        with open('baidu.csv', mode='a', encoding='utf-8', newline='') as f:
            csv_write = csv.writer(f)
            csv_write.writerow([title.text, abstract.text, website.text])
    except Exception as e:
        print(e)
browser.quit()
```

三、应用题

寻找一个带有搜索功能的视频网站（比如 bilibili），爬取你的 idol，用词云图显示标题热门词频率。

能力拓展

组合图可视化计算机视觉与模式识别论文分析

任务目标

运用本章学习的技术，完成一个柱状图"计算机视觉与模式识别研究方向热度"，然后把课堂完成的"计算机视觉与模式识别论文题目热门词"词云图放到一个页面展示，结果如图 8-9 所示。

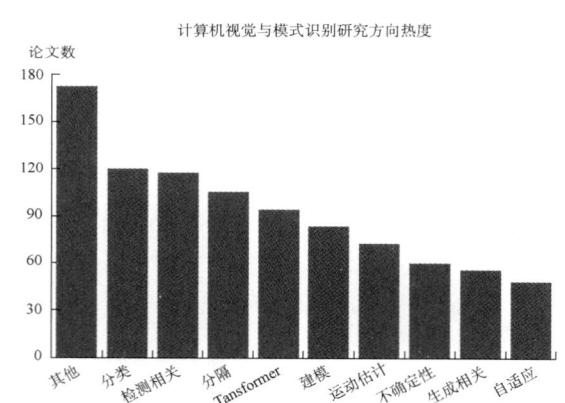

图 8-9 计算机视觉与模式识别论文分析

任务分析

任务 2 生成的 arxiv_articles_clean.csv 中包含研究方向（比如"Transformer"），先根据研究方向分组统计论文数量，然后用柱状图展示研究方向热度。

任务实施

任务引导 1：完善 data_analysis.py，按照研究方向统计论文数量。

```
# 按研究方向统计论文数
stats_stats = //待补充
# 纠正不正确的列名
stats_stats = stats_stats.rename(columns={"论文名字（英文）": "论文数量"})
print(stats_stats.head(10))
```

运行结果如下：

```
         研究方向  论文数量
0              其他    173
1        分类|识别相关    120
2           检测相关    118
3        分割|语义相关    105
4       Transformer     94
5  其他神经网络|深度学习|模型|建模     83
6  时序|行为识别|姿态|视频|运动估计     72
7  半弱无监督|主动学习|不确定性     59
8    GAN|对抗|攻击|生成相关     56
9  Zero/Few Shot|迁移|域适配|自适应     49
```

任务引导2：新建 HTML File "composite_chart.html"，引用上面产生的研究方向分组论文统计数据，完善"composite_chart.html"，设计"计算机视觉与模式识别研究方向热度"柱状图，如图 8-10 所示。

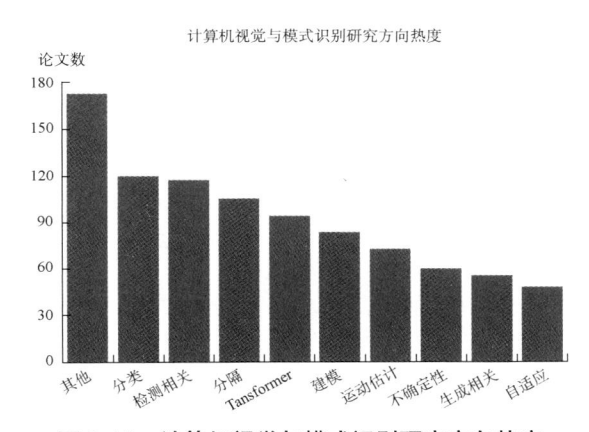

图 8-10 计算机视觉与模式识别研究方向热度

```html
<!DOCTYPE html>
<html lang="en">
<head>
    <meta charset="UTF-8">
    <title>复合图</title>
    <script src="../static/echarts.min.js"></script>
</head>
<body>
    <div id="chart2" style="float:left; width: 600px;height: 400px"></div>
    <script>
        var mychart2 = echarts.init(document.getElementById("chart2"));
        var xdata = //待补充
        var ydata = //待补充
        var option={
                title:{
                    text:'计算机视觉与模式识别研究方向热度',
                    x:'center',
                    textStyle:{
                        color:'red',
                        fontWeight:'bold',
                        fontSize:'20'
                    }
```

```
                    },
                    tooltip:{
                        trigger:'item'
                    },
                    xAxis:[{type:'category',data:xdata,name:'',
axisLabel:{interval:0, rotate:30}}],
                    yAxis:{type:'value',name:'论文数'},
                    series: //待补充
                };
            mychart2.setOption(option);
        </script>
    </body>
</html>
```

运行结果如下：

任务引导3：完善 composite_chart.html，把"计算机视觉与模式识别论文题目热门词"词云图和"计算机视觉与模式识别研究方向热度"柱状图放在一个页面，效果如图8-9所示。

```
<!DOCTYPE html>
<html lang="en">
<head>
    <meta charset="UTF-8">
    <title>复合图</title>
    <script src="../static/echarts.min.js"></script>
    <script src="../static/echarts-wordcloud.min.js"></script>
</head>
<body>
    //待补充
    //待补充
    <script>
        var mychart1 = echarts.init(document.getElementById("chart1"));
        //待补充

        var mychart2 = echarts.init(document.getElementById("chart2"));
        //待补充
    </script>
</body>
</html>
```

本篇小结

经过前面章节的学习，读者已经掌握了常见爬虫项目的工作流程，本篇进一步介绍 Selenium 技术模拟用户操作爬取网站的工作流程。第7章以爬取购物网站为例，介绍 Selenium 爬虫项目的主要任务，图文并茂地演示开发 Selenium 爬虫的工作步骤，穿插学习定义页面元素 CSS 路径的具体方法，并结合代码介绍数据清洗和数据分析的实施过程，指导读者设计 ECharts 图表。第8章介绍 Selenium 执行 JavaScript 爬取社交网站，演示模拟用户操作读取隐藏内容的工作过程，深入学习定义 CSS 路径的工作步骤，讲解数据清洗和数据分析的具体代码，指导 ECharts 图表的可视化设计。第7章和第8章基于项目涉及的知识技术，也安排了课后练习和能力拓展环节，进一步指导读者熟练掌握相关技术技能，加深理解模拟用户操作的概念和知识，帮助读者使用 Selenium 独立完成爬虫项目开发。

责任编辑：贺志洪
封面设计：杜峥嵘

ISBN 978-7-121-45254-3

定价：46.00元